跟我学C语言

李宛洲　编著

机械工业出版社

本书从初学者的角度，以 Visual Studio 2010 为平台，由浅入深地分析、讲解了规范的 C 语言程序设计方法。通过例题逐步引导初学者跨过学 C 语言的心理门坎，进而由易到难地向初学者展现 C 语言程序结构设计的全过程。

为方便教学或自学，本书在每个教学环节均安排了突出学习重点的 C 语言程序设计例题，初学者必须熟读这些示例程序才能理解 C 语言程序设计的基本概念。此外，初学者还应通过各章配置的上机编程练习题，夯实 C 语言编程的基本能力，并拓展视野。

本书既可以作为高等院校理工科专业学生的 C 语言程序设计课程教材，也可以作为自学者学习 C 语言编程的启蒙读物。

本书配有生动活泼的教学课件和难易搭配的课堂测验考卷供读者参考。需要的读者可登录 www.cmpedu.com 免费注册，审核通过后下载，或联系编辑索取（QQ：308596956，电话：010-88379753）。

图书在版编目（CIP）数据

跟我学 C 语言 / 李宛洲编著．—北京：机械工业出版社，2015.5

ISBN 978-7-111-49552-9

Ⅰ．①跟…　Ⅱ．①李…　Ⅲ．①C 语言－程序设计　Ⅳ．①TP312

中国版本图书馆 CIP 数据核字（2015）第 046354 号

机械工业出版社（北京市百万庄大街 22 号　邮政编码 100037）

策划编辑：时　静

责任编辑：时　静　陈瑞文　　责任校对：张艳霞

责任印制：李　洋

涿州市京南印刷厂印刷

2015 年 6 月第 1 版 • 第 1 次印刷

184mm×260mm • 15.75 印张 • 390 千字

0001—3000 册

标准书号：ISBN 978-7-111-49552-9

定价：39.80 元

凡购本书，如有缺页、倒页、脱页，由本社发行部调换

电话服务

服务咨询热线：010-88379833

读者购书热线：010-88379649

封面无防伪标均为盗版

网络服务

机 工 官 网：www.cmpbook.com

机 工 官 博：weibo.com/cmp1952

教育服务网：www.cmpedu.com

金 书 网：www.golden-book.com

前　言

本书使用的程序设计平台是 Visual Studio 2010，教授内容主线是以变量（数据）、函数（方法）和指针（编程风格）流畅地融为一体的 C 程序设计方法，编程方法、风格、知识点与后续的C++课程、数据结构课程融通。

C 语言程序设计是新生第一学期最为困难的一门课程（无论有无计算机文化课基础），因为他们从小学、初中到高中多年教育养成的数学、物理解题思路（连续的模拟量过程推理计算），可能无法适应一种新的逻辑思维方式和完全不同的计算机程序的离散编程方法。

与传统 C 语言教材不同，本书在编排上删繁就简，力求语言精炼，避免大段晦涩的文字描述，突出例题引导初学者入门的思路，便于读者自学。

本书意图通过通俗易懂的语言风格，浅入深出地引导初学者渐入佳境，培养读者建立不畏惧 C 语言编程的心理。内容展开如同遣词造句学作文一样，给初学者一个图文并茂、一步一步地由生疏到习惯成自然的程序设计思路。

本书所有例题均从初学者角度，解说他们最容易碰到的困惑问题。读者仅需跟着本书进度，按照给出的例题动手练习（一次或多次），就能亦步亦趋地进入 C 语言程序设计世界。

本书分为 C 语言基础（第 1～6 章）与程序设计方法（第 7～11 章）两部分。基础内容主要以例题贯通前后知识点，简单易懂，引导初学者理解 C 语言程序设计的基本知识、强调客观对象与抽象数据变量的关系和计算机编程的思维方式。

笔者认为，C 语言程序设计课程的目的不是学 C 语言，而是为今后面向对象的程序设计方法（C++）和数据结构的学习打下坚实的基础。通过本书的学习，初学者要培养建立和掌握（或基本掌握）真正的大型软件设计中必须遵循的规范、简洁的编程风格，以及软件工程体系结构的基本概念。

为培养初学者解决问题的能力，本书结合函数讨论了算法，结合链表训练了指针应用风格。本书注重培养学生程序设计的思维方法与基本能力，强化解决实际应用问题的编程能力。

本书配有 11 次上机作业、12 次授课课件、2 次习题课件、4 次课堂测验考卷及标准程序（按期中考试以后内容安排）、4 次期末试题（含标准程序）、DEBUG 入门课件，以及所有的习题参考程序。

本书中所有例题都是调试通过的程序，并配有截屏及注释。初学者可以在自己的计算机上，复制例题运行过程，从而逐渐熟悉 C 语言。然后，通过各章配置的高强度习题，逐步地建立自己的编程思路与方法。

本书是面向对象的程序设计方法（C++）和数据结构的先修课程。若读者想进一步提高编程水平与知识，请参考附录相关内容。

限于作者水平，书中难免存在不妥之处，请读者谅解并提出宝贵意见。

编　者

目　录

第 1 章

什么是 C 语言

1.1 概述

1.1.1 C 语言的历史

C 语言是一种过程设计语言（如同 BASIC、Fortran、Pascal）。1978 年，美国电话电报公司（AT&T）的贝尔实验室正式发表了 C 语言，1983 年，美国国家标准协会（American National Standards Institute）制定了 C 语言标准，通常称其为 ANSI C。

1.1.2 面向对象的程序设计语言——C++

1983 年，贝尔实验室推出了 C++程序设计语言。C++进一步扩充和完善了 C 语言，是一种面向对象的程序设计语言。C++目前流行的版本有 Borland C++、Microsoft Visual C++、Java、C.NET 等。

面向对象的程序设计方法，是任何一位准备以软件开发为职业的大学生所必须要掌握的基础知识，它与传统结构程序设计的思维方式完全不同。C++围绕“类”的术语增加、堆砌了一系列复杂而晦涩的概念与程序设计方法，但同时也可以让使用者领悟程序设计的奥妙。

1.1.3 为何不直接学习 C++

C 语言是 C++向下兼容的，它们语句相同，差别在于描述对象（要编程处理的问题）的方法不同。C 语言是 C++的先修课程，如同不先学习《高等数学》，就无法学习《复变函数》一样。C 语言可以看成是程序设计基础篇，C++是程序设计的高级篇。

1.2 如何学习 C 语言

刚刚接触 C 语言的新生都会提出如下问题：

“我高中没学过 BASIC（或 PASIC）”。

“我没有参加过计算机编程大赛”。

“我们班上很多人都学过 C 语言，我的基础不好没法跟他们比”。

看着这些凭借着出类拔萃的高考成绩才走进大学的新生在学习C语言时怀着忐忑不安的心情，笔者想把多年的教学体会介绍给读者：

1）C语言是一门计算机世界里的语言，请读者把它看成一门外语，它的思维方式、表达方法与高中阶段学习的课程完全不一样，要注重实践练习，不要死记硬背语法（语句）。

2）用C语言的逻辑思维整理编程方法，不要下意识地套用高中阶段的数理化课程所养成的解题思路后，再翻译成C语句。读者必须通过海量的练习，摆脱连续逻辑思维方式的束缚，用C语言的思维方式来描述、解释和理解客观世界，这时才能说学会了C语言这门外语。

3）读者必须摆脱以前的高中阶段的学习方式，学会用计算机的、离散的观点看待事物。想掌握计算机编程，就必须学习C语言，想学习C语言，就必须了解计算机的行为特征、思维方式与表达方法，了解计算机的内部结构，理解为什么会有或需要变量存储（地址），为什么需要函数这种形式，以及随之而来的变量传递问题和较难理解的指针概念。

4）学外语没有捷径可以走，就是要通过大量的练习，深入到C语言世界中，摸索学习它的思维方式。所以，C语言不能试图从几次练习题、几堂课就掌握它，读者应该总觉得上机时间不足才对。笔者建议，C语言入门阶段需要的上机时间至少是1:3（其实应该是1:5以上），即上1小时课就需要3小时的消化作业，因为初始上机比较困难，在建立C编程环境、工程项目、简单的输入输出、基本的语句结束分号以及大小写等细节方面，都需要反复多次练习。

5）按正常安排的实验上机时间是远远不够的，因为新生除了要大量、反复地练习上机作业，通过编译练习语法以外，还需要在大量的业余时间中培养自己的编程兴趣与技巧。

6）在学习C语言的初级阶段，编译程序能发现读者的低级语法错误（如分号、括弧、格式说明符等书写错误），请读者按照本书的例子循序渐进，不要匆忙往前赶，跟着练习走就可以。读者必须看书、看课件，学会自学，细细领悟，多加练习。上机练习和课外活动是学C语言的最佳途径。

7）笔者教了多年的C语言，知道读者一定能学好它，而且比笔者更好，因为各位年轻活跃，思维敏捷。笔者认为，一个好的学习心态，比想学好C语言更重要。

创建 C 程序——照猫画虎入门 C 语言

通过实际例题，本章将向读者展示学习 C 编程是一件多么容易的事情。

跟随本章内容，读者将生成一个简单的 C 程序，具体包括：

1）编写一个“五脏俱全”的 C 程序，有键盘输入和屏幕输出。

2）编写一个四则运算的 C 程序，体会变量的含义。

3）编写一个文字输出的 C 程序，学会使用 printf()函数。

2.1 编程步骤

编写 C 程序的步骤具体如图 2-1 所示。

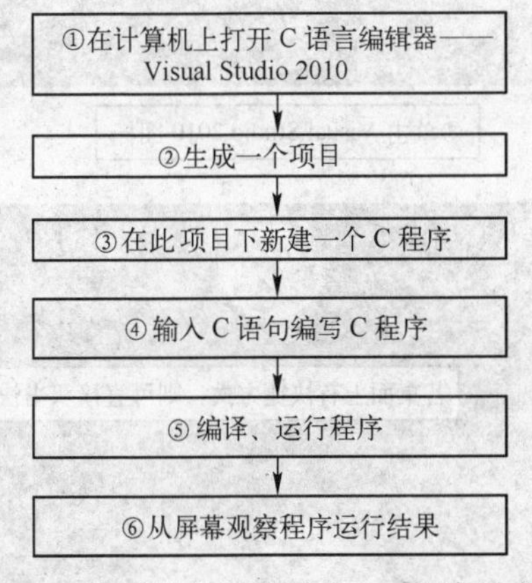

图 2-1　集成编译环境下建立 C 程序的步骤

在编程之前，建议读者先反复地在 Visual Studio 2010（或以上）软件上，练习建立 C 工程项目（project）的步骤。

2.2 在 Visual Studio 2010 环境下建立 C 程序

1）在 Visual Studio 2010 环境下，用户编写的 C 程序称为“工程”，即 project。

2）与此工程相关的所有文件、数据都包括在该工程名称的文件夹内。

3）project 名称和路径由建立者指定。

4）Visual Studio 2010 自动为 project 建立文件夹。

2.2.1 打开 Visual Studio 2010 平台

启动 Visual Studio 2010 有以下两种方式：

方式一：单击计算机开始菜单，如图 2-2a 所示。

方式二：直接双击计算机桌面上的快捷方式，如图 2-2b 所示。

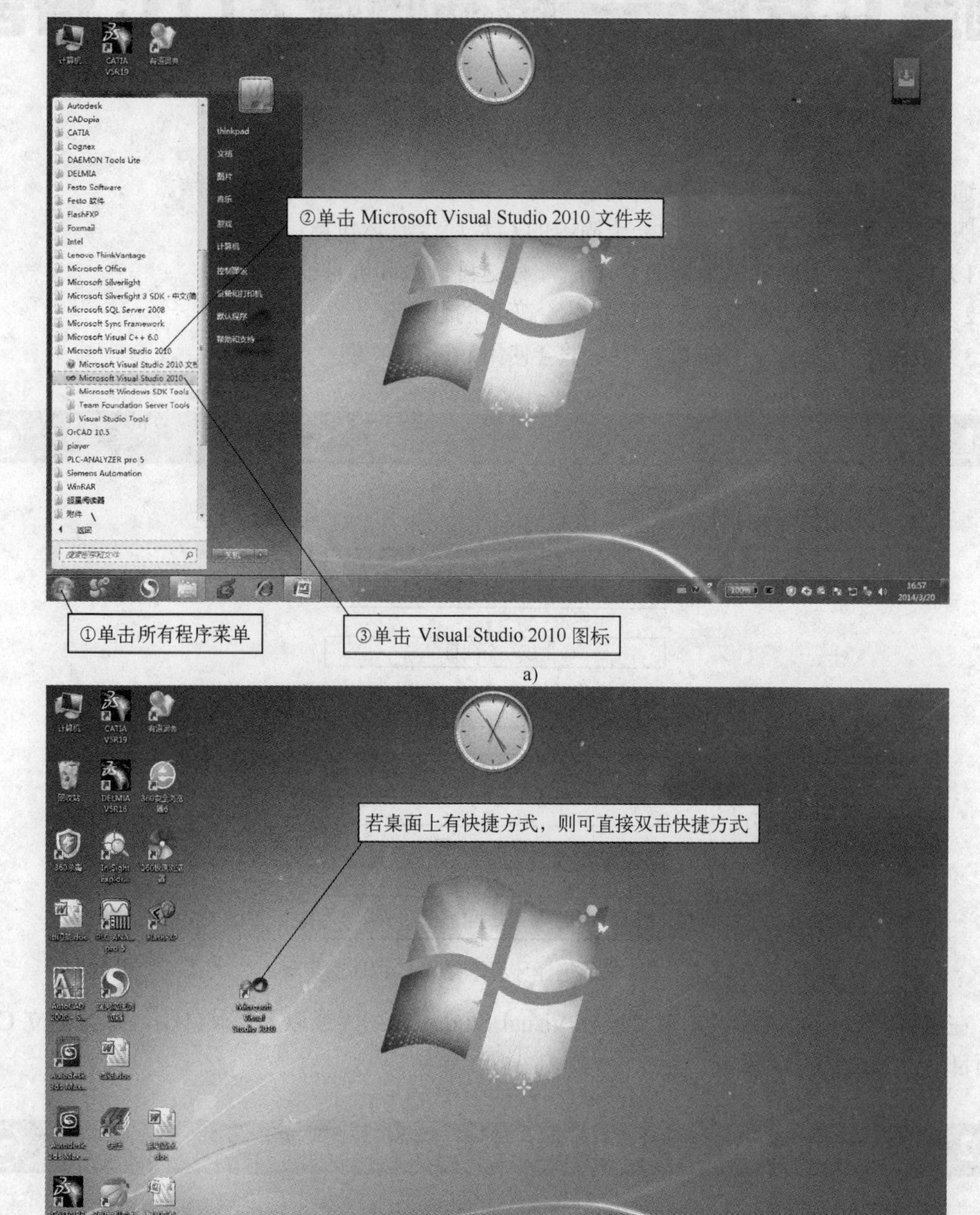

a)

b)

图 2-2 启动 Visual Studio 2010

a) 方式一 b) 方式二

2.2.2 建立一个新项目

1）在图 2-3 所示的界面中，单击“新建项目”链接，弹出“新建项目”对话框，如图 2-4 所示。

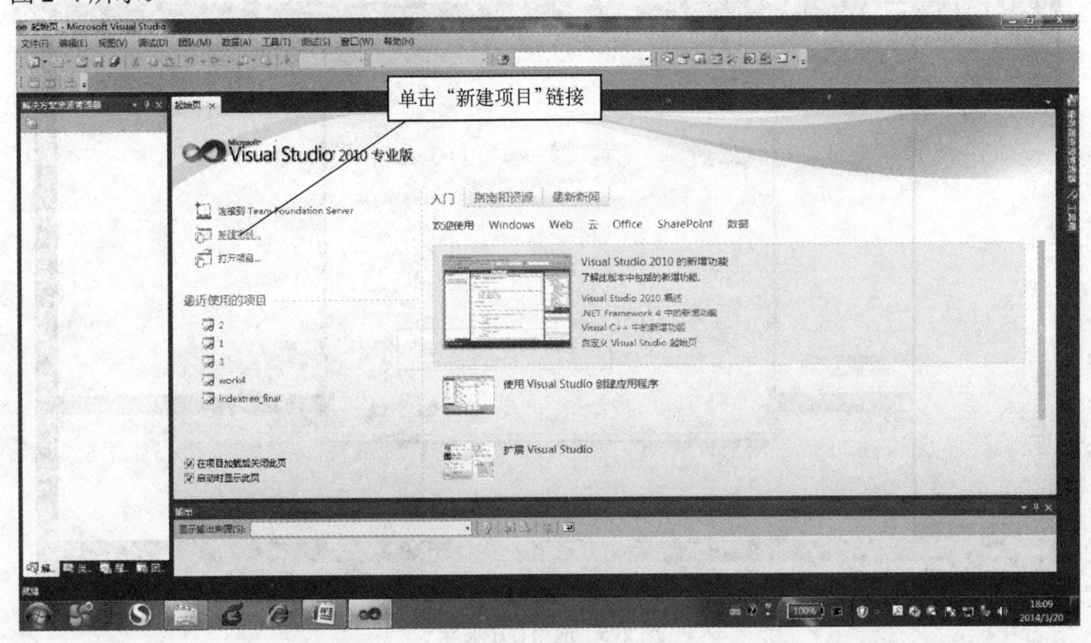

图 2-3　启动界面

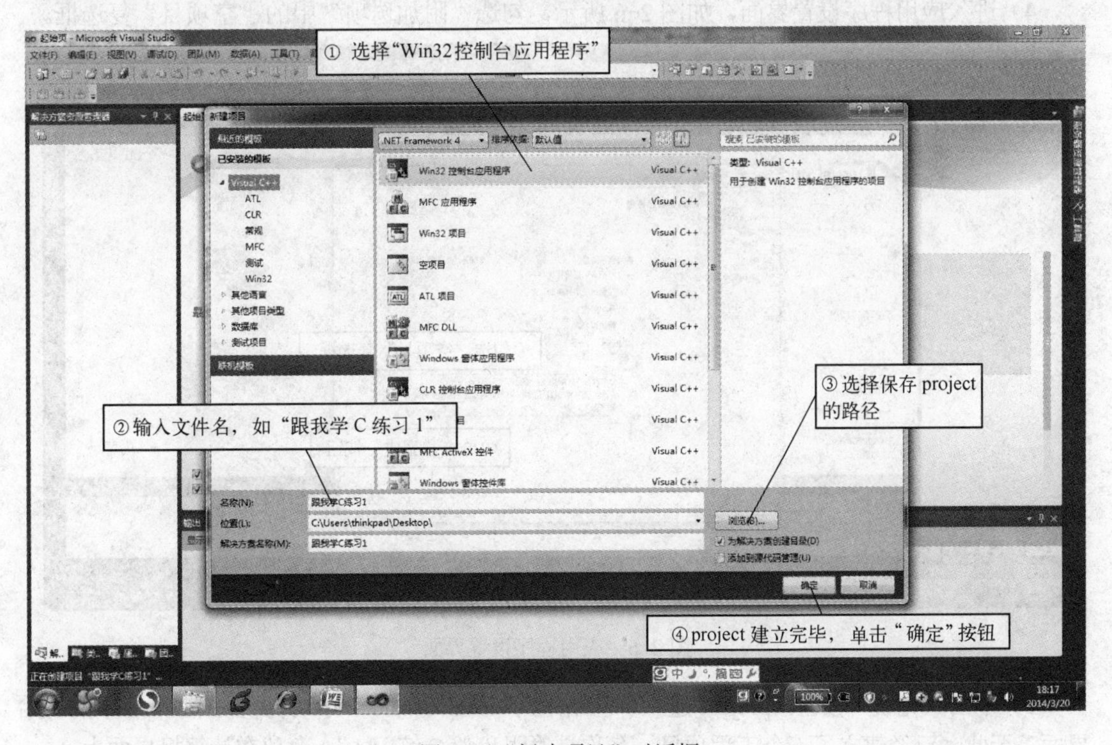

图 2-4 “新建项目”对话框

2）在“新建项目”对话框中，请按照图 2-4 所示继续操作。

3）Visual Studio 2010 弹出应用程序向导，如图 2-5 所示，只需单击“下一步”按钮即可。

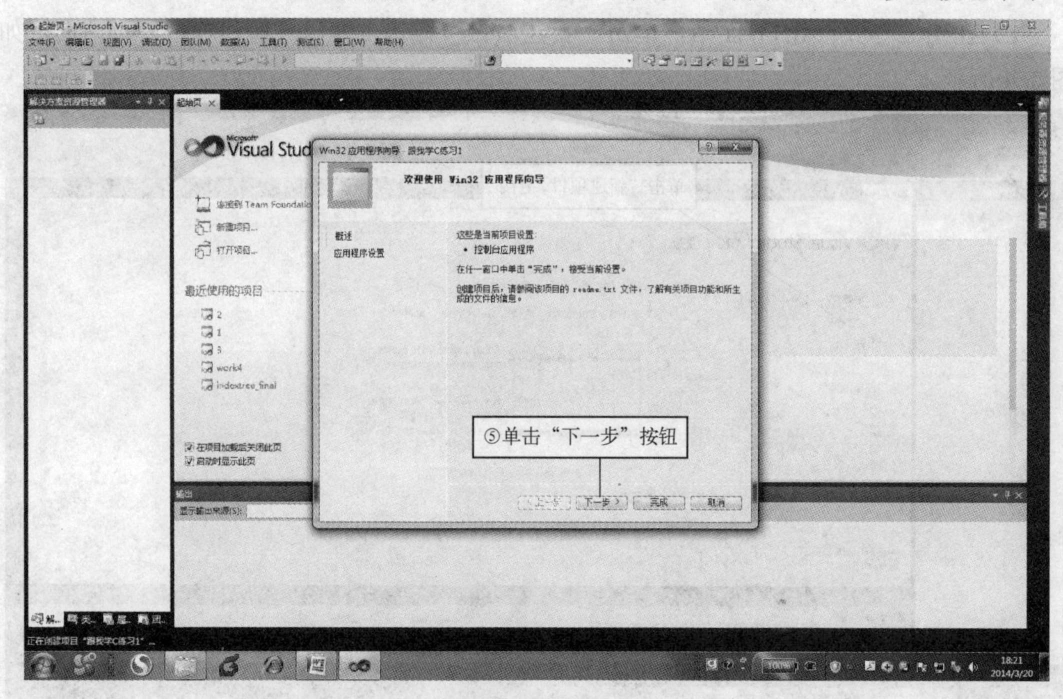

图 2-5　应用程序向导

4）进入应用程序设置界面，如图 2-6 所示，勾选“附加选项”中的“空项目”复选框。

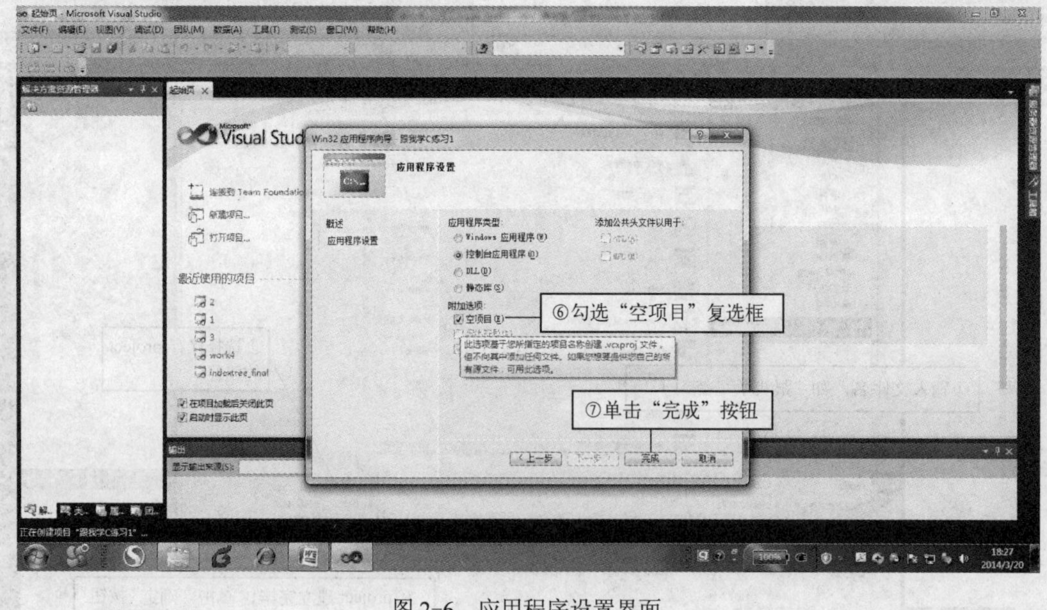

图 2-6　应用程序设置界面

5）单击“完成”按钮，project 建立步骤结束，Visual Studio 2010 打开如图 2-7 所示的初始界面。至此，已经建立了一个工程项目，名称是“跟我学 C 练习 1”，存放在计算机桌面上。

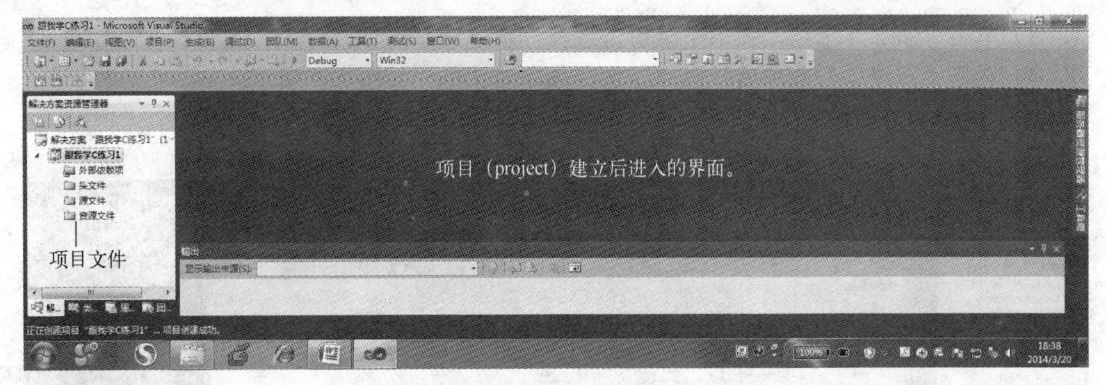

图 2-7

在学习下节的 C 程序之前，建议读者按如下步骤，反复地练习 10 次（或以上），否则，今后在写 C 程序时，会遇到很多莫名其妙的问题，根源就是工程建立选项是错的（如没有正确选择 Win32 控制台）。

1）找到刚刚建立的工程文件夹，将其删除。

2）再次建立一个新的工程。

3）返回到步骤 1)，循环 10 次（循环是一个很有意思的编程术语）。

2.2.3 在项目中建立一个 C 程序

回顾图 2-1，在编写 C 程序的步骤中，读者已经完成了前两步，建立了自己的工程项目，但它只是一个框架，里面空空如也。

现在要开始第 3 步，回到图 2-7，在这个工程项目中新建一个 C 程序。

1）在左侧单击“解决方案资源管理器”（图 2-7 左侧）中的“源文件”，将其选中。

2）单击鼠标右键，弹出一个快捷菜单，如图 2-8 所示。

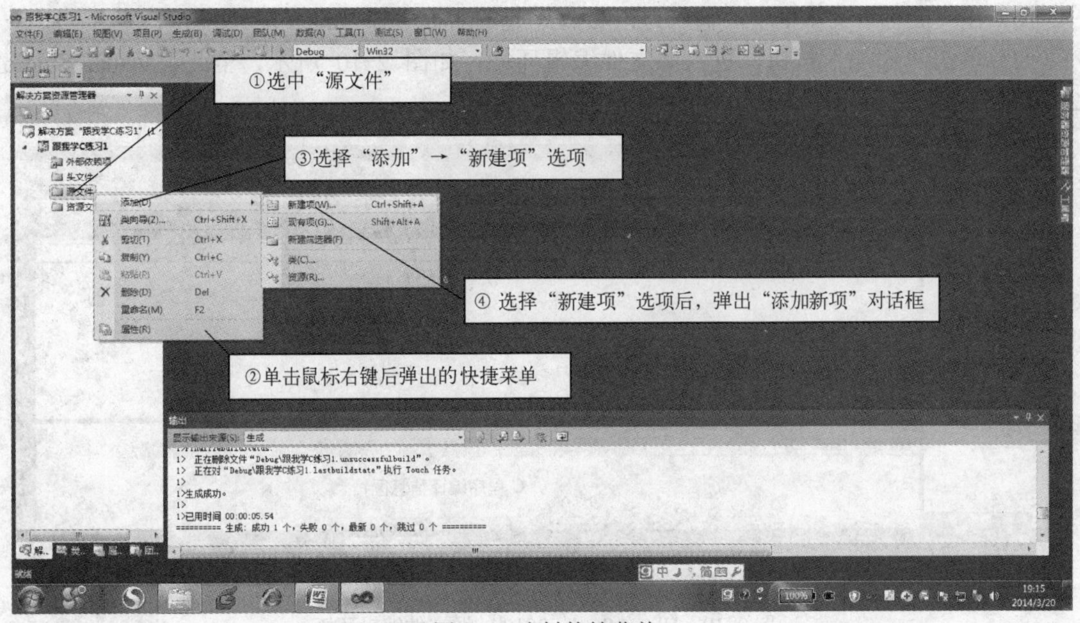

图 2-8　右键快捷菜单

3）单击“添加”选项，弹出子菜单，选择“新建项”选项。

4）选择“新建项”选项后弹出“添加新项”对话框，如图 2-9 所示。

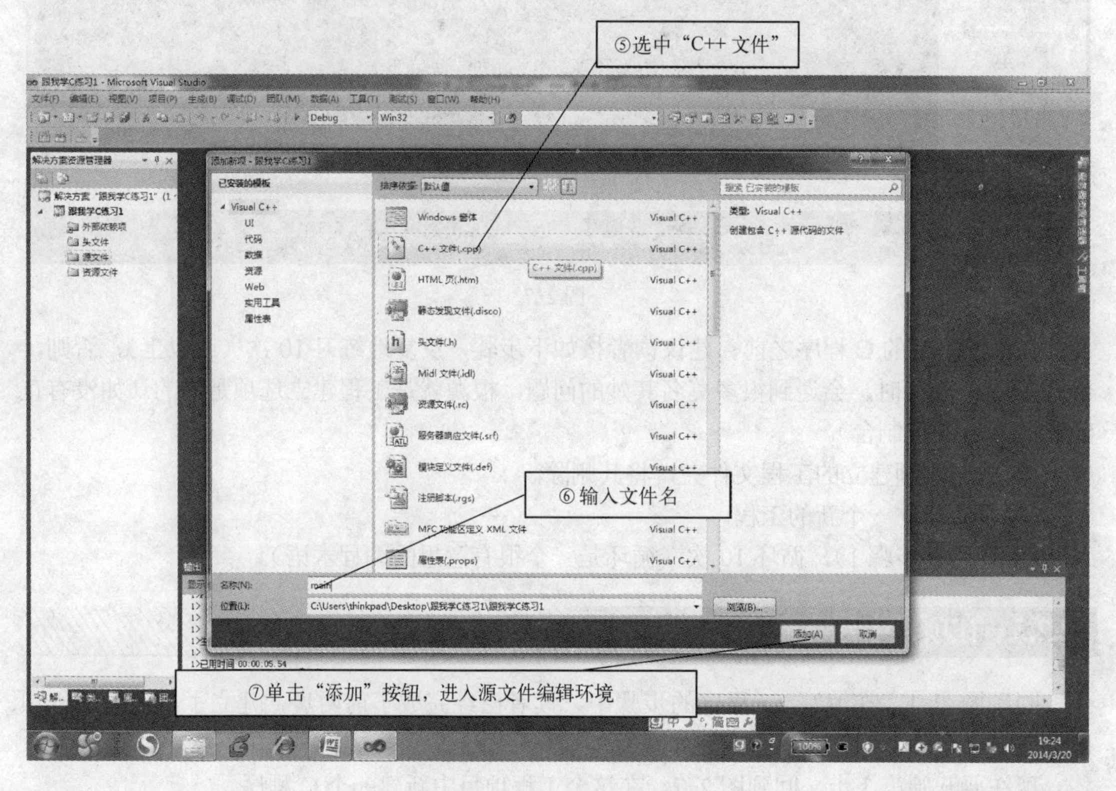

图 2-9 “添加新项”对话框

5）在对话框中单击“C++文件”，将其选中。

6）在“名称”文本框中，输入为该 C 程序起的名称，如“main”。

7）单击“添加”按钮，进入源文件编辑环境，如图 2-10 所示，至此，Visual Studio 2010 的一个 C++源程序（main.cpp）生成完毕。

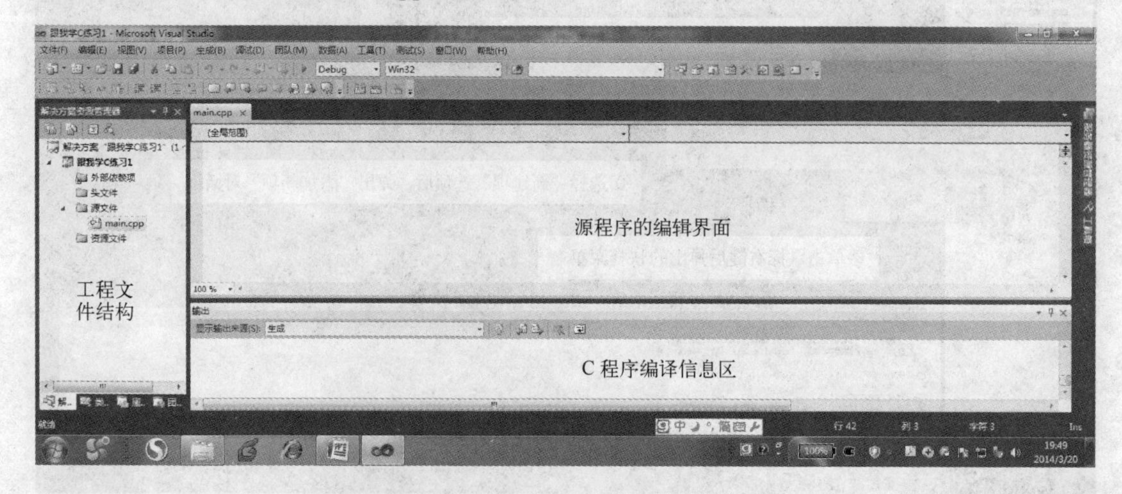

图 2-10 Visual Studio 2010 的源文件编辑环境

2.3 跟我学 C 例题 2-1——C 程序框架

2.3.1 在屏幕上输出一段文字的 C 程序

现在，开始做一个 C 程序练习。

1）参照图 2-10，单击 Visual Studio 2010 的 C 程序编辑区，随着光标的闪烁，读者可以进行 C 程序语句的输入与编辑。

2）假设读者想在屏幕上显示如下一段话：

新手如何学习 C 语言

学习 C 语言始终要记住“曙光在前头”和“千金难买回头看”，“千金难买回头看”是学习知识的重要方法，就是说，学习后面的知识，不要忘了回头弄清遗留下的问题和加深理解前面的知识，这是初学者最不易做到的，然而却又是最重要的（引自网络）。

3）想要在屏幕上显示这段文字（注意段落格式），可以将程序 2.1“跟我学 C 例题 2-1”的语句一字不落地通过键盘输入到 Visual Studio 2010 的程序编辑区中，如图 2-11 所示。

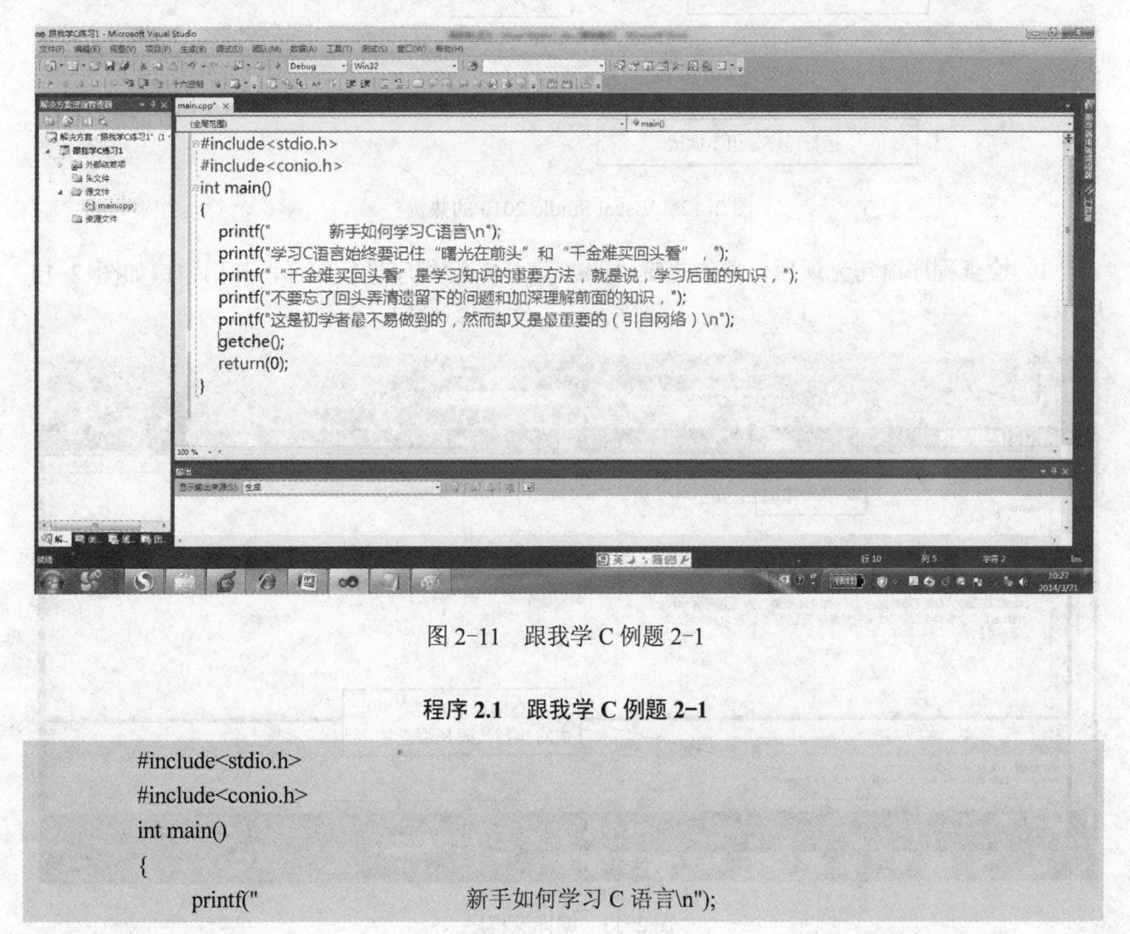

图 2-11　跟我学 C 例题 2-1

程序 2.1　跟我学 C 例题 2-1

```
#include<stdio.h>
#include<conio.h>
int main()
{
    printf("                    新手如何学习 C 语言\n");
```

```
        printf("学习 C 语言始终要记住“曙光在前头”和“千金难买回头看”，");
        printf("“千金难买回头看”是学习知识的重要方法，就是说，学习后面的知识，");
        printf("不要忘了回头弄清遗留下的问题和加深理解前面的知识，");
        printf("这是初学者最不易做到的，然而却又是最重要的（引自网络）\n");
        getche();          //程序到此暂停，等待键盘按下任意一个键后，继续执行。
        return(0);
    }
```

注：“\n”是换行符，即在 printf("……\n……")把信息输出到屏幕时，在“\n”位置处换行。

2.3.2 编辑运行 C 程序

Visual Studio 2010 的热键栏如图 2-12 所示。初学者需要使用的是生成解决方案热键“ ”（快捷键为〈F7〉）和运行热键“ ▶ ”（快捷键为〈F5〉）。热键“ ▷ ”（快捷键为〈Ctrl+F5〉）是运行程序但不进行调试，程序运行结束后保留运行界面，方便观察。

现在，请读者按照以下步骤进行操作：

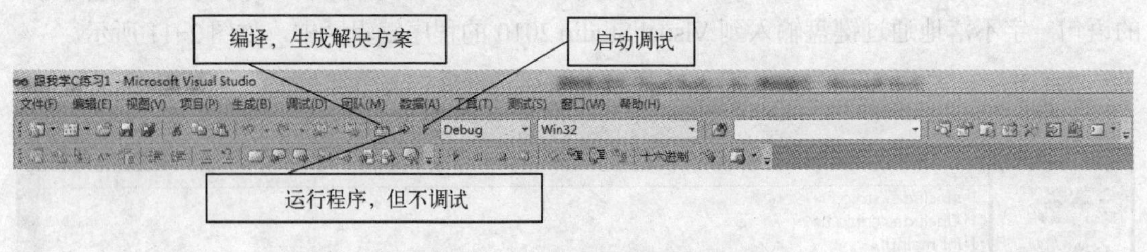

图 2-12　Visual Studio 2010 的热键栏

1）检查程序语句无误后，单击热键“ ”，对 C 源程序进行编译，弹出窗口如图 2-13 所示。

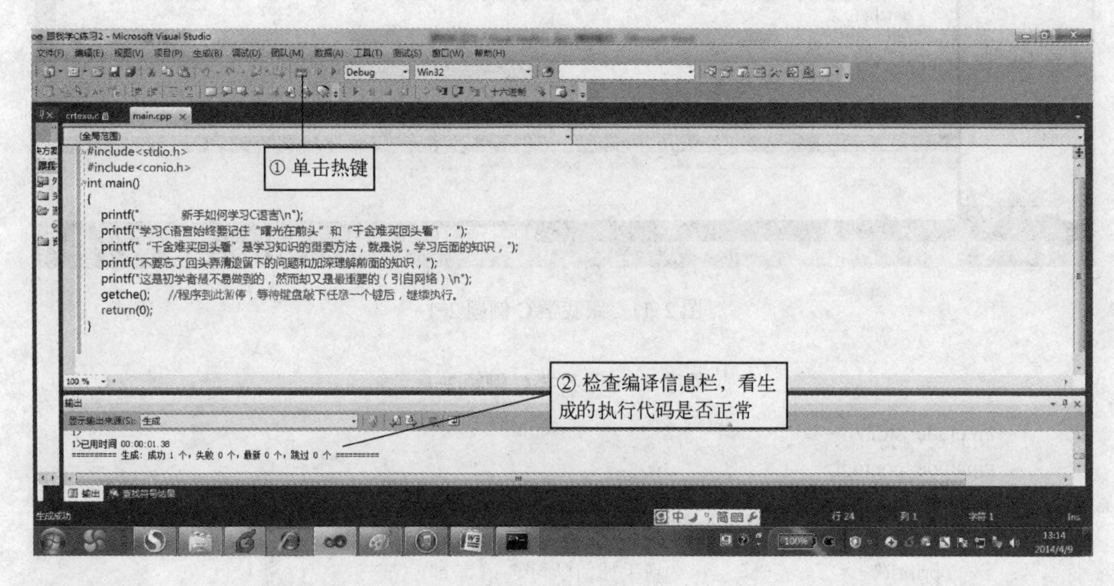

图 2-13　编译源程序

2）如果编译信息栏显示生成的执行代码程序正常（若编译未通过，则应仔细检查源程序），则单击热键“▶”，Visual Studio 2010 将弹出如图 2-14 所示的对话框，单击“是”按钮。

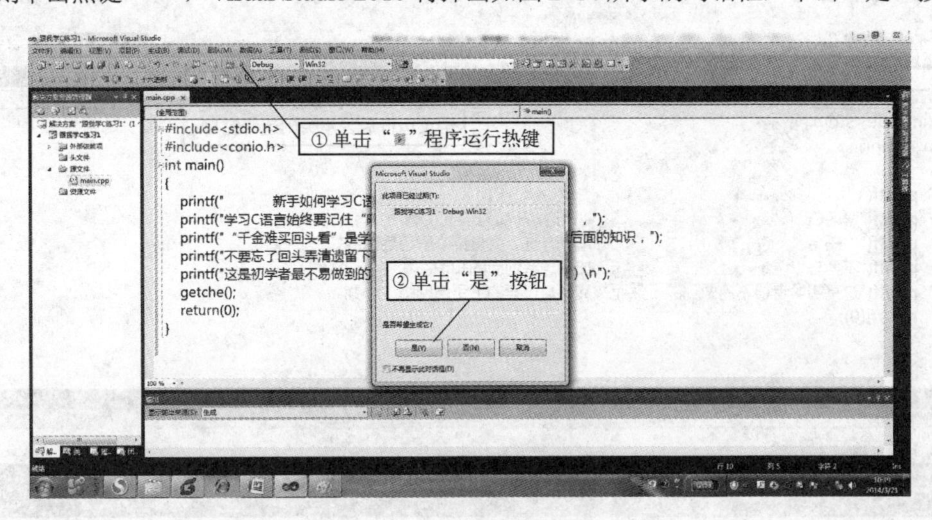

图 2-14　生成项目对话框

3）程序运行后，会弹出运行窗口，如图 2-15 所示。

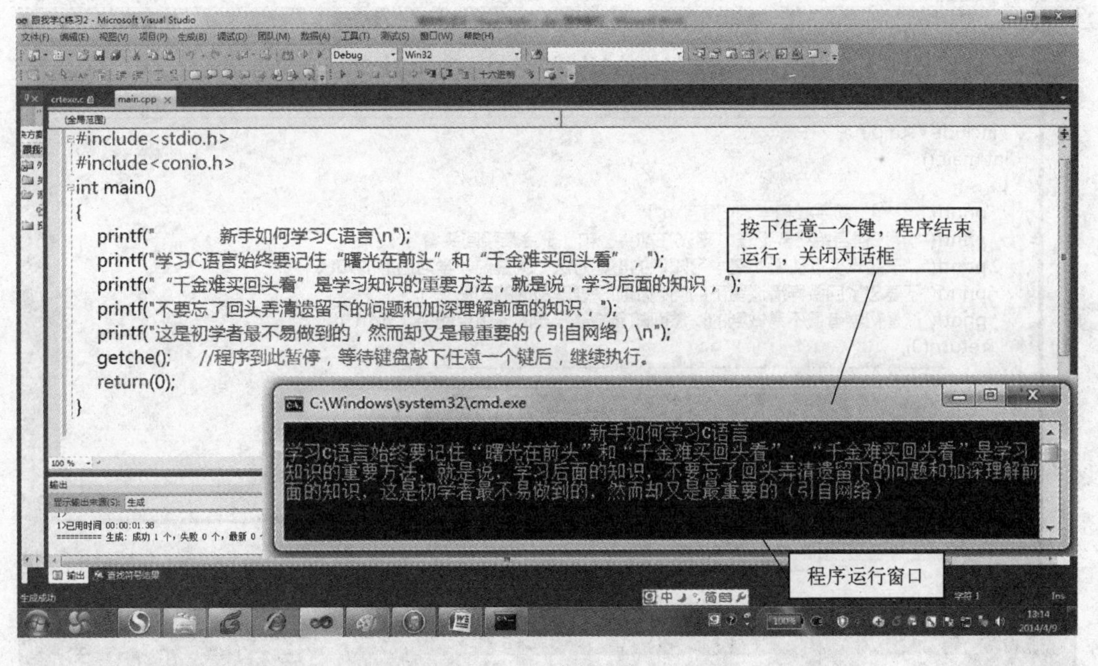

图 2-15　程序运行窗口

2.3.3　开始执行——非调试模式

单击 Visual Studio 2010 菜单栏中的“调试”菜单，如图 2-16 所示，选择“开始执行（不调试）”选项（功能与热键“▷”、快捷键〈Ctrl+F5〉相同），程序执行后的运行界面如

图 2-17 所示。按下任意键后，程序终止。

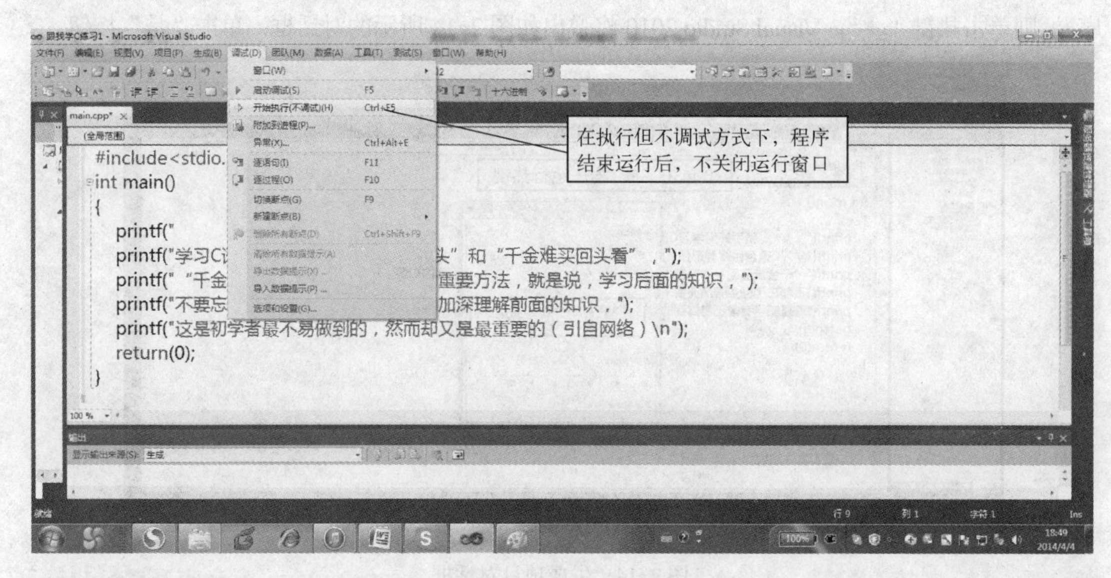

图 2-16 “调试”菜单

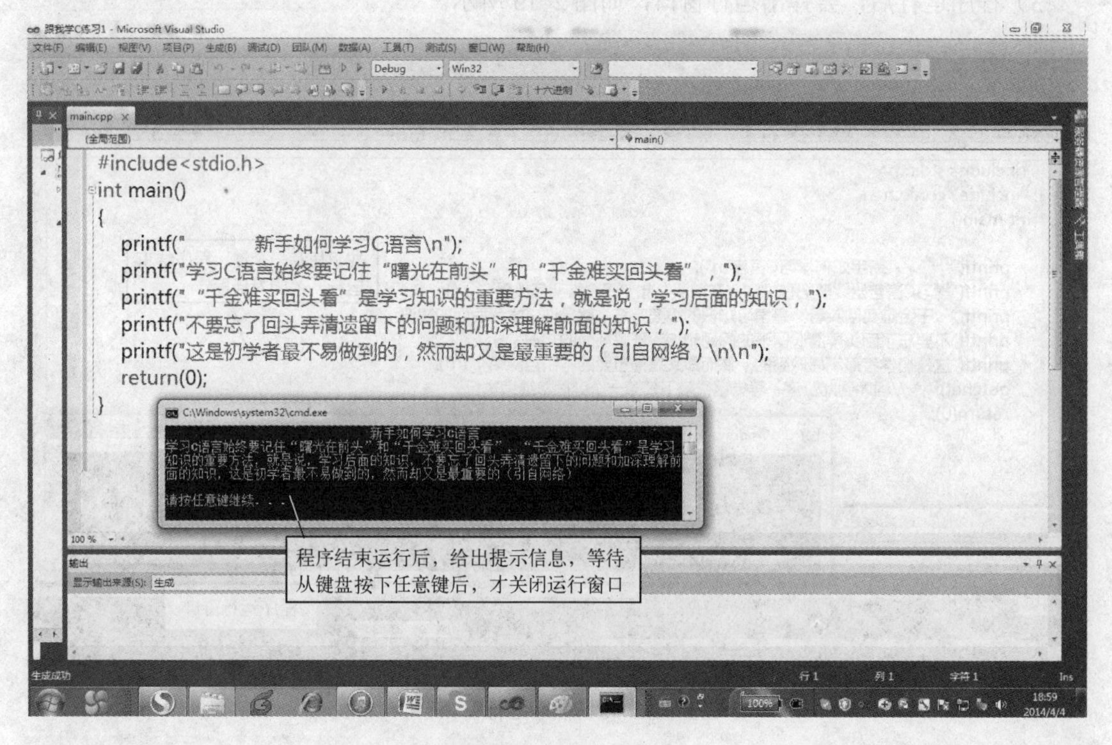

图 2-17 程序运行界面

因为热键“▷”（快捷键〈Ctrl+F5〉）与程序 2.1 中的 getche()函数功能类似，所以以后不做特别区分。

2.3.4 解决编译错误的“傻瓜”办法

恭喜，读者已经完成了 C 程序的处女作，可以有些许自豪。

实际上，读者会像所有的初学者一样，可能会遇到一大堆麻烦。编译程序时，编译信息栏中可能会跳出长长一串让读者目不暇接的错误信息，如何读懂这些信息本书留待后面讨论。

目前，最好的办法就是目视检查每一条输入语句，逐条、逐字、逐个标点符号核对，检查是否与程序 2.1 完全一致。当然，读者首先要回忆建立 C 程序工程文件的步骤是否正确，如果没有把握，则最好重来一次。

2.3.5 初学者的常见错误

1）C 语句必须使用英文字母和半角标点符号！

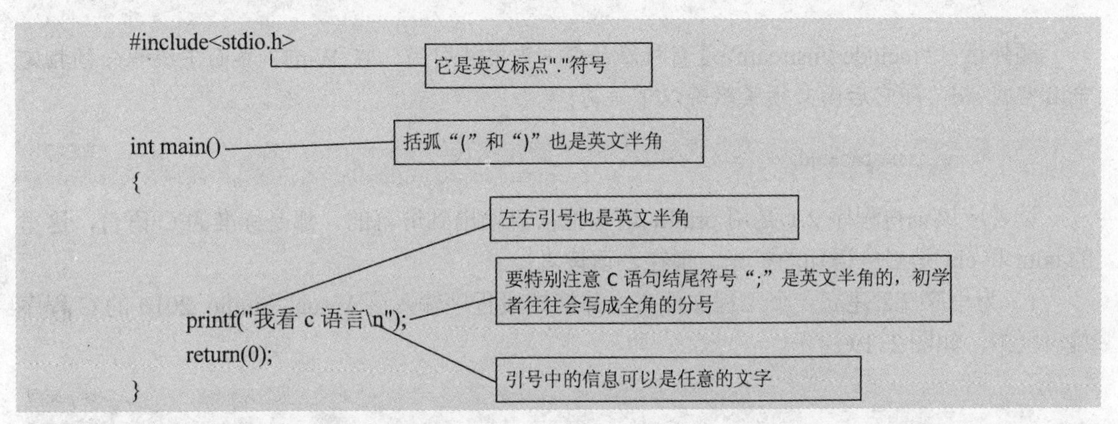

2）完整的 C 函数必须由左花括弧“{”开始，到右花括弧“}”结束，缺一不可！

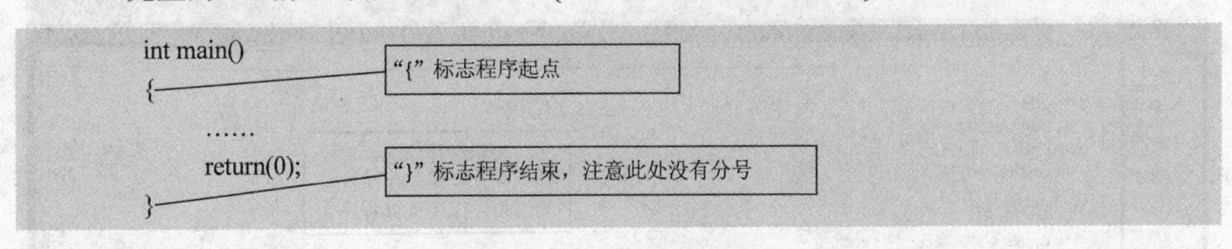

2.4 跟我学 C 例题 2-2——变量和输入/输出语句 

根据图 2-18 所示，编写一个程序，从键盘输入一个电压值和一个电阻值，计算出相应的电流值并显示在屏幕上。

设电流变量为 I、电阻变量为 R、电压变量为 U，根据欧姆定律：

$$I = \frac{U}{R}$$

可以求出电流 I。

图 2-18　电路中的欧姆定律

程序 2.2　跟我学 C 例题 2-2

```
#include<conio.h>
#include<iostream>                                   //C++新标准头文件
using namespace std;                                 //为头文件指定命名空间 std
int main(void)
{     int   I,U,R;                                   //定义整数变量
      cout<<"输入电压："<<endl;                      //提示
      cin>>U;
      cout<<"输入电阻："<<endl;                      //提示
      cin>>R;                                        //输入参数
      I=U/R;                                         //计算
      cout<<"The current is "<<I<<"A"<<endl;         //输出结果
      getche();
      return(0);
}
```

题外话：#include<iostream>是新标准的C++头文件引用。在 Win32 界面下编程必须指定命名空间 std，即它后面必须紧跟着以下语句：

```
using namespace std;
```

读者应该记得程序 2.1 是用 printf()语句把信息输出到屏幕的，那是标准的 C 语言，这里的 cout 和 cin 是 C++语句的扩充。现在，请读者：

1）为程序 2.2 建立一个工程文件夹，并把这段程序输入到 Visual Studio 2010 的 C 程序编辑区中，如图 2-19 所示。

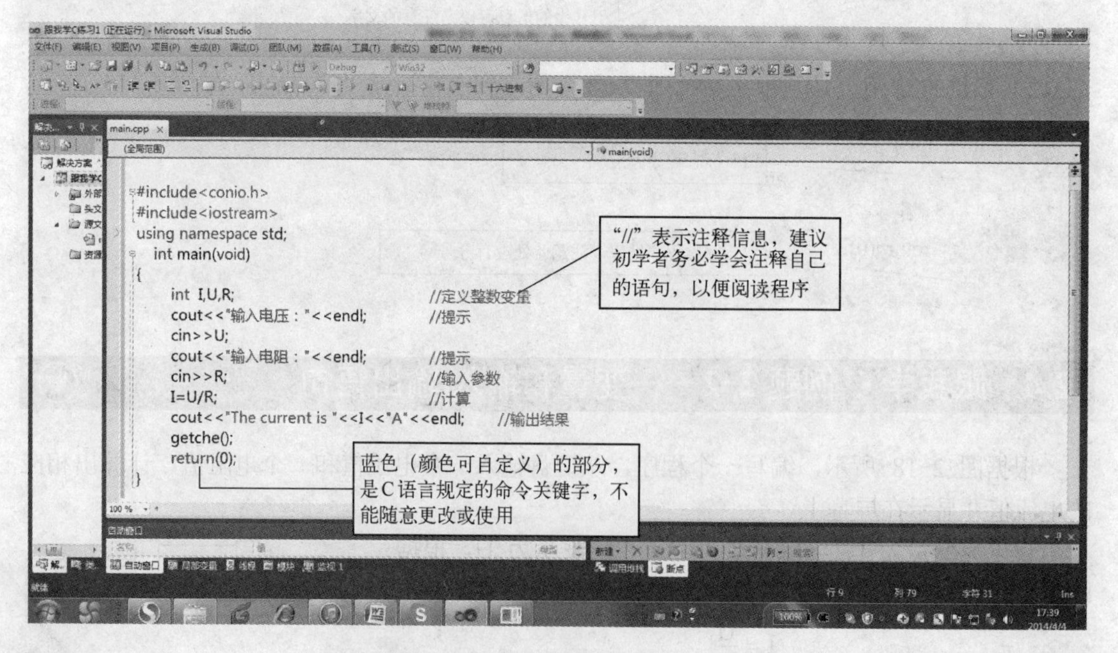

图 2-19　跟我学 C 例题 2-2 程序编辑界面

2）检查程序无误后，单击热键“▶”，程序编译运行后弹出的窗口如图 2-20 所示。

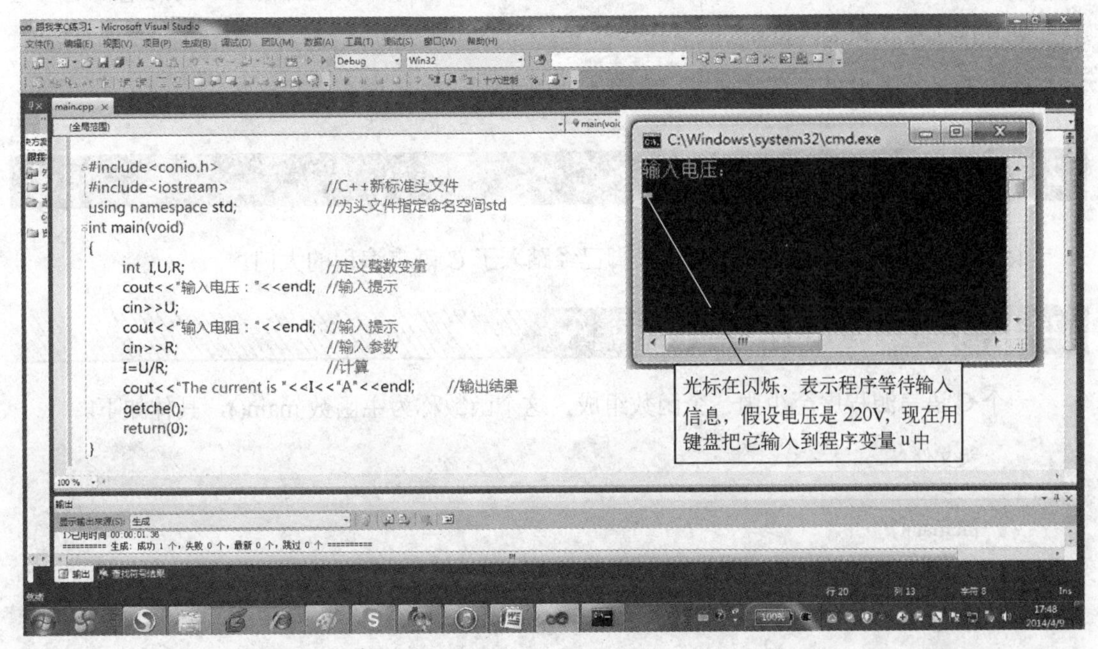

图 2-20　运行窗口

3）此时光标在闪烁，屏幕显示信息是“输入电压”，说明程序正在等待输入电压的信息。假设电阻两端电压是 220V，输入 220 并按〈Enter〉键。

4）屏幕紧跟着又弹出了“输入电阻”的信息，假设输入电阻是 10Ω，则输入 10 并按〈Enter〉键。

5）现在，屏幕弹出的信息是“The current is 22A”，如图 2-21 所示。

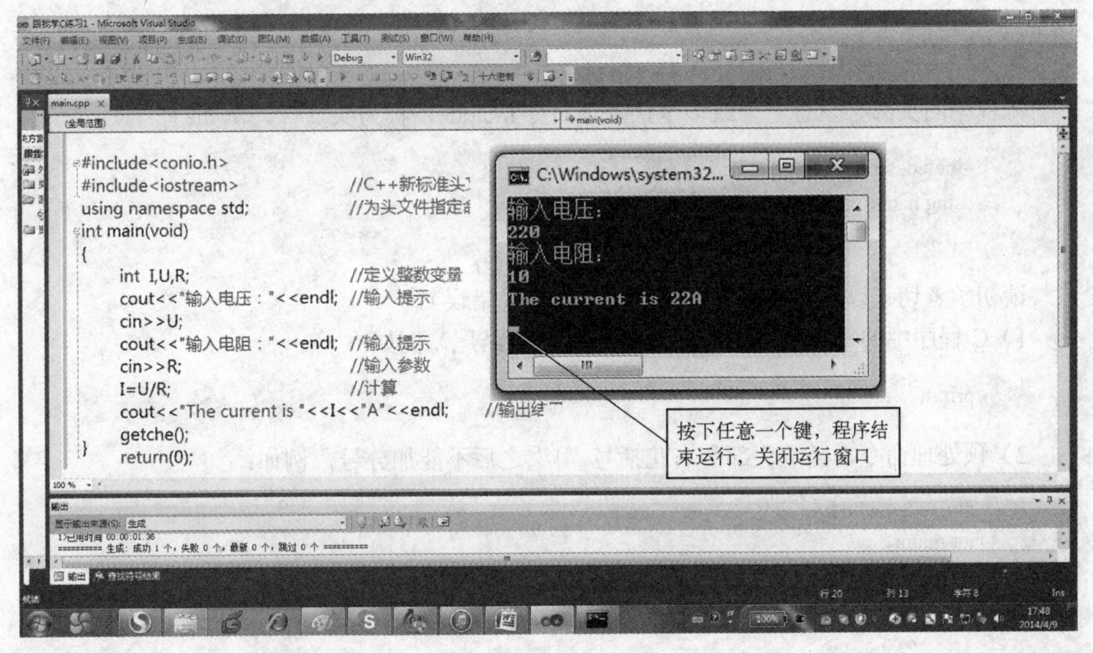

图 2-21　计算电流值

6）关闭运行窗口后，再次单击热键“▶”运行程序，这次试着输入不同的电压电阻组合，看看程序计算是否正确。

注：如果读者发现了什么问题，可以先记录下来，留待后面进行解释。

2.5 读解 C 程序

很好，读者能看到这里，说明一只脚已经踏入了 C 语言编程的大门。

2.5.1 主函数 main 和 C 程序结构

一个 C 语言源程序至少由一个函数组成，这个函数称为主函数 main()，具体如下。

```
头文件
   +
int main()
{
C 语句或函数
……
return(0);
}
```

例如，虽然下面这段程序的主函数中空空如也，但是它是一个完整的 C 程序。

```
#include<stdio.h>
int main()
{
     return(0);
}
```

源程序的头部必须有一个或多个预处理命令 include，称为头文件，例如：

```
#include<iostream >
using namespace std;
……
```

请初学者切记以下几个要点（常犯的书写格式错误）。

1）C 程序中的每一条语句都必须以分号“;”结尾，例如：

```
printf("……");
```

2）预处理命令、函数头部和右花括号“}”之后不能加分号，例如：

```
#include<stdio.h>
int main()
{
    cout<<"输入电压"<<endl;
    ……
```

```
        return(0);
    }
```

3）标识符、关键字之间必须至少加一个空格以示间隔。

2.5.2 书写程序时应遵循的“潜规则”

万里之行始于脚下，建议读者在刚编程时就培养良好、正确的编程习惯。从书写清晰，便于阅读、理解、维护的角度出发，在书写程序时应遵循以下规则：

1）一个说明或一条语句占一行。

2）用{}括起来的部分，通常表示程序的某一层次结构。{}一般与该结构语句的第一个字母对齐，并单独占一行。

3）低一层次的语句或说明可比高一层次的语句或说明缩进若干格，以便看起来更加清晰，同时增加程序的可读性。

2.5.3 C 语句的构成

字符是组成语言的最基本元素。C 语言字符集由字母、数字、空格、标点和特殊字符组成。在字符常量、字符串常量和注释中还可以使用汉字或其他可表示的图形符号。

1）字母：

① 小写字母 a～z，共 26 个。

② 大写字母 A～Z，共 26 个。

2）数字：0～9，共 10 个。

3）空白符：空格符、制表符、换行符等统称为空白符。空白符只在字符常量和字符串常量中起作用，在其他地方出现时，只起间隔作用，编译程序的对它们忽略不计。因此，在程序中是否使用空白符，对程序的编译没有影响，但在程序中适当的地方使用空白符将增加程序的清晰性和可读性。

2.5.4 C 语句词汇

在 C 语言中使用的词汇分为 6 类，即标识符、关键字、运算符、分隔符、常量和注释符。

1．标识符

在程序中使用的变量名、函数名、标号等统称为标识符。

除库函数的函数名由系统定义外，其余都由用户自行定义。C 语言规定，标识符只能是字母（A～Z，a～z）、数字（0～9）、下划线（_）组成的字符串，并且其第一个字符必须是字母或下划线。

以下标识符是合法的：

a，x，x3，BOOK_1，sum5

以下标识符是非法的：

3s　　以数字开头

s*T　　出现非法字符“*”

-3x　　以减号开头

bowy-1　出现非法字符“-”

使用标识符时还必须注意以下几点：

1）标准C语言不限制标识符的长度，但受各种版本的C语言编译系统的限制，同时也受到具体机器的限制。例如，在某版本C语言中规定标识符前8位有效，当两个标识符前8位相同时，则被认为是同一个标识符。

2）在标识符中，大小写是有区别的，如BOOK和book是两个不同的标识符。

3）标识符虽然可以由程序员随意定义，但标识符是用于标识某个量的符号。因此，命名应尽量有相应的意义，以便阅读和理解，请读者参考附录D中的有关内容。

2．关键字

表2-1是C语言关键字。关键字是C语言自己的词汇，因此，不能用关键字作为程序中的标识符（即函数或变量名）。

表2-1　C语言关键字

auto	double	inline	sizeof	volatile
break	else	int	static	while
case	enum	long	Struct	_Bool
char	extern	register	switch	_complex
const	float	restrict	typedef	_imaginary
continue	for	return	union	
default	goto	short	unsigned	
do	if	signed	void	

此外，还有一些C语言的保留字，虽然编译时不产生错误，但是，作为C语言的保留字很容易产生其他问题。所谓保留字，包括以下划线开始的标识符和标准库函数名，如printf()、sin()等。

注意：

1）C语言中的关键字都是小写的。

2）注释符以“//”开头，或以“/*”开头并以“*/”结尾。

程序编译时，不对注释做任何处理。注释可出现在程序中的任何位置，用来向用户提示或解释程序的意义。在调试程序时，对暂不使用的语句也可以用注释符括起来，不做处理，待调试结束后再去掉注释符。

2.5.5　什么是变量？

对于初学者来说是最为困惑概念是如何理解变量。

在初中数学中，读者很熟悉函数 $y = f(x_1, x_2)$ 描述的y与自变量 x_1 和 x_2 的概念。

现在，把程序 2.2 的欧姆定律 $I = \dfrac{U}{R}$ 看成 $y = f(x_1, x_2)$。为了计算不同的电压电阻值所对应的电流值，需要在程序中定义两个变量 U 和 R，以便在程序运行过程中，存储读者从键盘输入的当前的电压和电阻值。

1）程序中定义的变量 U 和 R 用于存储键盘的输入值。它们仅在执行语句”cin>>U;”和”cin>>R;”时才被改变。

2）某次运行过程中从键盘读入 U 或 R，即执行了”cin>>U;”或”cin>>R;”时，称之为给它们赋值。

3）变量会被不同数据类型（整数、实数（浮点数）、字符文字等）赋值，所以变量有不同的类型。

4）作为初学者必须要知道，C 语言变量至少有如下三种类型：

整数（integer）：int

浮点数（floating point numbers）：float

字符（character）：char

2.6 跟我学 C 例题 2-3——C 语言变量类型

2.6.1 如何打开一个已存在的程序

请读者按照以下步骤再次打开程序 2.2（跟我学 C 例题 2-2）。

1）在 Visual Studio 2010 界面中，单击“文件”菜单，然后根据文件路径找到已经建立的项目，如图 2-22 所示（跟我学 C 例题 2-2）。

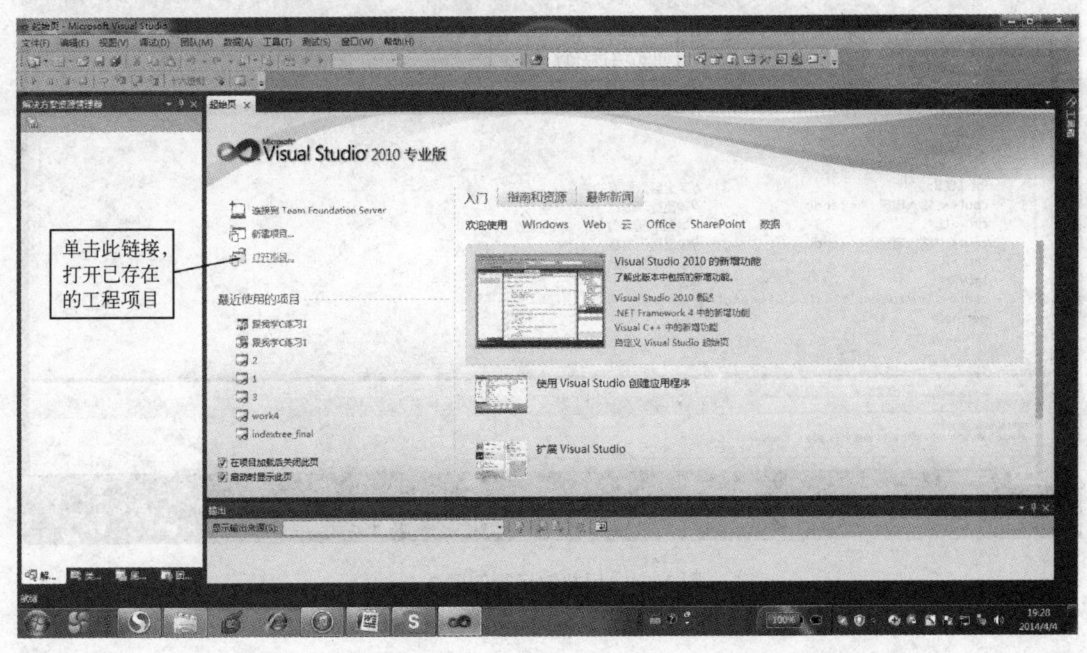

图 2-22

2）在“打开项目”对话框中找到“跟我学 C 练习 2”文件夹后，单击选中“跟我学 C 练习 2.sln”，然后，单击“打开”按钮，如图 2-23 所示（也可以直接双击“跟我学 C 练习 2.sln”）。此时的程序界面如图 2-24 所示。

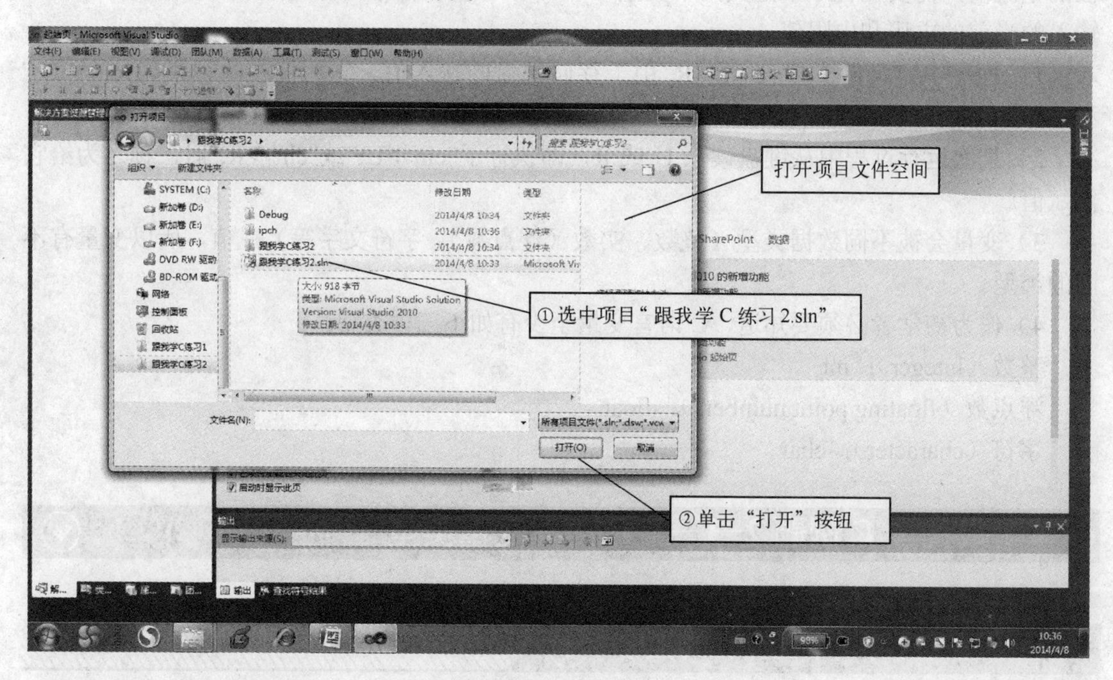

图 2-23

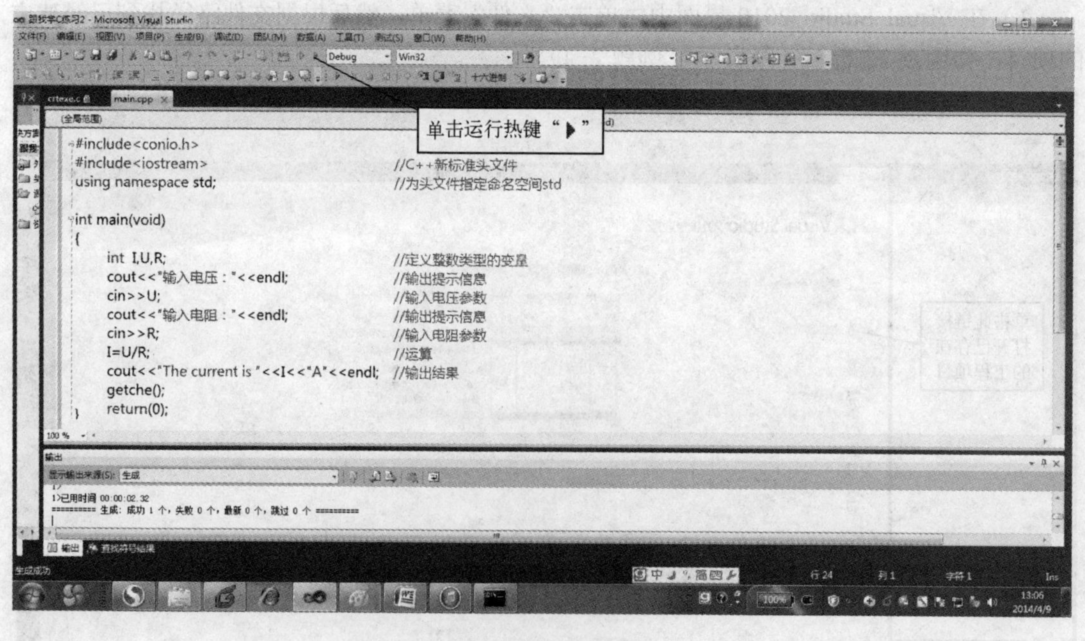

图 2-24　用热键运行例题 2-2

2.6.2 变量类型能影响程序执行结果

单击图 2-24 中的运行热键“ ▶”，运行程序。

在弹出窗口中，分别输入电压值 220 和电阻值 2.2。屏幕弹出程序执行的结果是“The current is 110A”（见图 2-25），嗯？计算机热晕了？220 除以 2.2 的商应该是 100 啊！

读者知道按欧姆定律编制的程序是正确的，因为已经测试过（见图 2-21），那么为什么现在电流值不是正确的 100A，而变成了 110A 呢？

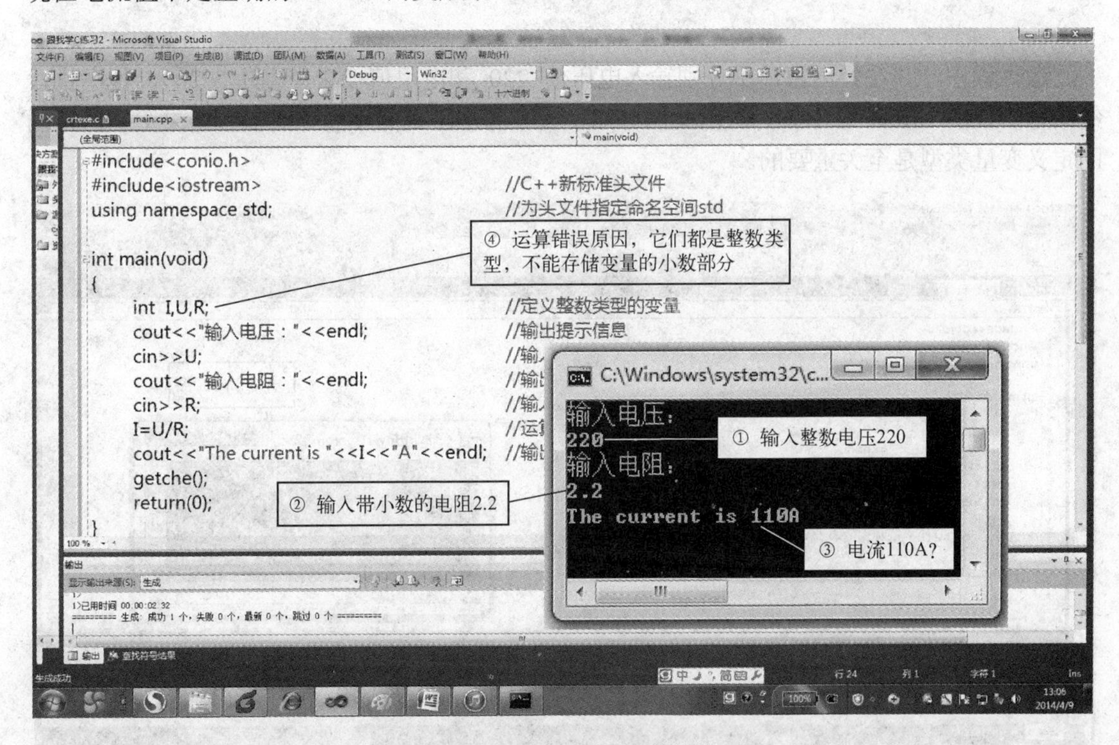

图 2-25　测试电阻值非整数的情况

仔细检查程序变量 I、U、R 的定义，读者会发现它们都是整数类型。在 C 语言中，程序中的整数变量只能保存输入数据的整数部分（小数部分被丢弃），所以，读者输入的电阻值是 2.2，但实际上程序只是把数值 2 赋给了变量 R（即 R=2），因此，运算得到的电流值为 110A。

原来如此！变量的类型决定了运算的结果。

2.6.3 可以输入小数的变量类型

修改程序 2.2，现在定义变量 I、U、R 为实数（浮点数）类型，具体代码如下：

程序 2.3　跟我学 C 例题 2-3

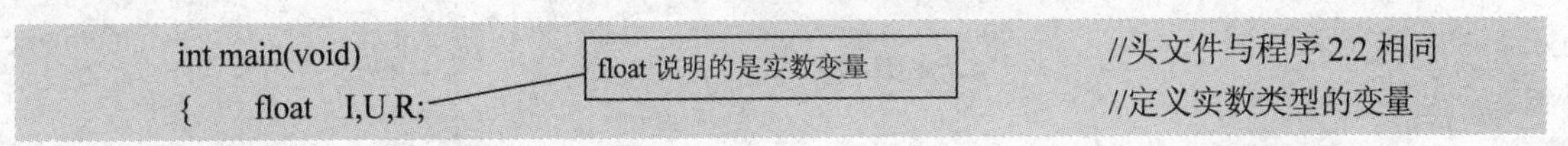

```
int main(void)                                  //头文件与程序 2.2 相同
{     float   I,U,R;                            //定义实数类型的变量
```

```
        cout<<"输入电压："<<endl;                                   //输出提示信息
        cin>>U;                                                    //输入电压参数
        cout<<"输入电阻："<<endl;                                   //输出提示信息
        cin>>R;                                                    //输入电阻参数
        I=U/R;                                                     //运算
        cout<<"The current is "<<I<<"A"<<endl;                     //输出结果
        getche();
    return(0);
    }
```

运行程序，并在弹出窗口中分别输入电压值 220 和电阻值 2.2（见图 2-26），程序执行结果是“The current is 100A”。由此例可知，程序算法正确并不意味着执行结果正确，正确的定义变量类型是至关重要的。

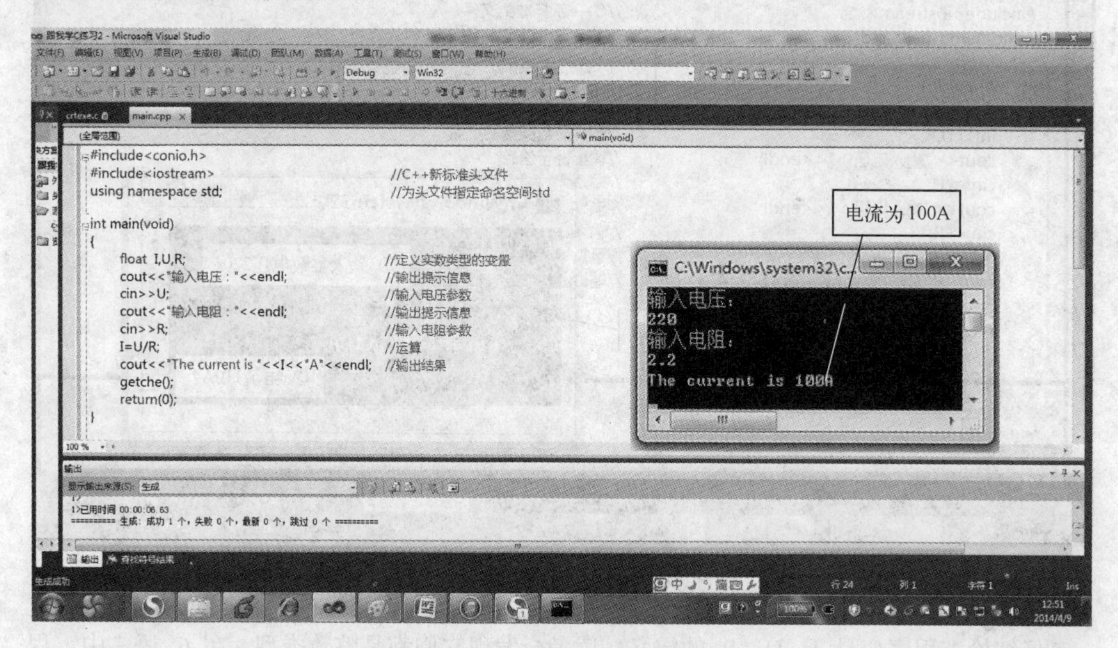

图 2-26　运算结果窗口 2

2.7　跟我学 C 练习题一 

1）模仿程序 2.1，以“我看 C 语言”为题，写出你个人的看法，并输出到屏幕（注意屏幕显示的格式），要求把标题居中输出至屏幕。

2）模仿程序 2.3，编程实现求一个圆柱体的体积，从键盘输入的参数有半径 r 和高度 h，要求输出体积 v（程序的头部文件相同）。

第3章

C语言的输入/输出格式——跟我学I/O

本章将向读者展开 C 语言的输入/输出语句细节，这样可以在正式学习 C 语句语法之前，通过练习例题认识、学会基本的输入/输出函数。

在本章内容中，例题将引导读者学会:

1）使用格式输入函数 scanf()，从键盘读入数值变量和字符变量。

2）使用格式输出函数 printf()，输出数值变量和字符变量到屏幕。

3）从键盘读入一段完整的文字语句。

3.1　格式输入/输出函数 scanf()、gets()和 printf() 

3.1.1　跟我学 C 例题 3–1——求任意一个数的正弦值

解题思路与步骤:

1）从键盘输入一个数 x，求它的正弦值，再输出到屏幕。

2）C 语言的标准数学函数库中有正弦函数 y=sin(x)，x 和 y 是双精度的实数。

3）引用数学库所需的头文件 math.h。

4）使用格式输入函数 scanf()读取键盘上输入的数并存入变量 x 中。

5）调用 sin 函数求得 x 的正弦值，然后赋给变量 s。

6）用格式输出函数 printf()输出变量 s 的值（x 的正弦值）。

具体代码如下：

程序 3.1　跟我学 C 例题 3–1

```
#include<math.h>        引用数学库函数所需的头文件

#include<stdio.h>
int main()
{
```

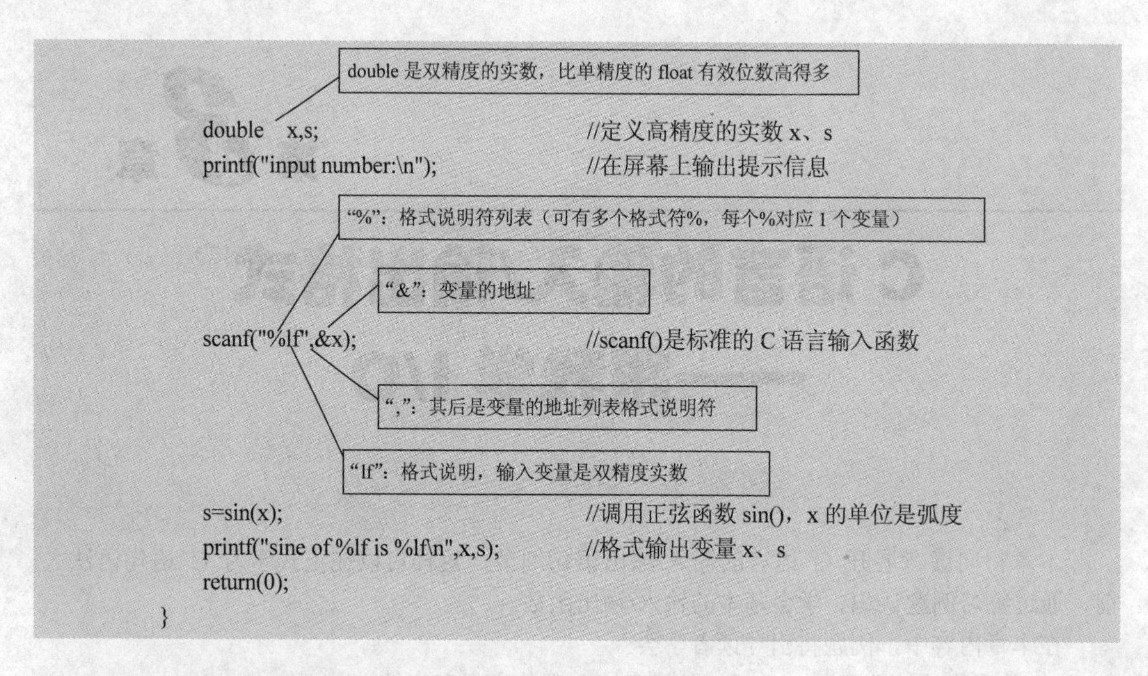

编译并运行程序，输入 $x=\dfrac{\pi}{2}$，所得结果如图3-1所示。

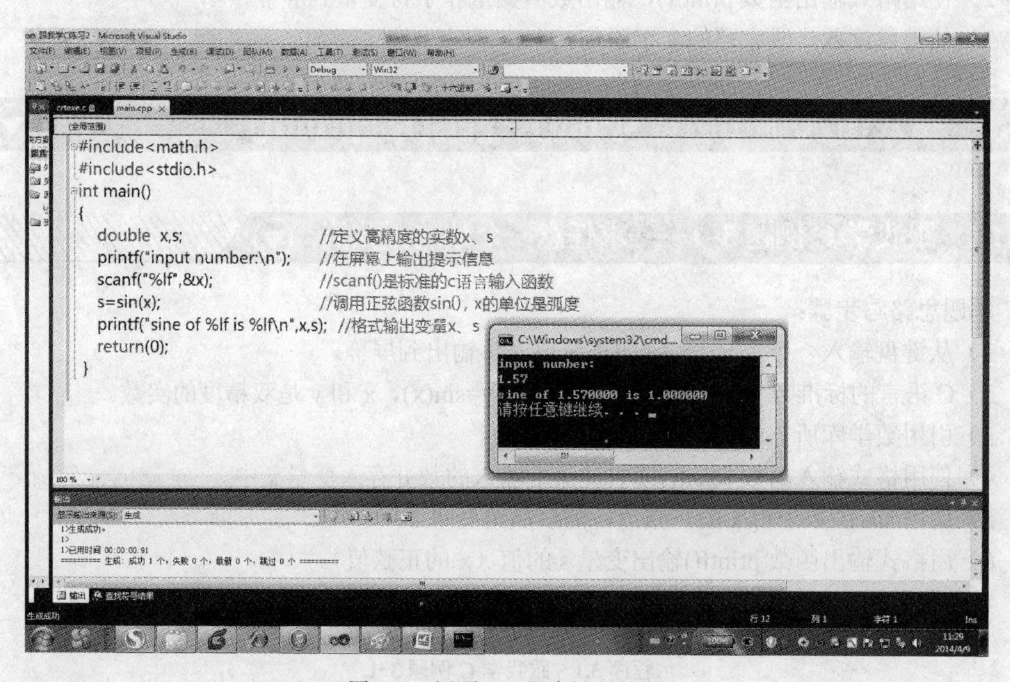

图3-1　例题3-1程序运行结果

3.1.2　函数scanf()的一般形式

函数scanf()的一般形式如下：

```
scanf("格式控制字符串", 输入变量的地址表列);
```

1）格式控制字符串：描述要输入的变量数据类型。

2）地址表列中给出的是变量的地址，由地址运算符“&”后跟变量名组成，例如：

```
&a, &b                          //分别表示变量 a 和变量 b 的地址
```

3）scanf 函数把键盘读入的数据赋给内存中的变量，所以必须要告诉 scanf 函数被赋值的变量的地址。

4）格式说明见表 3-1，它与函数 printf()的格式说明相同。

表 3-1　scanf 函数和 printf 函数的格式说明简表

格　式	字 符 意 义	格　式	字 符 意 义
d	十进制整数	f 或 e	实型数（用小数形式或指数形式）
o	八进制整数	c	单个字符
x	十六进制整数	s	字符串
u	无符号十进制整数		

读者很容易从下面的语句中理解表 3-1。

```
int a,b;
flaot x;
char ch_a;                  //定义一个字符类型的变量，用于输入文字
……
scanf("%d",&a);             //从键盘输入一个十进制整数，并赋给了整数变量 a
scanf("%d",&b);             //从键盘输入一个十进制整数，并赋给了整数变量 b
…….
scanf("%f",&x);             //从键盘输入一个十进制实数，并赋给了浮点数变量 x
…….
scanf("%c",&ch_a);          //从键盘输入一个字母，如 A，并赋给了字符变量 ch_a
```

对于函数 scanf()的应用笔者有以下几点建议：

1）把 scanf 函数应用到此就足够了，不要做画蛇添足的事，例如：

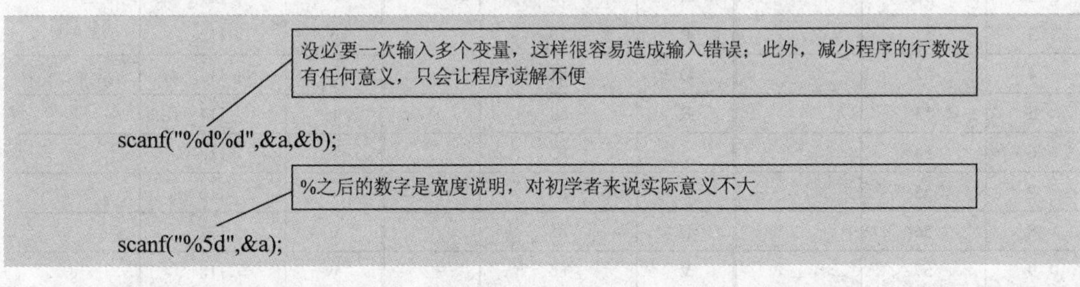

2）如果读者真的需要掌握灵巧的 scanf()或 printf()的所有格式的用法，那一定是很久以后的事情了。那时，读者已经有了足够的 C 语言修养，可以直接查阅 C 语言程序设计工具书中的格式字符说明。

3）scanf()是缓冲型输入函数，初学者有时会遇到一些奇怪的问题，本书将在后面章节进行专门的讨论。

3.1.3 函数 scanf()是否可以从键盘输入一段文字 

1．字符变量

下面语句声明了两个字符类型变量，分别是 ch_a 和 ch_b。

```
char ch_a,ch_b;
```

字符变量以 ASCII 码形式存储在内存中，长度为一个字节。ASCII 码是美国国家标准局（ANSI）为计算机字符集制定的标准二进制代码（American Standard Code for Information Interchange，美国标准信息交换码），部分字符集的 ASCII 码见表 3-2。

程序中用单引号' '括起一个字符（如'a'）表示 C 语言的字符常量。

表 3-2　部分字符的 ASCII 码

字　符	ASCII 码（十进制）	说　明	字　符	ASCII 码（十进制）	说　明	字　符	ASCII 码（十进制）	说　明
NUL	0	Null	A	65		a	97	
…	…	…	B	66		b	98	
SP	32	Space	C	67		c	99	
			D	68		d	100	
(	40		E	69		e	101	
)	41		F	70		f	102	
*	42		G	71		g	103	
+	43		H	72		h	104	
,	44		I	73		i	105	
–	45		J	74		j	106	
.	46		K	75		k	107	
/	47		L	76		l	108	
0	48		M	77		m	109	
1	49		N	78		n	110	
2	50		O	79		o	111	
3	51		P	80		p	112	
4	52		Q	81		q	113	
5	53		R	82		r	114	
6	54		S	83		s	115	
7	55		T	84		t	116	
8	56		U	85		u	117	
9	57		V	86		v	118	
:	58		W	87		w	119	
;	59		X	88		x	120	
<	60		Y	89		y	121	
=	61		Z	90		z	122	
>	62		[	91		{	123	

（续）

字　符	ASCII 码 (十进制)	说　明	字　符	ASCII 码 (十进制)	说　明	字　符	ASCII 码 (十进制)	说　明
?	63		\	92		|	124	
@	64		]	93		}	125	
			^	94		~	126	
			_	95				
			`	96				

由表 3-2 可以查阅字符的 ASCII 码，如'A'的十进制 ASCII 码是 65，'a'的十进制 ASCII 码是 97。

如果对字符变量 ch_a 赋值'A'，即执行如下语句：

```
ch_a='A';
```

则在 ch_a 变量的单元内，存储着'A'的二进制代码“0100 0001”，如图 3-2 所示。

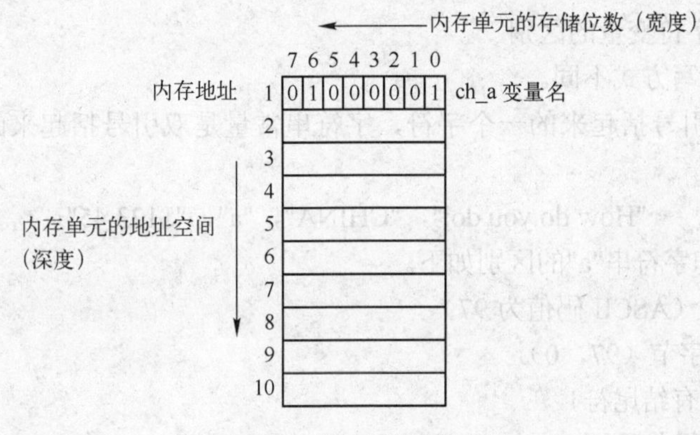

图 3-2　内存中的字符变量

其实，读者也可以把它们看成是整型量。C 语言允许对整型变量赋以字符值，也允许对字符变量赋以整型值。在输出时，允许把字符变量按整型量输出，也允许把整型量按字符量输出。

2．字符串变量

很多初学者对字符串的概念总是非常困惑，这让笔者也感到困惑，初学者出错的原因大多是：

1）初学者总是不知道如何处理字符串的结尾符。

2）与字符变量不同，编程者不能简单地用“=”给字符串赋值。

（1）字符串的定义

连续地存储在内存中的字符元素序列，在 C 语言中称为“字符串”，例如：

```
char ch_s[100 ];
```

此处定义了一个字符串变量，最大能存储 99 个字符元素（字符串必须有一个结尾符）。

（2）结尾符

字符串连续地存储在内存的一个区域中，每个字符元素仍用其 ASCII 码表示，有一个结尾符表示序列的结束，即二进制 00000000，也就是 ASCII 码的“空字符”，记为 Null 或\0。

假设给字符串变量 ch_s 赋值“ABCD”，则该字符序列在内存中如图 3-3 所示。注意，现在的 ch_s 在内存中占用的实际长度是 5 字节，而不是 4 字节！

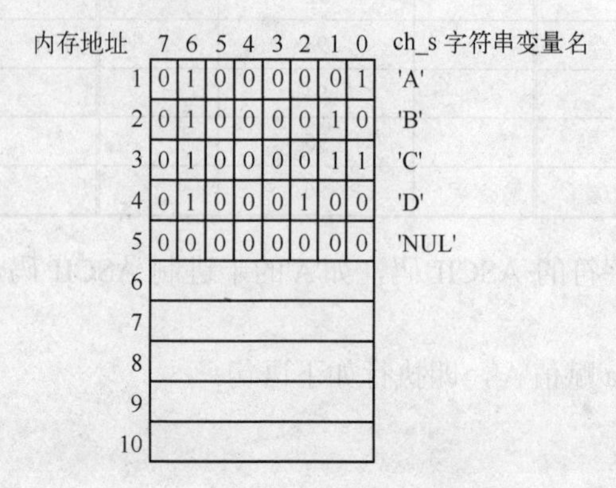

图 3-3 内存中的字符串变量

（3）字符串与字符变量的区别

1）程序中的书写方式不同。

字符常量是单引号括起来的一个字符，字符串常量是双引号括起来的字符序列（0～N 个字符），如：

"How do you do."，"CHINA"，"a"，"$123.45"

所以，字符'a'和字符串"a"的区别如下。

字符'a'：1 字节（ASCII 码值为 97）

字符串"a"：两字节（97，0）

2）字符变量没有结尾符！

3）两者的赋值操作不同。

```
char ch_c;
ch_c='A';     ✓
char ch_s[10];
ch_s="ABCD";  X
```

3．跟我学 C 例题 3-2——用 scanf()从键盘输入字符串

程序 3.2 跟我学 C 例题 3-2

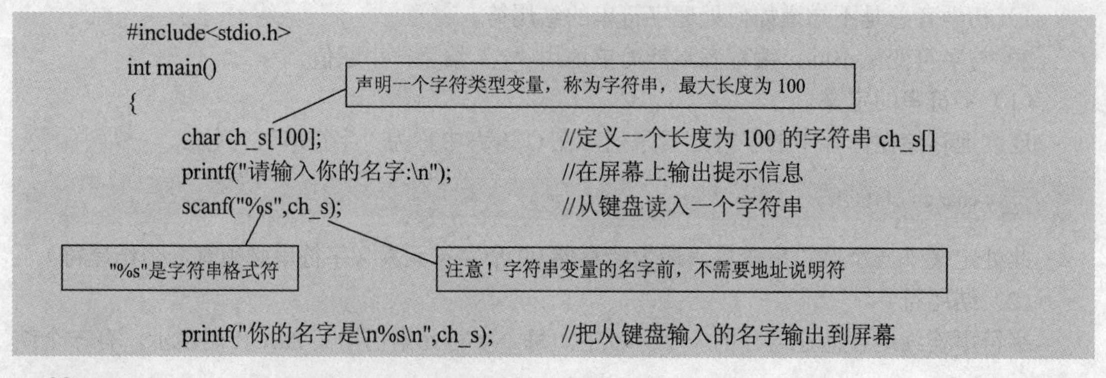

```
#include<stdio.h>
int main()
{
    char ch_s[100];                    //定义一个长度为 100 的字符串 ch_s[]
    printf("请输入你的名字:\n");        //在屏幕上输出提示信息
    scanf("%s",ch_s);                  //从键盘读入一个字符串

    printf("你的名字是\n%s\n",ch_s);    //把从键盘输入的名字输出到屏幕
```

```
    return(0);
}
```

运行程序，弹出窗口如图 3-4 所示。

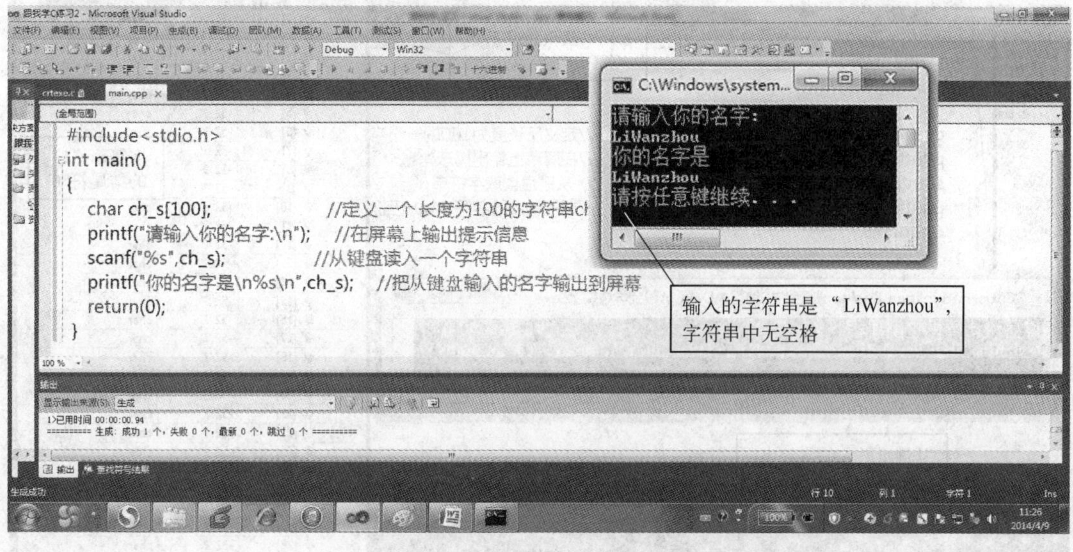

图 3-4　程序运行结果 1

现在换个提问，如图 3-5 所示，再次运行程序 3.2，输入如下语句：

```
" I don’t enjoy studying computing—it’s just a means to an end. "
```

运行程序，弹出窗口如图 3-5 所示。

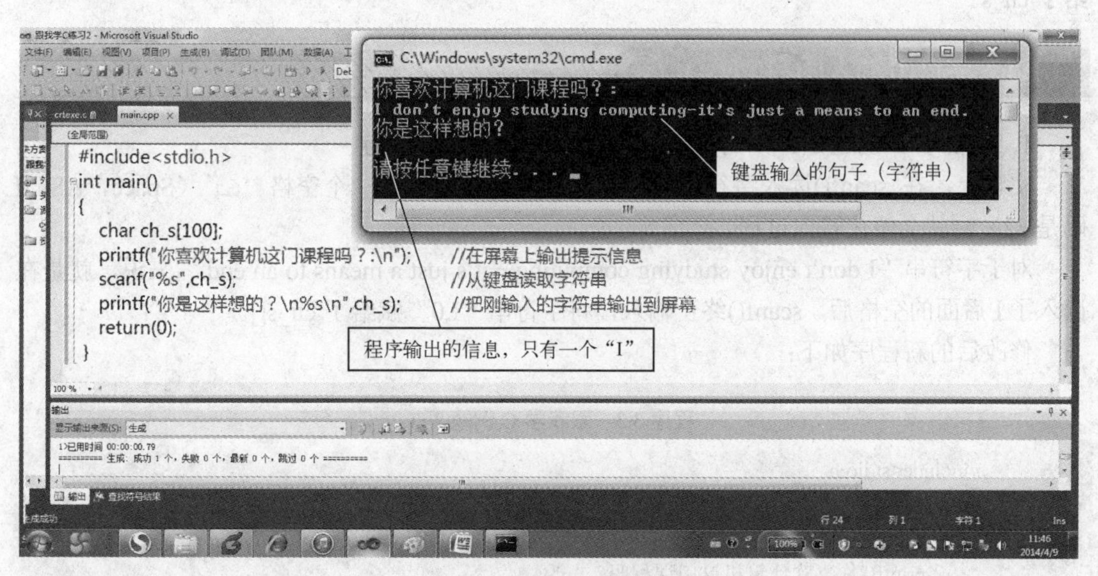

图 3-5　程序运行结果 2

有麻烦了，谁能告诉我，输入的字符串跑到哪里去了？

为了找到原因，现在单步运行程序 3.2（单步调试程序的方法留待后面讨论），仍输入"I

don’t enjoy studying computing—it’s just a means to an end."，程序运行界面如图 3-6 所示。

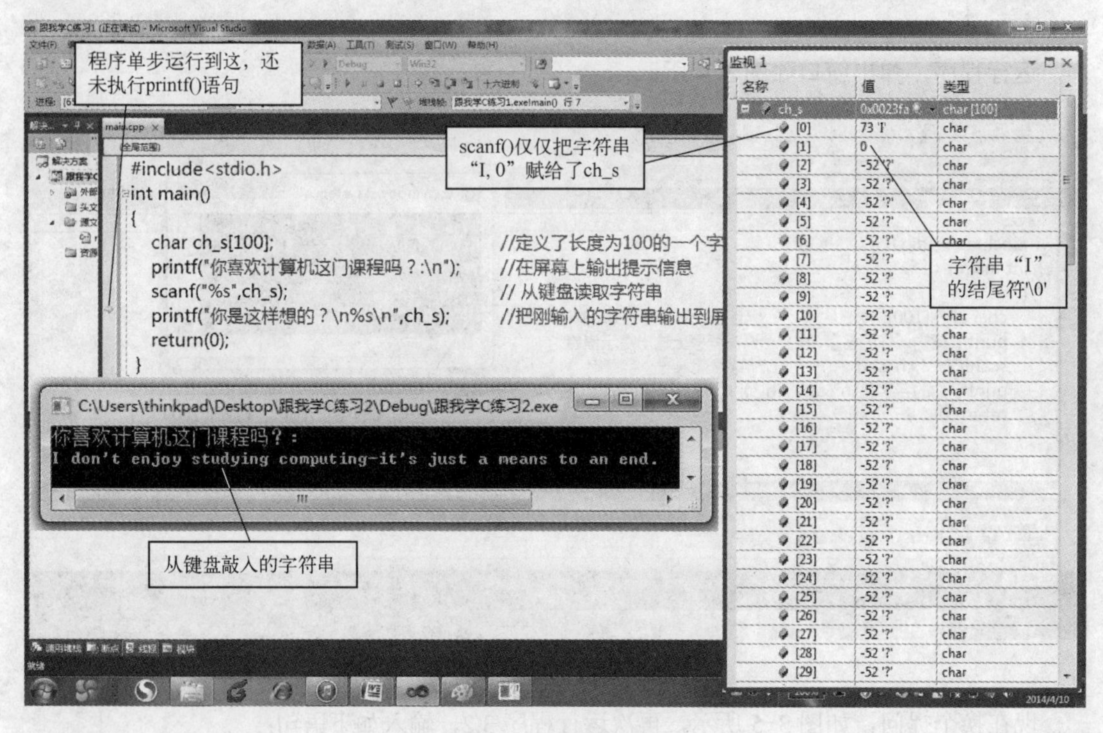

图 3-6 单步调试程序

原来，scanf()根本就没有把键盘敲入的字符串完整地赋值给 ch_s，仅把字符串“I,0”赋给了 ch_s。

3.1.4 字符串输入函数 gets()

1．跟我学 C 例题 3-3——如何从键盘输入一段完整的文字

实际上，在 scanf()读入字符串时，当遇到字符串中的第一个空格‘␣’（Space，ASCII 码是 32）时就会停止输入过程。

对于字符串“I don’t enjoy studying computing—it’s just a means to an end.”来说，就是在读入了 I 后面的空格后，scanf()终止输入，将字符串“I,0”赋给了 ch_s[]。

修改后的新程序如下：

程序 3.3 跟我学 C 例题 3-3

```
#include<stdio.h>
int main()
{     char ch_s[100];
      printf("你喜欢计算机这门课程吗？ :\n");
      gets(ch_s);
          // gets()从键盘读取字符串直到回车符。它只需要字符串名字，不需要格式说明符“%s”
      printf("你是这样想的？ \n%s\n",ch_s);              //把从键盘输入的字符串输出到屏幕
```

```
    return(0);
}
```

单步运行程序，弹出窗口如图 3-7 所示，图 3-8 所示的是程序全部执行完后的界面信息。

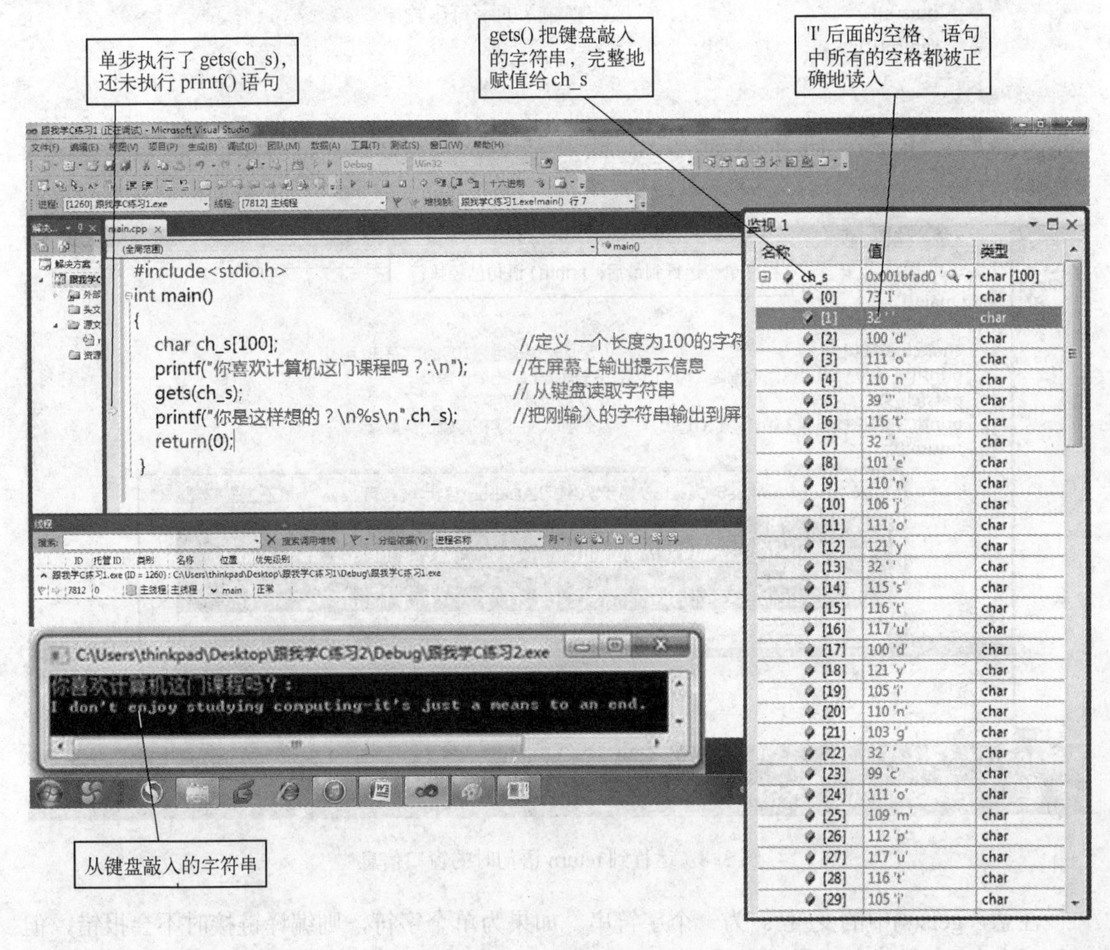

图 3-7　gets()读入包含空格的字符序列

2．函数 gets()的标准用法

gets()函数用来从键盘读取字符串直到回车符结束，但回车符不属于这个字符串，由一个空格（ASCII 码 Null）在字符串的最后代替它，其调用格式如下：

```
gets(s);
```

s 为字符串变量（字符串名或字符串指针）。gets(s)与 scanf("%s", s)的差别在于：

1）scanf("%s", s)输入字符串时，若遇到空格，则认为输入字符串结束，空格后的字符将作为下一个输入项处理。

2）gets()将接收输入的整个字符串直到回车符为止，例如：

```
#include<stdio.h>
```

```
int main(void)
{
    char s[20];
    printf("What's your name?\n");
    gets(s);                              //等待输入字符串直到回车符结束
    puts(s);                              //将输入的字符串输出
    return(0);
}
```

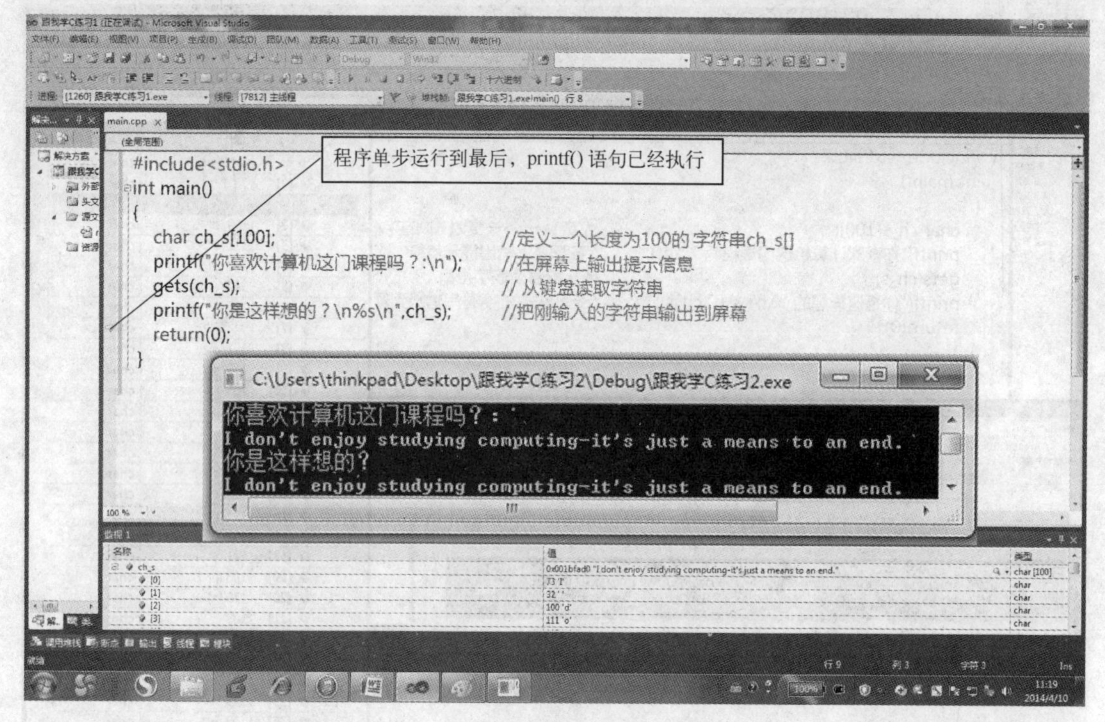

图 3-8　运行到 return 语句时的窗口信息

注意，gets(s)中的变量 s 为一个字符串。如果为单个字符，则编译链接时不会报错，但运行后会出现“Null pointer asignmemt”的错误。

此外，puts()用来向屏幕写字符串并换行，其调用格式为：

```
puts(s);
```

其中，s 为字符串变量（字符串名或字符串指针）。puts()的作用与 printf("%s\n", s)相同。

3.1.5　使用 scanf 函数的注意事项

先请读者看一个程序，代码如下。

程序 3.4　跟我学 C 例题 3-4（字符串输入时，scanf()的缓冲区滞留问题）

```
#include<stdio.h>
int main(void)
```

```
{
        char num[20];
        char name[40];
        char sex;
        char birthday[20];
        printf("请输入学号：\n");
        scanf("%s",num);
        printf("请输入姓名：\n");
        scanf("%s",name);
        printf("请输入性别（m/w）：\n");
        scanf("%c",&sex);
        printf("请输入出生年月日：\n");
        scanf("%s",birthday);
        return(0);
}
```

运行程序 3.4，在弹出窗口中输入的信息过程如下：

请输入学号：

2013123456 ↵（回车）

请输入姓名：

周远 ↵

请输入性别：

请输入出生年月日：

m ↵

读者会发现程序执行完 scanf("%s",name)后，没有等待输入性别信息，就直接执行了下一条的 printf()语句（见图 3-9），并在输入'm'后程序结束。

为什么？原因很简单，前一次用函数 scanf()输入姓名时，其回车符被滞留在输入缓冲区中，成为下一次的 scanf()输入，因而直接读出了回车符作为性别的输入。

解决这个问题有多种选择，如改用非缓冲函数 getche()，或使用 C++的 cin 函数。最直接的办法是，每次调用 scanf()后，使用函数 fflush(stdin)清除缓冲区（见图 3-10）。缓冲区的概念留待以后讲解。

3.1.6 格式输出函数 printf()

1．printf 函数调用的一般形式

printf 函数是一个标准库函数，它的函数原型在头文件“stdio.h”中，调用的一般形式如下：

```
printf("格式控制"，输出表列);
```

“格式控制”是用双引号括起来的字符串，也称为“转换控制字符”，具体包括以下两种信息：

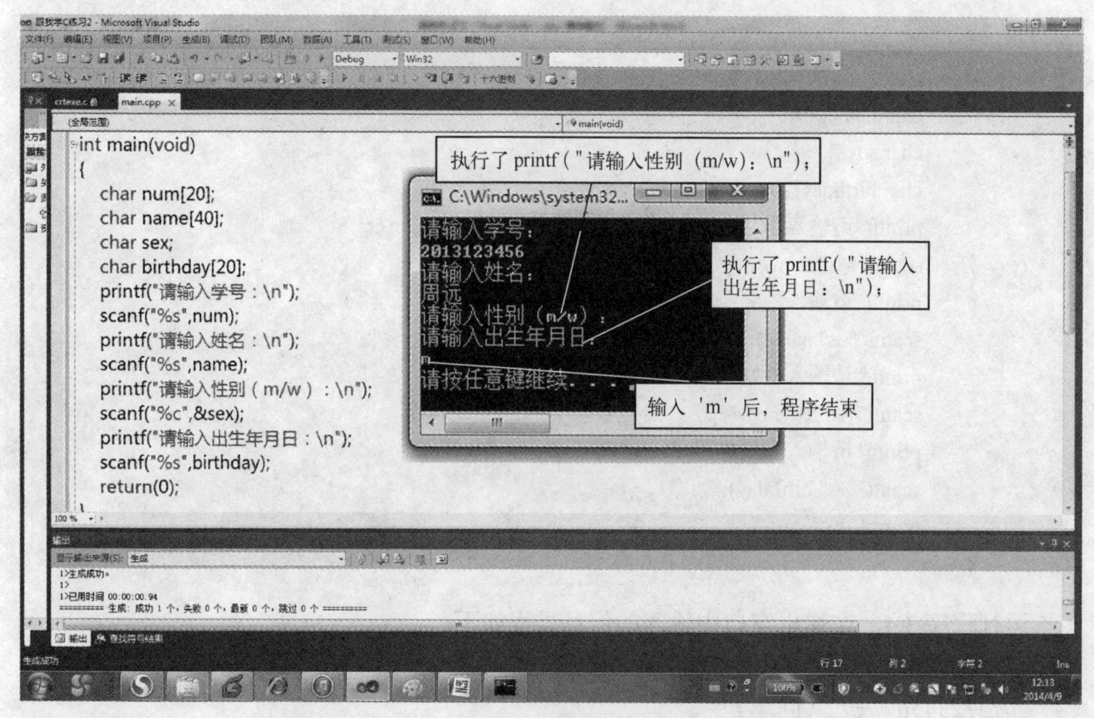

图 3-9　窗口信息

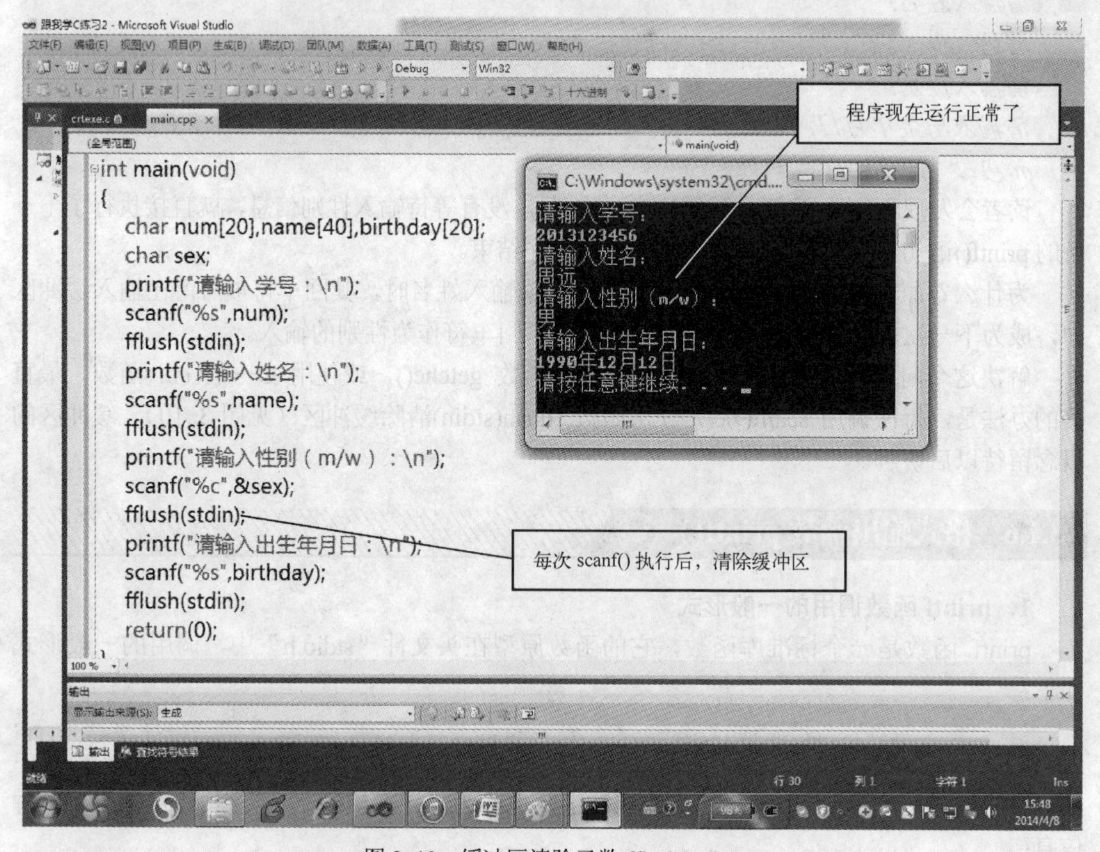

图 3-10　缓冲区清除函数 fflush(stdin)

1）格式说明，由“%”和格式字符组成，如%d、%f 等，其作用是指定输入数据的格式。格式说明由“%”字符开始，在%后面跟有各种格式的字符，以说明输出数据的类型、形式、长度、小数位数等。例如，“%d”表示按十进制整型输出，“%Ld”表示按十进制长整型输出，“%c”表示按字符型输出等。

2）普通字符（非格式字符串，即需要原样输出的字符），非格式字符串在输出时原样输出，在显示中起提示作用。

“输出列表”是需要输出的一些数据，可以是表达式，例如：

```
int a=2， b=3；
printf（"%d"， a+b）；
```

初学者务必注意，输出表列中给出了各个输出项，它必须与格式说明在数量和类型上一一对应，请看程序 3.5。

程序 3.5　跟我学 C 例题 3-5

```
#include<stdio.h>
int main(void)
{
    int a=88,b=89;
    printf("%d %d\n",a,b);          //两个格式符分别对应输出项 a、b（类型、数量双对应）
    printf("%d,%d\n",a,b);
    printf("%c,%c\n",a,b);          //按字符类型输出变量 a 和 b 的 ASCII 码
    printf("a=%d,b=%d\n",a,b);
    return(0);
}
```

程序中 4 次输出了 a 和 b 的值，但由于格式控制串不同，因此输出的结果也不同：

第一次的 printf 语句格式控制串中，在两格式符（%d）之间加了一个空格（非格式字符），所以输出的 a 和 b 值之间有一个空格。

第二次的 printf 语句格式控制串中，两格式符（%d）之间加入的是非格式字符逗号，因此输出的 a 和 b 值之间加了一个逗号。

第三次的 printf 格式串中，要求按字符型输出 a 和 b 的值。

第四次的 printf 格式串中，为了提示输出结果又增加了非格式字符串“a=”和“b=”。

建议读者复制程序 3.5，自行运行一次。

2．格式字符

Printf 函数的格式符和意义见表 3-3。

表 3-3　格式字说明

格 式 符	数据类型说明符
d	以带符号的十进制形式输出整数（正数不输出符号）
o	以八进制无符号形式输出整数（不输出前缀 0）
x	以十六进制无符号形式输出整数（不输出前缀 0x）
u	以十进制形式输出无符号整数

（续）

格 式 符	数据类型说明符
c	输出单个字符
s	输出字符串
p	指针
f	以小数形式输出单、双精度数，隐含输出 6 位小数
e	以标准指数形式输出单、双精度数，数字部分小数位数为 6 位
g	选用%f 或%e 格式中输出宽度较短的一种格式，不输出无意义的 0
	标志格式说明符
—	输出的数字或字符在域内向左靠
+	输出符号（正或负），输出值为正时冠以空格，为负时冠以负号
#	对 c，s，d，u 类无影响； 对 o 类，在输出时加前缀 o； 对 x 类，在输出时加前缀 0x； 对 e，g，f 类当结果有小数时才给出小数点
	长度格式说明符
h	按短整型量输出
l	按长整型量输出，用于长整型数据，可加在格式符 d，o，x，u 前面
	精度格式说明符
.	精度格式符以“.”开头，后跟十进制整数，意义是如果输出数字，则表示小数的位数；如果输出字符，则表示输出字符的个数；若实际位数大于所定义的精度数，则截去超出的部分
	宽度格式说明符
m（代表一个正整数）	数据最小宽度，对实数，表示输出 n 位小数；对字符串，表示截取的字符个数；若实际位数多于定义的宽度，则按实际位数输出；若实际位数少于定义的宽度，则补以空格或 0

3.2 cin 函数和 cout 函数 

cout 和 cin 分别是 console output 和 console input 的缩写，用于输入和输出。

3.2.1 cin 和 cout 格式

输入语句 cin 的作用是将从键盘得到的数据存入指定的变量中，具体格式为：

```
cin>>变量名;
```

可以将“>>”看作表示方向的符号，即数据从键盘输入设备流到内存变量。

输出语句 cout 的作用是将指定的变量输出到屏幕上，具体格式为：

```
cout<<变量名 1<<变量名 2<<"字符"<<endl;              //endl 为换行符
```

注意，直接输出的字符要加上引号。此外，cin 函数和 cout 函数的头部函数是：

```
#include<iostream >;
using namespace std;                                  //命名空间
```

3.2.2 cin 能否读入字符串中的空格 

程序 3.6 用 cin 和 cout 的形式重写了程序 3.3，程序测试结果如图 3-11 所示。

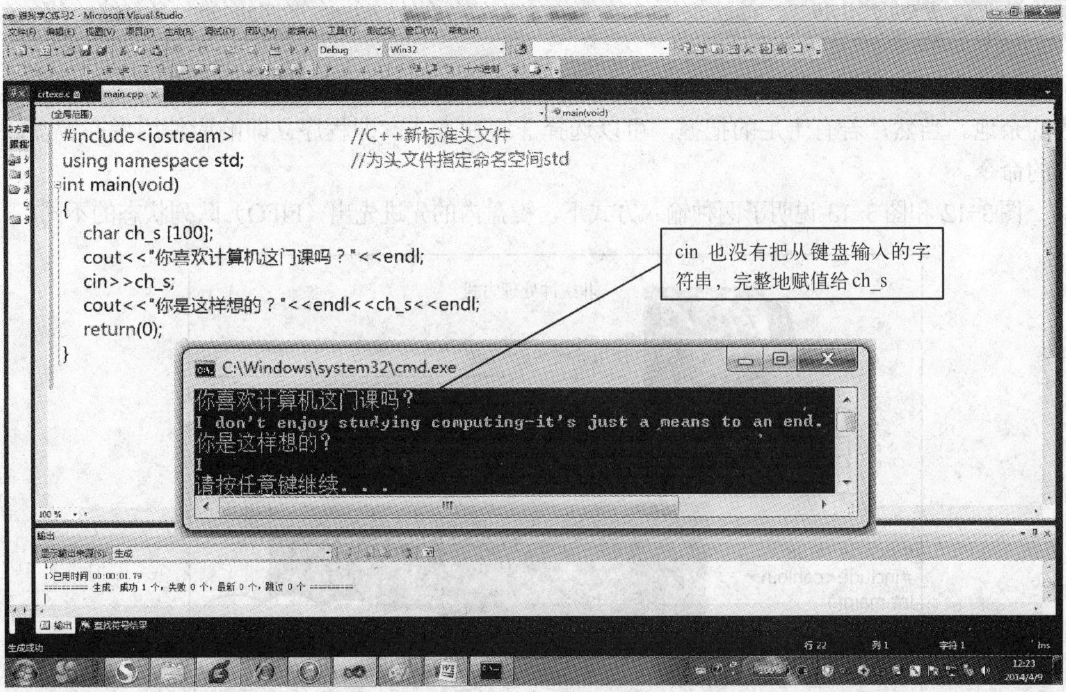

图 3-11　测试结果

程序 3.6　跟我学 C 例题 3-6

```
#include<iostream>                                    //C++新标准头文件
using namespace std;                                  //为头文件指定命名空间 std
int main(void)
{
      char ch_s [100];
      cout<<"你喜欢计算机这门课吗？"<<endl;
      cin>>ch_s;
      cout<<"你是这样想的？"<<endl<<ch_s<<endl;
      return(0);
}
```

看来，如果在输入的字符串中有空格，那么还需使用 gets 函数。

使用 cin 和 cout 语句最大的好处是程序可以自动区分变量类型，不再需要记住复杂的格式说明符。如果读者想进一步了解 cin 和 cout 的格式设定，可以参考 C++教材。

3.3 多学一点也无妨——缓冲区的概念 

3.3.1 输入缓冲区

缓冲在这里意指三思而后行。缓冲方式为使用者提供了在程序读入键盘数据之前，有修改的余地。当然，若有十足的把握，可以选择非缓冲方式，即程序立即响应使用者在键盘输入的命令。

图 3-12 和图 3-13 说明了两种输入方式下，键盘内的先进先出（FIFO）队列状态的不同。

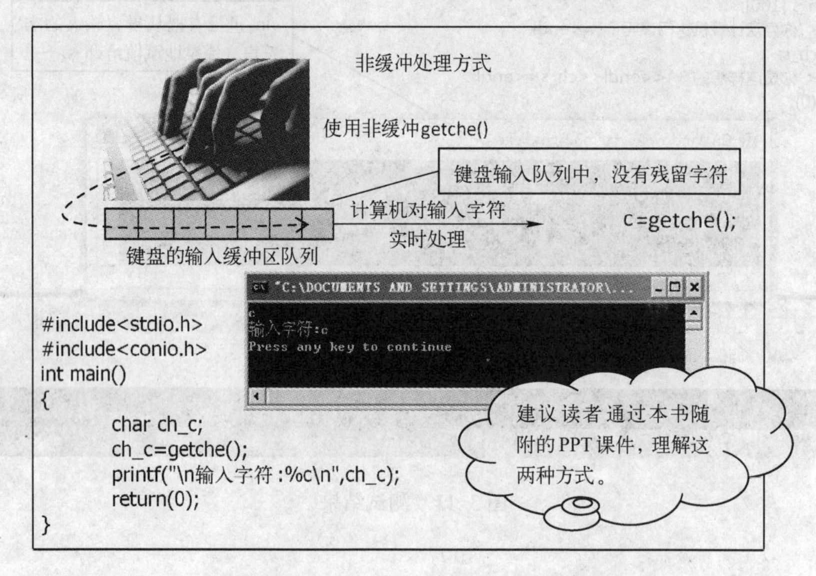

图 3-12　非缓冲输入方式

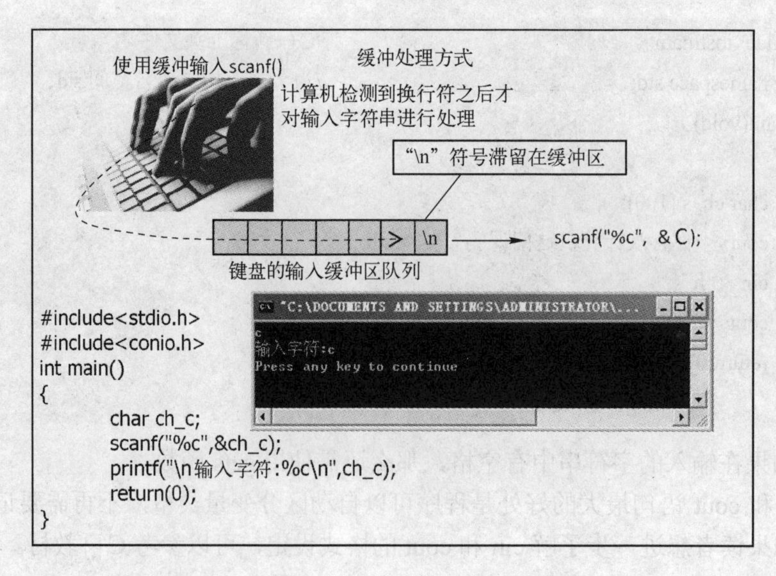

图 3-13　缓冲输入方式

1．缓冲方式

缓冲方式是指输入字符数据经过一个暂存队列。输入的数据只在输入结束（回车键按下）时才被送入到计算机中处理。缓冲区使得操作者在按〈Enter〉键前，可以修改输入错误的字符，最后按下〈Enter〉键时，才发送正确的输入数据到计算机中。

2．非缓冲方式

非缓冲方式是字符没有经过缓冲队列。在非缓冲输入方式下，每个输入字符被立刻送到程序中处理。例如，图 3-14 中，单击“文件”菜单，立即弹出一个下拉菜单，操作者希望选择的选项被立即响应（如“项目”选项），即程序立刻执行该操作命令（见图 3-15）。

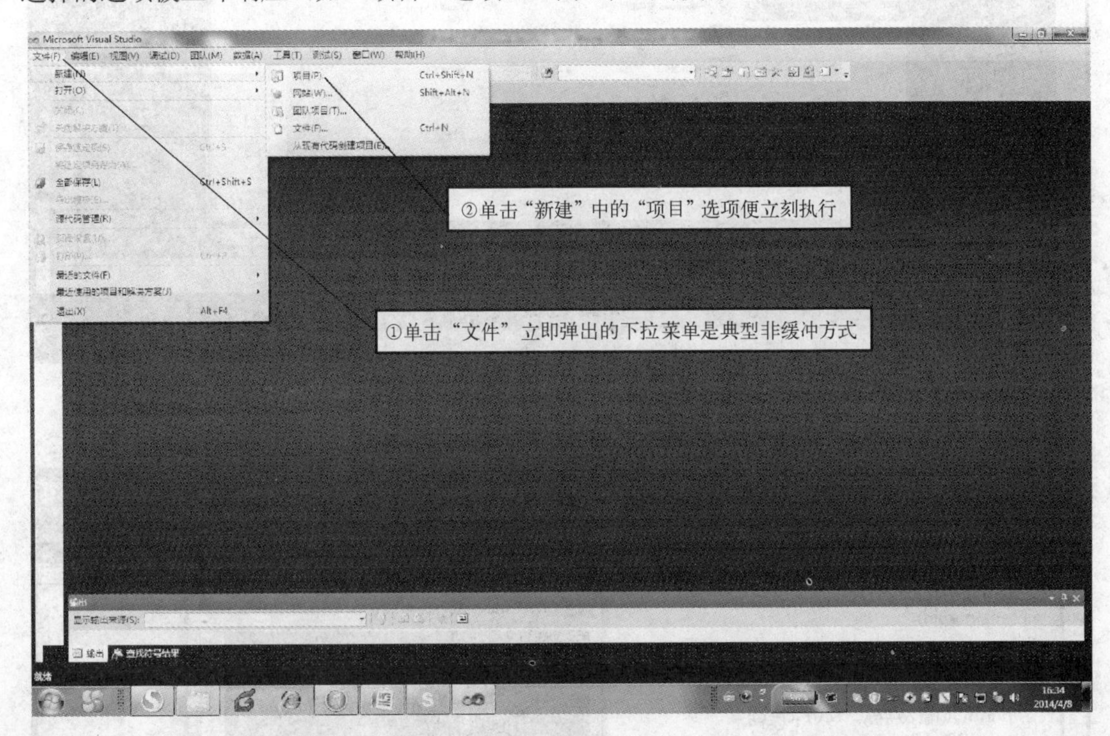

图 3-14　典型的非缓冲输入方式

3．回车符滞留问题

1）图 3-16 显示了回车符滞留在缓冲区对输入造成的影响，即再次输入时，程序直接读入回车符。

2）缓冲型 I/O 函数的原型说明包含在头部文件 stdio.h 中。

3）Visual Studio 2010 非缓冲 I/O 函数原型说明包含在头部文件 conio.h 中。

3.3.2　输出缓冲区——printf 函数与 cout 函数的不同

printf 函数是一个标准库函数，它的函数原型在头文件“stdio.h”中，调用格式为：

```
int printf(const char *format, ...);
```

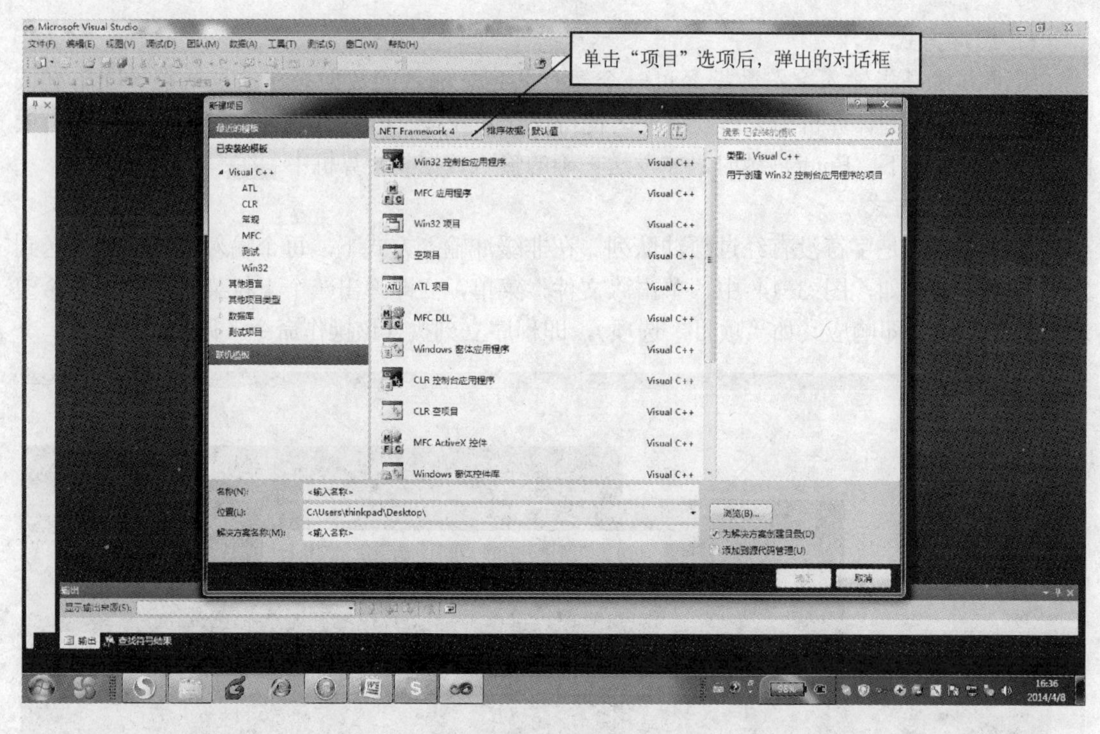

图 3-15　直接响应命令

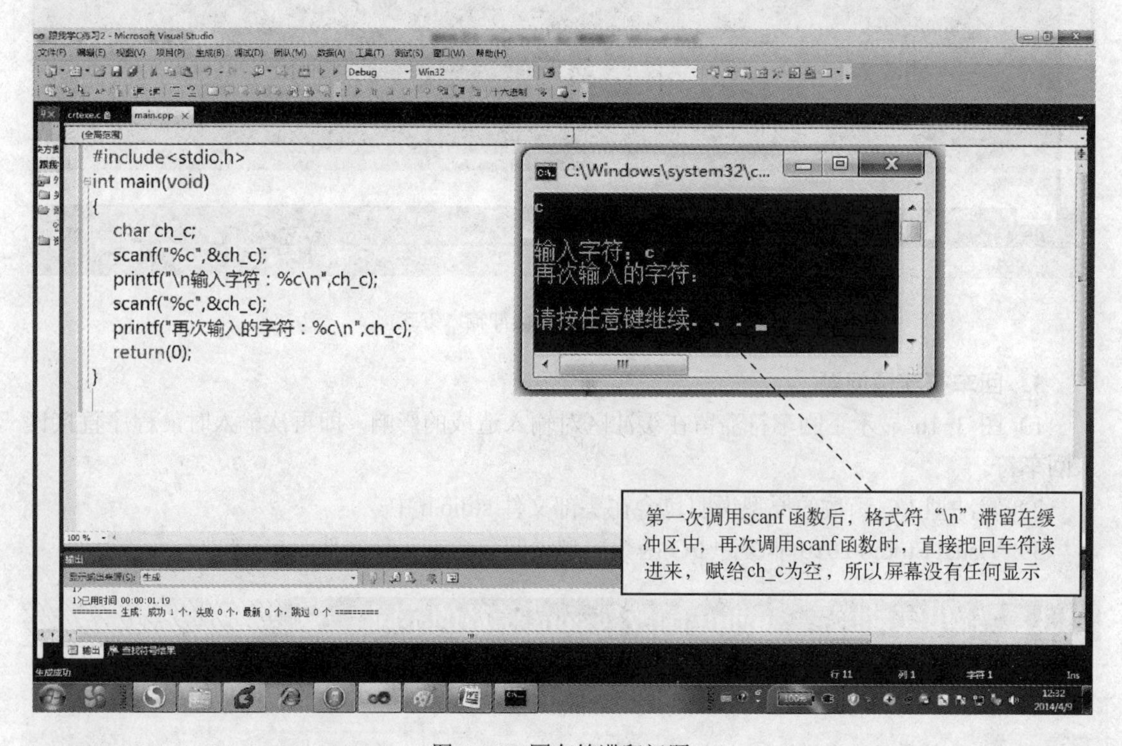

图 3-16　回车符滞留问题

函数可以简单地理解为由输入到输出的一系列运算或操作（如把结果显示到屏幕上）。

程序中的 cout 虽然看起来像 C 语言的关键字，但它并不是一个关键字。cout 是一个 iostream 类的对象，它有一个成员运算符函数 operator<<，调用时会向输出设备输出，它的本质还是函数（类和运算符重载将在 C++课程中学习，这里可以简单地把类理解成包含，把运算符重载理解成重新定义了一个运算符<<），因此：

```
cout<<"我看 C 语言" <<endl;
```

相当于：

```
cout.operator<<("我看 C 语言");
cout.operator<<(endl);
```

或更简洁：

```
cout.operator<<("我看 C 语言").operator<<(endl);
```

这里可以连起来写的原因是 cout.operator<<()函数的返回值是它自己，所以可以连续调用。

此外，使用 printf 函数进行显示需要用%d、%f 说明格式来指定数据类型，而 cout 却不用，这是因为函数 cout.operator<<()使用了函数重载技术（在 C++课程中讲解，这里可以简单地理解为 C 语言能够自己根据输入的数据类型自动进行相应的处理）。

cout 执行输出操作后，数据并非立刻传到输出设备，而是先进入一个缓冲区，等时机适当时（如设备空闲）再由缓冲区传入，而 printf 函数是直接打印到屏幕上，举例如下：

```
cout<<"我看 C 语言" <<endl;
```

与

```
cout<<"我看 C 语言\n";
```

表面上看，这两条语句都是在屏幕上打印“我看 C 语言”并且换行，但是这两句话是有区别的：

1）<<endl 相当于<<"\n"<<flush，flush 就是将缓冲区的内容强制写到屏幕上。

2）flush、endl 都叫 cout 操纵符（还有其他操纵符，用时再另行介绍）。

3.4 本章要点

3.4.1 基本概念

标准 C 语言的输入/输出函数 scanf()和 printf()是读者编程的基本知识。

1）scanf()和 printf()都要求类型说明符与后续的参数中的值相匹配，如把%d 这样的整型说明符与一个浮点值相匹配会产生奇怪的结果，必须小心谨慎，要确保参数类型、个数相符。

2）如果是 scanf()，一定记得给变量名加上地址运算符前缀&，但是字符串变量不用，仅是字符串变量的名字即可。

3）空白字符（制表符、空格和换行符）对于 scanf()如何处理输入起着至关重要的作用。

4）除了在%c 模式（它读取下一个字符）下外，在读取输入时，scanf()会跳过空白字符直到第一个非空白字符处。然后它会一直读取字符，直到遇到空白字符，或一个不符合正在读取的类型的字符。

5）如果让几个不同的 scanf()输入模式读取相同的输入行，那么将会产生什么情况？假设输入行如下：

```
-13.45e12# 0
```

首先，假定使用%d 模式，scanf()会读取 3 个字符：（-13），并在小数点处停止，将小数点作为下一个要输入的字符。然后，scanf()会把-13 转换成相应的整数值，并将其存储在目标整型变量中。

其次，假定使用%f 模式读取相同的输入行，scanf()会读取字符：-13.45e12，并在符号#处停止，将#作为下一个要输入的字符。然后，scanf()会把-13.45e12 转换成相应的浮点数值，并将其存储在目标浮点型变量中。

最后，假定使用%s 模式读取相同的输入行，scanf()会把-13.45e12#看成是有 10 个字符的字符串，scanf()读取-13.45e12#，并在空格处停止，将空格作为下一个要输入的字符。然后，scanf()会把这 10 个字符的字符代码（ASCII 码）存储在目标字符串变量中，并在结尾处附加一个空字符。

6）切记，C 语言的输出/输入语句（printf、scanf）不要和 C++的输出/输入语句（cout、cin）混合使用。要用 cin/cout 就至始至终用它们，要用 scanf/printf 就一直用 scanf/printf。混合使用可能会出现意想不到的结果，原因将在后面章节详细解释。

7）要特别注意使用缓冲型输入函数可能产生的问题。调用 scanf 之后，遗留的回车符会造成后续字符输入的错误，读者需要在编程中解决这个问题。

8）读者应该知道输入字符串时，gets 与 scanf、cin 的区别。

9）读者可能会问，为什么 cin 和 cout 没有格式符？当然有。C++的 I/O 流也有输出格式控制，本书不做详细讨论，感兴趣的读者可以在网上查找 C++流格式函数的标准用法。

3.4.2 输入/输出函数一览

C 语言中的输入/输出函数分类见表 3-4。

表 3-4 输入/输出函数分类

	特　征	输入类型	函数名	说　明
输入函数	有缓冲	混合输入	scanf	可输入数值和字符
		字符型	getchar	可输入一个字符
		字符串	gets	可输入一个字符串
	无缓冲	屏幕有回显	getche	
		屏幕无显示	getch	
	有缓冲	混合输入	cin	

（续）

	特　征	输入类型	函数名	说　明
输出函数	混合型		printf	可输出数值和字符
	字符型		putchar	可输出一个字
	字符串		puts	可输出一个字符串
C++函数	有缓冲	混合型	cin	
	有缓冲	混合型输出	cout	

3.5 跟我学C练习题二 

1）请看如下程序：

```
#include<iostream.h>
using namespace std;            //为头文件指定命名空间 std
int main()
{
      int u,r;
      float i;
      cout<<"输入电阻和电压值"<<endl;
      cin>>r>>u;
      i=u/r;
      cout<<i<<endl;
      return(0);
}
```

假设输入 u=1，r=20，问：

① 电流 i 的值是多少？

② 如何修改程序，使之能得到正确的电流 i 值？

2）请看如下程序：

```
#include<iostream.h>
int main()
{
      float u,r;
      int i;
      cout<<"输入电阻和电压值"<<endl;
      cin>>r>>u;
      i=u/r;
      cout<<i<<endl;
      return(0);
}
```

假设输入 u=1，r=20，问：

① 电流 i 的值是多少？

② 如何修改程序，使之能得到正确的电流 i 值？

3）运算编程，写出计算表达式 $y=\sqrt{a^2+b^2}$ 的 C 语言程序，实数变量 a、b 由键盘输入。

开根号数学函数说明如下：

函数名 sqrt。

功能：计算平方根。

用法：doublesqrt(doublex);

程序示例如下：

```
#include<math.h>
#include<stdio.h>
int main(void)
{
  double x=4.0,result;           //定义实数类型变量
  result=sqrt(x);
  printf("The square root of%lfis%lf\n",x,result);
  return(0);
}
```

4）格式文字段输入：请将练习题一中的第一题“我看 C 语言”文字段从键盘读入，再输出到屏幕。

5）if 语句编程：输入一个字符，判断其是否为大写字母，如果是，将其转换为小写，否则不转换，将程序结果输出到屏幕。

6）试用 if 语句编程：当输入 x <0，则输出(x)= −1；当 x >0，则输出(x)=+1；当 x =0，则输出(x)=0。

说文解字拆分 C 程序——程序结构 Ⅰ

4.1 条件分支语句 if-else

笔者的体会是，初学者要慢慢地学才能比较快地入门，因为这样基础打得牢固。本章将引导读者学习程序流转控制语句 if-else 和 switch 结构，具体内容如下：

1）条件分支 if-else 语句。

2）逻辑运算关系表达式。

3）多路分支选择语句 switch。

4.1.1 跟我学 C 例题 4-1——条件分支

跟我学 C 例题 4-1：设学生高考成绩是 x，如果某学生是少数民族（即变量 grade 为 1），则最终录取分数 mark 可以加 20 分，程序流程图如图 4-1 所示。

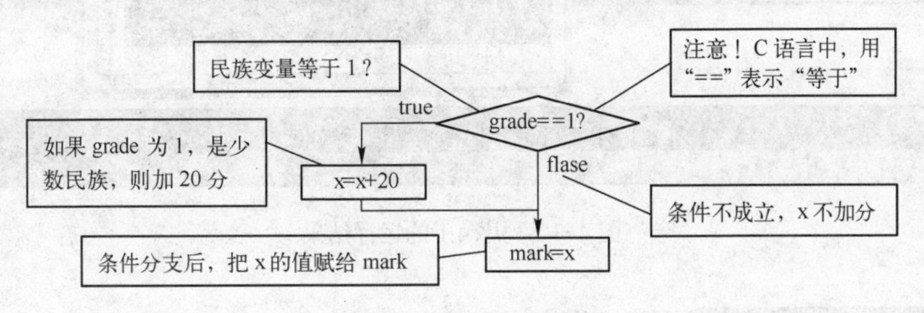

图 4-1　程序流程图

程序 4.1　跟我学 C 例题 4-1

```
#include<iostream>
using namespace std;
int main(void)
{
        int x,grade=0,mark;                                  //定义变量并初始化
        cout<<"input value of x and grade:"<<endl;           //提示并输入信息
        cin>>x>>grade;
```

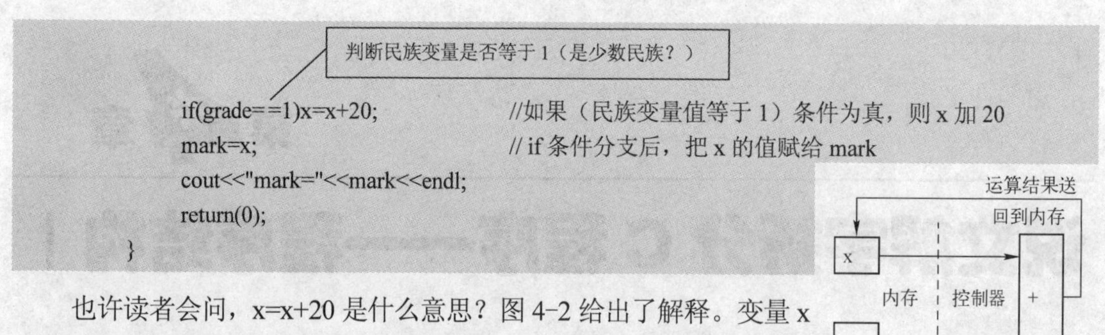


```
    if(grade==1)x=x+20;              //如果（民族变量值等于 1）条件为真，则 x 加 20
    mark=x;                          // if 条件分支后，把 x 的值赋给 mark
    cout<<"mark="<<mark<<endl;
    return(0);
}
```

也许读者会问，x=x+20 是什么意思？图 4-2 给出了解释。变量 x 存储在内存中，求和过程是在 CPU 中进行的，运算结果计算出来后再返回给内存中的 x。图 4-3 所示的是程序 4.1 的运行结果。

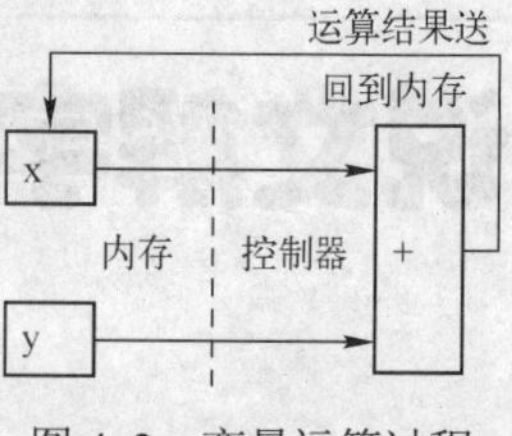

图 4-2　变量运算过程

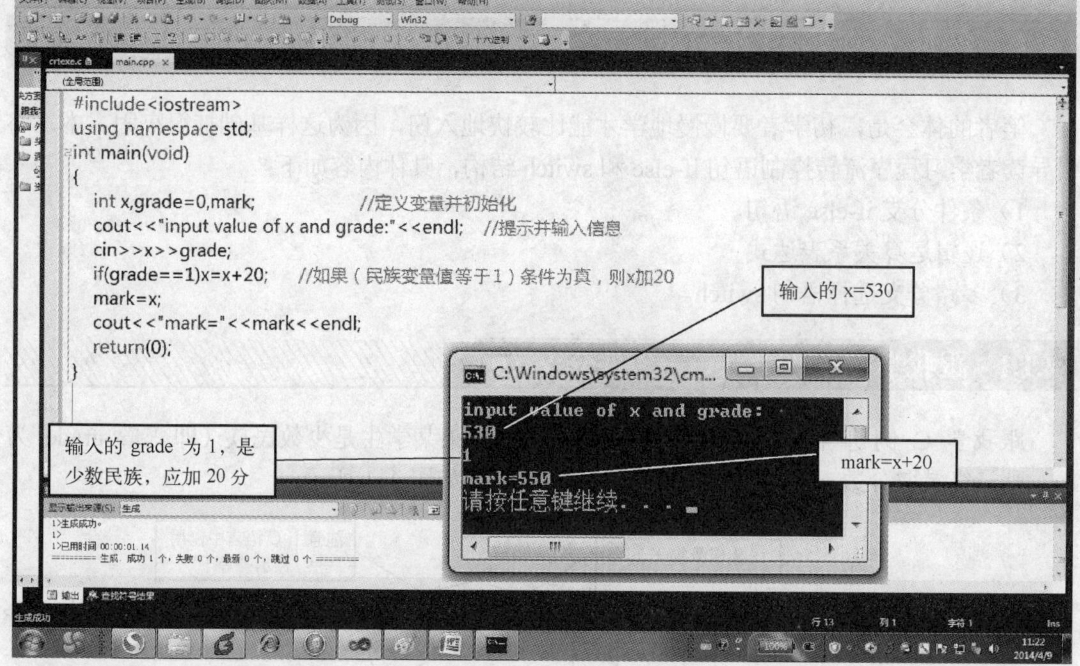

图 4-3　程序 4.1 的运行结果

4.1.2　if-else 语句

if-else 语句根据逻辑表达式的运算结果（条件检验值）的真（非零）或假（零），选择两个分支中的一个继续，其一般结构是：

if(条件为真){语句 1}

else　{语句 2}

如果条件为真，则执行语句 1 的程序段；否则（即条件为假）执行语句 2 的程序段，如图 4-4 所示。

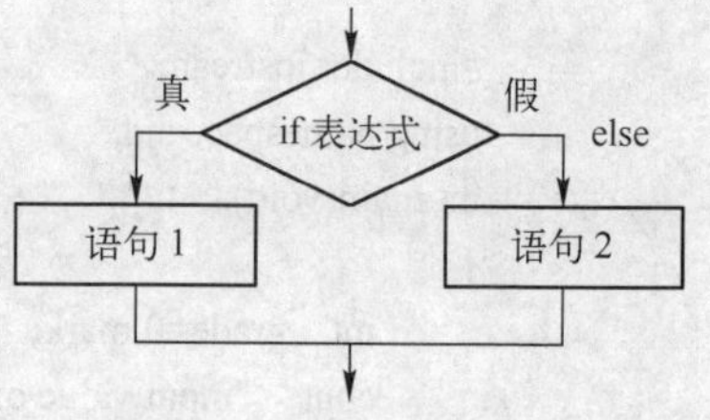

图 4-4　if-else 跳转结构

花括号中的语句是复合语句，它由一条或多条 C 语句构成，在程序内等同于运行一条语句。else 可以省略（如程序 4.1）。此时，如果条件为假，则程序跳过 if 语句段，直接执行程序的后续语句。

4.1.3 if-else 嵌套

一般说来，熟练的编程者应尽量避免使用 if 嵌套结构。首先，多层嵌套使得程序的结构变得不清晰（尤其是书写不规范者的程序）；其次，多于三层的嵌套完全可以用并行分支语句 switch 实现；第三，深层嵌套使得程序的运行速度降低。

跟我学 C 例题 4-2：假设某考试的卷面成绩是百分制，程序将其转换为 A、B、C、D 四个等级，嵌套示意图如图 4-5 所示。

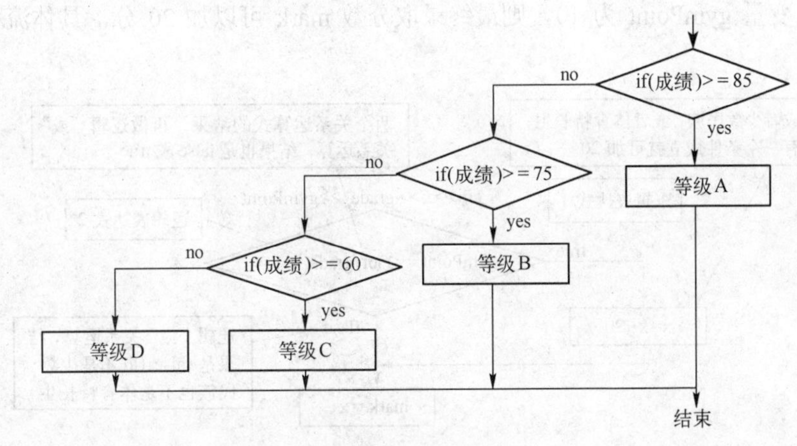

图 4-5 if-else 嵌套

具体代码如下：

程序 4.2 跟我学 C 例题 4-2

```
#include<stdio.h>
int main(void)
{
    char grade;
    unsigned char i;
    printf("请输入成绩:\n");
    scanf("%d",&i);
    if(i>=85)   grade='A';
    else{                              第一层 else 的复合语句段
        if(i>=75)grade='B';
        else {                         第二层 else 的复合语句段
            if(i>=60)grade='C';
            else grade='D';
        }                              第三层的 else 语句
    }
    printf("等级为：%c\n",grade);
    return(0);
}
```

请作为练习，输入并运行这段程序，注意程序的书写规范问题。

4.2 逻辑关系表达式 

4.2.1 跟我学 C 例题 4-3——逻辑或

逻辑关系表达式是比较运算和逻辑运算符的组合表达式。

跟我学 C 例题 4-3：设学生高考成绩是 x，如果某学生是少数民族（变量 grade 为 1）或体育特长生（变量 gymPoint 为 1），则最终录取分数 mark 可以加 20 分，具体流程如图 4-6 所示。

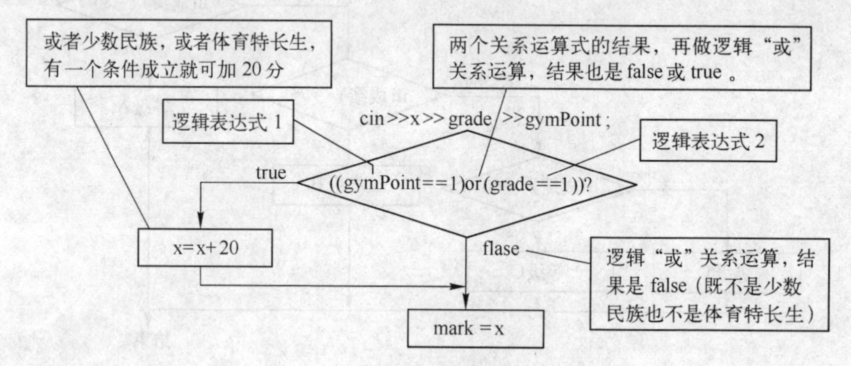

图 4-6 例题 4-3 的具体流程图

具体代码如下：

程序 4.3 跟我学 C 例题 4-3

```
#include<iostream>
using namespace std;
int main()
{
int grade=0,gymPoint=0,x,mark;                //定义变量并初始化
cout<<"input value of x and grade and gymPoint"<<endl;
cin>>x>>grade>>gymPoint;                          //输入变量
//下面是两个逻辑关系运算的结果，再做“或”运算，为真则 x 加 20
if((grade==1)||(gymPoint==1)) x+=20;


mark=x;
cout<<"mark="<<mark<<endl;
return(0);
}
```

“||”是逻辑“或”符号

程序 4.3 的测试结果如图 4-7 所示。

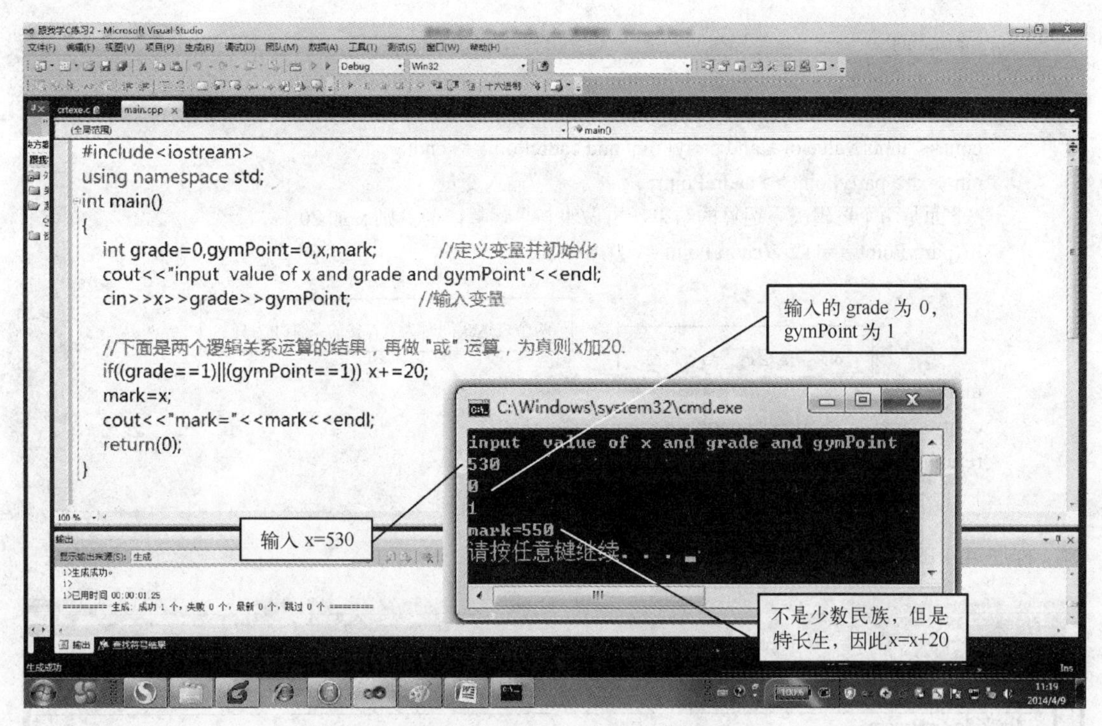

图 4-7　程序 4.3 的测试结果

4.2.2　跟我学 C 例题 4-4——逻辑与

跟我学 C 例题 4-4：设学生高考成绩是 x，若该生是党员（变量 partyPoint 为 1）且是学生干部（变量 cadrePoint 为 1），则最终录取分数 mark 可加 20 分，具体流程图如图 4-8 所示。

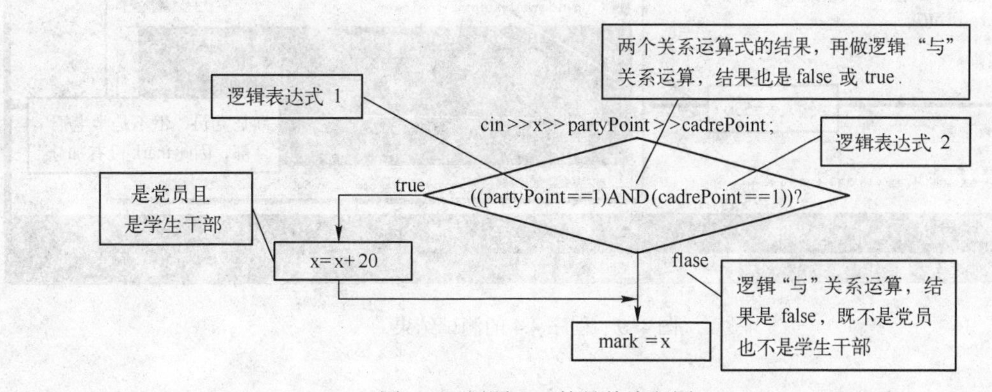

图 4-8　例题 4-4 的具体流程图

具体代码如下：

程序 4.4　跟我学 C 例题 4-4

```
#include<iostream>
using namespace std;
```

```
int main()
{
int partyPoint =0, cadrePoint=0,x,mark;            //定义变量并初始化
cout<<"input value of x and partyPoint and cadrePoint"<<endl;
cin>>x>> partyPoint >> cadrePoint;                  //输入变量
//下面是两个逻辑关系运算的结果，再做“与”运算，为真则 x 加 20
if((partyPoint ==1)&&(cadrePoint ==1)) x+=20;
```

“&&”是逻辑“与”符号

两个表达式同时为真，if 的条件才为真

```
mark=x;
cout<<"mark="<<mark<<endl;
return(0);
}
```

程序 4.4 的测试结果如图 4-9 所示。

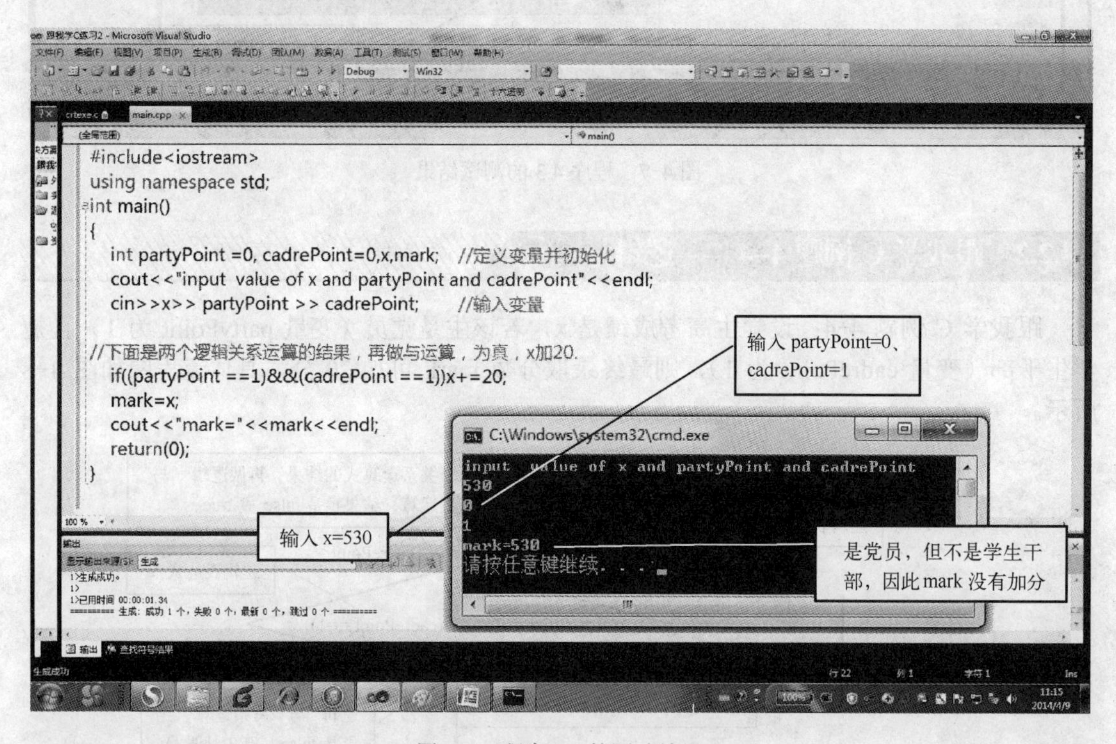

图 4-9 程序 4.4 的测试结果

4.2.3 跟我学 C 例题 4-5——逻辑非

跟我学 C 例题 4-5：设学生民族属性 nation 的取值范围为 1～56，分别代表 56 个民族，设学生高考成绩是 x，如果某学生是少数民族（nation 不等于 1），则最终录取分数 mark 加 20 分，具体流程图如图 4-10 所示。

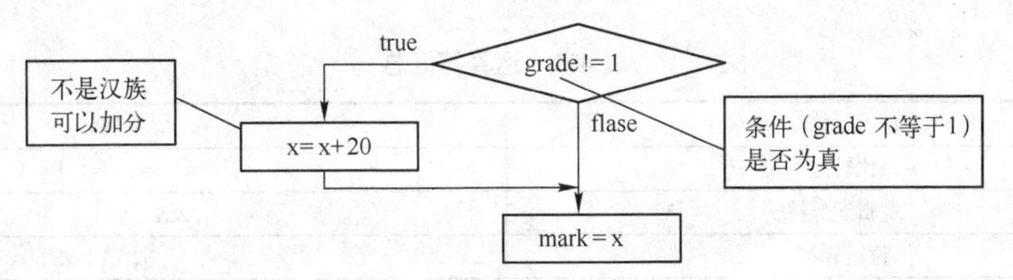

图 4-10　例题 4-5 的具体流程图

具体代码如下：

程序 4.5　跟我学 C 例题 4-5

```
#include<iostream>
using namespace std;
int main()
{      int nation=0, x,mark;
       cout<<"input value of x and nation "<<endl;
       cin>>x>> nation ;
       if(nation !=1)x+=20;     //对 grade 的逻辑值做“非”运算，若结果真，则 x 加 20
       mark=x;
       cout<<"mark="<<mark<<endl;
       return(0);
}
```

注意，若 nation=0，则 nation!=1 依然为真，但它不代表哪个民族

“!”是逻辑“非”符号

程序 4.5 的测试结果如图 4-11 所示。

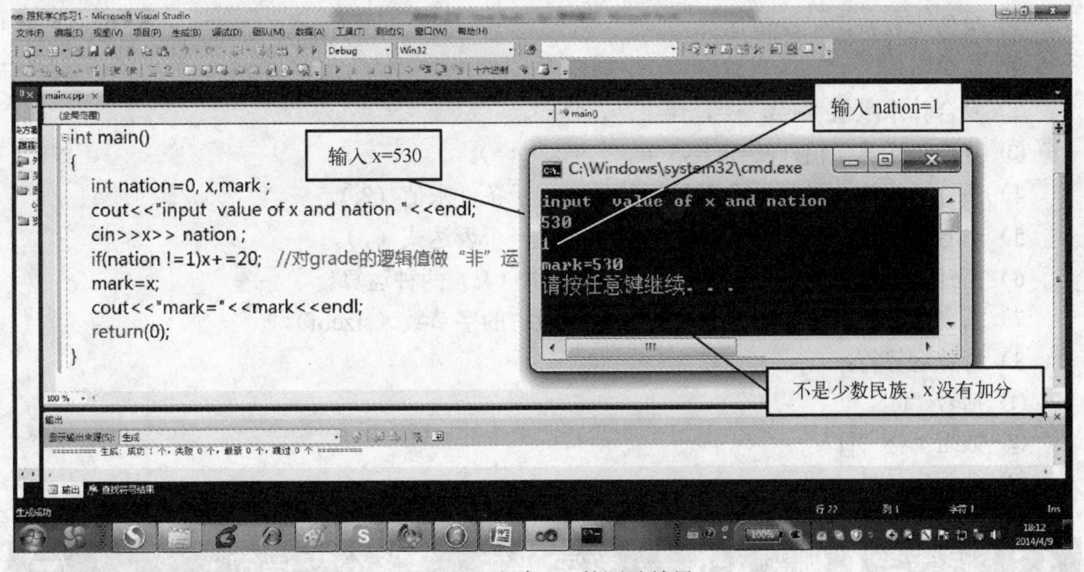

图 4-11　程序 4.5 的测试结果

4.2.4　运算符一览

随着学习深入，本书将逐步地接触各类运算符的使用方法。运算符汇总见表 4-1。

表 4-1　运算符汇总

算术运算符	+、-、*、/、%
关系比较运算符	>、<、==、>=、<=、!=
逻辑运算符	!、&&、‖
位运算符	<<、>>、~、|、∧、&
赋值运算符	=
条件运算符	?、:
逗号运算符	,
指针运算符	*、&
求字节数运算符	sizeof
强制类型转换运算符	（类型）
分量运算符	.(小数点)、→
下标运算符	[]
其他	函数调用运算符()

1）运算符“%”是求余（或称模运算）。

2）位操作运算符是按二进制位进行运算的。

① 位与“&”。

② 位或“|”。

③ 位非“～”。

④ 位异或“^”。

⑤ 左移“<<”。

⑥ 右移“>>”。

3）赋值运算符用于赋值运算。

① 简单赋值“=”。

② 复合算术赋值（+=，-=，*=，/=，%=）。

③ 复合位运算赋值（&=，|=，^=，>>=，<<=）。

4）条件运算符：这是一个三目运算符，用于条件求值（?:）。

5）逗号运算符：用于把若干表达式组合成一个表达式（,）。

6）指针运算符：用于取内容（*）和取地址（&）两种运算。

7）求字节数运算符：用于计算数据类型所占的字节数（sizeof）。

8）特殊运算符：

① 括号“()”。

② 数组下标“[]”。

③ 结构成员（→和.）。

4.3　跟我学 C 例题 4-6——教学评估（多路分支语句） 

4.3.1　教学评估问题

请读者看表 4-2，下面利用 C 程序做一个教学评估。

表 4-2　教学评估

课程选项	课　程	评估等级	效果评价
1	C 语言	A	优
		B	较好
		C	一般
		D	较差
2	数学	A	优
		B	较好
		C	一般
		D	较差
3	物理	A	优
		B	较好
		C	一般
		D	较差

教学评估实现的具体代码如下：

程序 4.6　跟我学 C 例题 4-6

```
#include<stdio.h>
#include<conio.h>
int main(void)
{
    int course=0;
    char assess;
    printf("请选择课程，1：C 语言；2：数学；3：物理\n");
    scanf("%d",&course);
    switch(course){   // switch(x)根据表达式 x 的值，选择对应的分项执行
        case 1:      //course=1 时执行的程序段
            printf("请评估《C 语言》课程，A：优；B：较好；C：一般；D：较差\n");
             //以下嵌套一层 switch 语句，读入一字符，其 ASCII 码是表达式 x 的值
            switch(assess=getche()){
                case 'A':                // x='A'时执行的程序段
                    printf("\n《C 语言》课程教学评估为：优\n");
                    break;               // break 语句，退出当前程序段
                case 'B':                // x='B'时执行的程序段
                    printf("\n《C 语言》课程教学评估为：较好\n");
                    break;
                case 'C':                // x='C'时执行的程序段
                    printf("\n《C 语言》课程教学评估为：一般\n");
                    break;
                case 'D':                // x='D'时执行的程序段
                    printf("\n《C 语言》课程教学评估为：较差\n");
                    break;
                default :                //如没有与 x 匹配的分项，则执行“default”
                    printf("\n 输入错误！ \n");
                    break;
```

```
                }
                break;
        case 2:                                 //course=2 时执行的程序段
                printf("请评估《数学》课程，A：优；B：较好；C：一般；D：较差\n");
                switch(assess=getche()){
                        case 'A':
                                printf("\n《数学》课程教学评估为：优\n");
                                break;
                        case 'B':
                                printf("\n《数学》课程教学评估为：较好\n");
                                break;
                        case 'C':
                                printf("\n《数学》课程教学评估为：一般\n");
                                break;
                        case 'D':
                                printf("\n《数学》课程教学评估为：较差\n");
                                break;
                        default :
                                printf("\n 输入错误！\n");
                                break;
                }
                break;
        case 3:                                 //course=3 时执行的程序段
                printf("请评估《物理》课程，A：优；B：较好；C：一般；D：较差\n");
                switch(assess=getche()){
                        case 'A':
                                printf("\n《物理》课程教学评估为：优\n");
                                break;          //退出 case 'A'程序段
                        case 'B':
                                printf("\n《物理》课程教学评估为：较好\n");
                                break;          //退出 case 'B'程序段
                        case 'C':
                                printf("\n《物理》课程教学评估为：一般\n");
                                break;          //退出 case 'C'程序段
                        case 'D':
                                printf("\n《物理》课程教学评估为：较差\n");
                                break;          //退出 case 'D'程序段
                        default :
                                printf("\n 输入错误！\n");
                                break;          //退出 default（第二层 switch）程序段
                }
                break;                          //退出 case 3 程序段
        default :
                printf("\n 输入错误！\n");
                break;                          //退出第一层 switch 程序段
        }
return(0);
}
```

图 4-12 所示是程序 4.6 的测试画面。

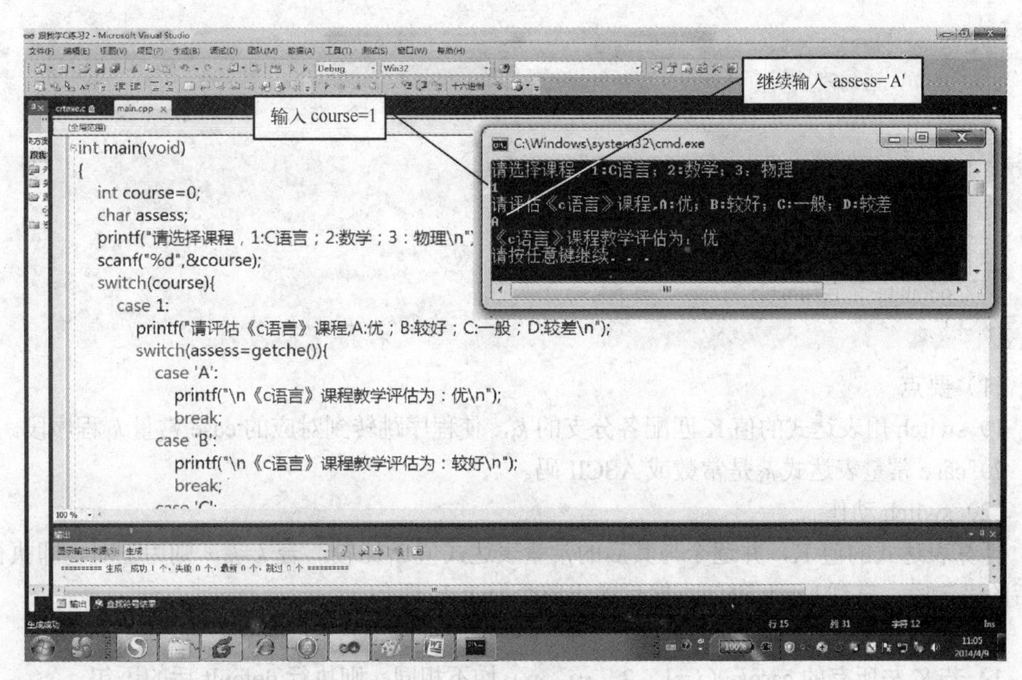

图 4-12　程序 4.6 的测试画面

4.3.2 图解 switch 语句

switch 语句的动作图解如图 4-13 所示。

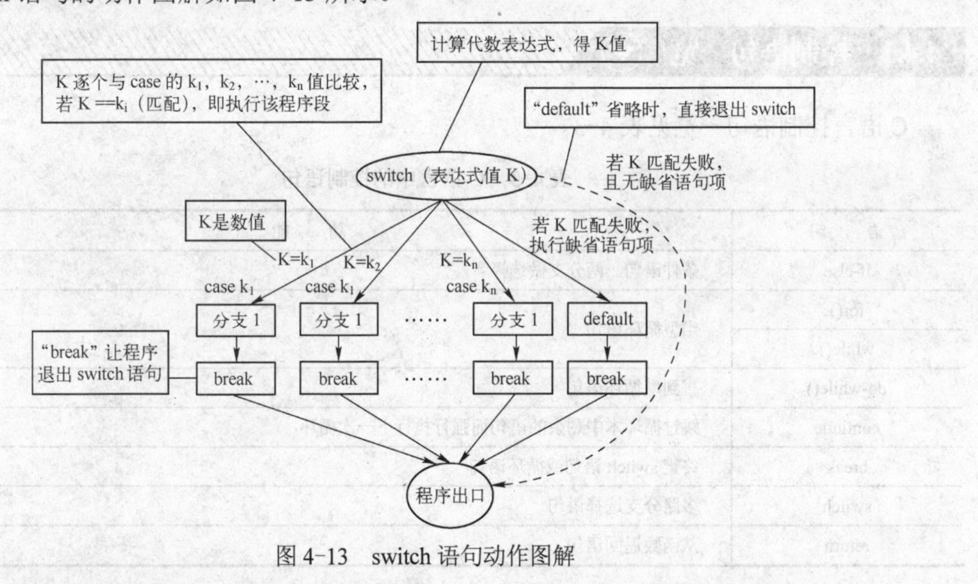

图 4-13　switch 语句动作图解

并行分支判断语句 switch()的一般形式为：

```
switch(表达式 K){
  case 常量表达式 k1:
        语句段 1;
        break;
```

```
    case 常量表达式 k2:
            语句段 2;
            break;
            ⋮
    case 常量表达式 kn:
            语句段 n;
            break;
    default : 语句段 n+1;
    }
```

（1）要点

1）switch 用表达式的值 K 匹配各分支的 k_i，使程序跳转到对应的 case 常量 k_i 程序段。

2）case 常量表达式 k_i 是常数或 ASCII 码。

（2）switch 动作

计算表达式的值 K，并逐个与其后的常量表达式值 k_i 比较，若 k=k_i，则为配对，即执行 k_i 后的语句段，直到 break 语句，然后跳出整个 switch 语句。

（3）匹配失败

1）若 K 与所有的 casek_i（i=1，2，…，n）均不相同，则执行 default 后的语句。

2）default 语句可以缺省，即匹配失败后，程序直接退出 switch 语句。

4.4 本章要点

4.4.1 控制语句一览

C 语言控制语句一览见表 4-3。

表 4-3 C 语言中的控制语句

语　句	功　能
if-else	条件语句，两分支做选择
for()	当型循环语句
while()	
do-while()	直到型循环语句
continue	跳过循环本中剩余的语句而强行执行下一次循环
break	终止 switch 语句或循环语句
switch	多路分支选择语句
return	从函数返回语句

4.4.2 基本概念和编程要求

本章需要掌握的关键概念如下：

1）关系表达式的值是布尔型逻辑变量。

2）多个关系值之间的连接可以用逻辑运算符描述。

3）分支选择结构有多重选择形式和并行选择形式两种。

编程的基本要求如下：

1）熟练掌握 if 语句的 3 种形式，掌握 if 语句的基本结构以及 if 语句的嵌套，能够将条件运算符给出的语句转化成 if 语句的形式。

2）掌握 switch 语句的一般形式，能够把复杂的分支选择性结构转化成 switch 语句来解决问题。

4.5 跟我学 C 练习题三 

1）字符串操作。从键盘读入一个人名的汉语拼音（小于 40 字节），要求：

① 把字符串传递给另一个字符型数组 s，然后输出到屏幕。

② 计算字符串的长度并输出到屏幕。

2）字符串操作。表 4-4 是《计算机语言与程序设计》选课名单，选课学生中有自动化系和土木系的同学，并且自动化系的同学中还有留学生。请分析学号与系别的关系，设计一个程序，要求有如下 3 个功能入口：

① 输入一个学号，给出其所属系别，如果是自动化系的同学，注明是否是留学生。

② 输入系别检索信息（自动化系、土木系），给出该系的选课学生人数。

③ 输入“留学生”或“中国”，程序给出留学生选课人数或中国学生的选课人数。

表 4-4 选课名单

序 号	学 号	姓 名	系 别
1	030156	梁金鉴	土木工程系
2	030204	周晋宇	土木工程系
3	030184	高翔	土木工程系
4	030187	韩雪	土木工程系
5	03W101	全朱姬	自动化系
6	03W102	赵盈芳	自动化系
7	031569	郑世强	自动化系
8	031602	张丹	自动化系
9	031603	田丰	自动化系
10	03W103	郑训雄	自动化系

注：1. 使用字符串比较的库函数 strcmp()。

2. 初始化时设置字符串值。

3）字符串操作。从键盘输入一行英文语句（小于 40 字节），编程实现：

① 统计其中有多少个单词（单词间以空格分隔），如输入“I am a student”，即有 4 个单词，将统计结果输出到屏幕。

② 分别输出每个单词。

程序应当能正确处理空字符串的输入，即只输入一个〈Enter〉键的情况。

4）字符串比较。从键盘任意输入 5 个英文单词（每个单词小于 20 字节），按字典顺序将它们输出到屏幕上。

5）字符串与逻辑关系运算操作。为使报文保密，须按一定规律将其转换为密码，收报人再按约定的规律将其译为原文。设加密规律为：将每个字母变成其后的第 4 个字母，如 A 变为 E，a 变为 e，空格不变。

编程实现，从键盘输入一个字符串，然后做以下两个选项：

① 加密。输入一行字符，将其变为密码并输出到屏幕上，见下图。

② 解密。输入一行字符，将其翻译为原文并输出到屏幕上。

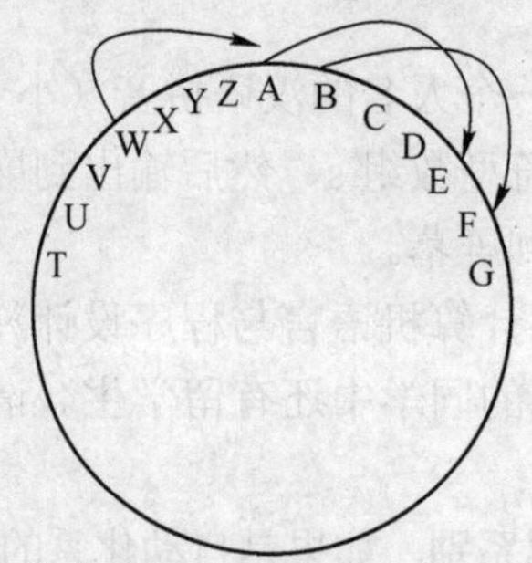

程序应当能正确处理空字符串的输入，即只输入一个〈Enter〉键的情况。

6）循环与逻辑运算。求方程 $3x + 7y = 901$ 的所有正整数解。

7）循环与逻辑运算。编程实现，输入一个年份数字（4 位有效数字），判断该年是否为闰年。闰年算法为满足下列二者之一。

① 能被 4 整除，但不能被 100 整除。

② 能被 4 整除，且能被 400 整除。

请将程序的判别结果输出到屏幕。

8）大数求和。大数运算是密码学的基础。n、m 位（n≥m）大数如下表述：

A_n=（$a_n\ a_{n-1}\ \ldots\ a_2\ a_1\ a_0$），$B_m$=（$b_m\ b_{m-1}\ \ldots\ b_2\ b_1\ b_0$）

则 $A_n+B_m=C_{n+1}$ 表述为：

C=（$c_{n+1}\ c_n\ \ldots\ c_2\ c_1\ c_0$）

编程实现：

① 从键盘输入两个长度为 n 和 m 的整数序列字符串，分别代表大数 A 和 B（n≥m≥64）。

② 求它们的和 C（C 也是整数序列字符串）。

③ 将 C 输出至屏幕。

说文解字拆分 C 程序——程序结构 Ⅱ

本章由浅到深地引导读者学习以下内容：

1）标准的 for 循环结构。

2）循环条件的多样性。

3）多重循环。

4）while、do-while 和 for 的异同。

作为 C 语言的初学者，请读者注意体会“程序=循环+数组”的含义。

5.1　跟我学 C 例题 5-1——for 语句

5.1.1　月供问题

北漂的你毕业两年薪水 12 万元且结婚在即，咬牙买房，首付 70 万元，贷款 250（含息）万元，在房山买了一套 80 平方的房子。你对未来信心四溢，预估老板每年至少加薪 2 万元，计划还款如下式：

$$10+(10+1\times2)+(10+2\times2)+\cdots$$

程序 5.1 计算了需要还款的年数和年还款额。

程序 5.1　跟我学 C 例题 5-1①

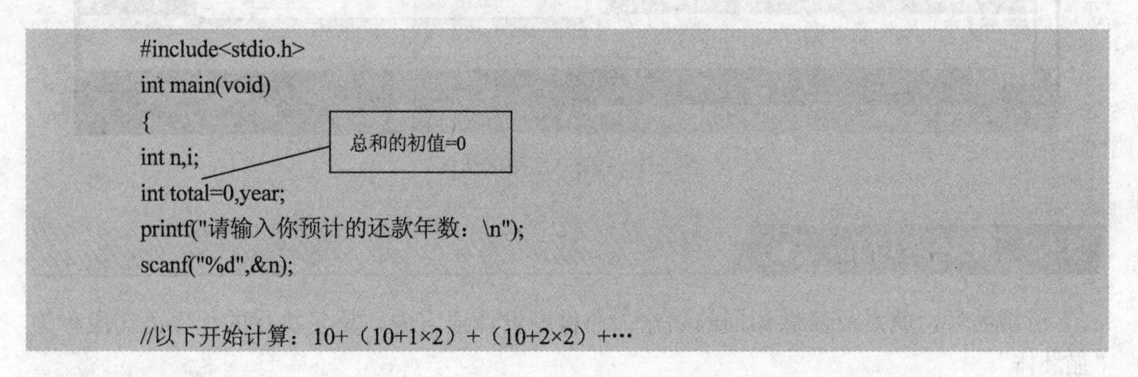

```
#include<stdio.h>
int main(void)
{
int n,i;
int total=0,year;
printf("请输入你预计的还款年数：\n");
scanf("%d",&n);

//以下开始计算：10+（10+1×2）+（10+2×2）+…
```

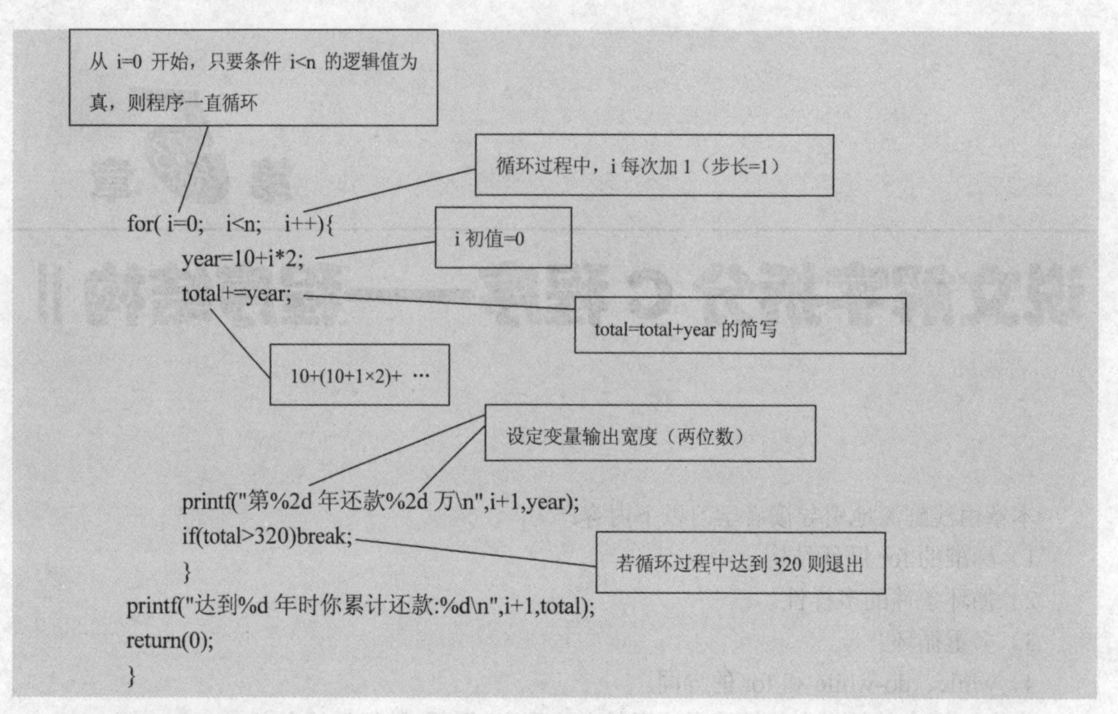

测试结果如图 5-1 所示。

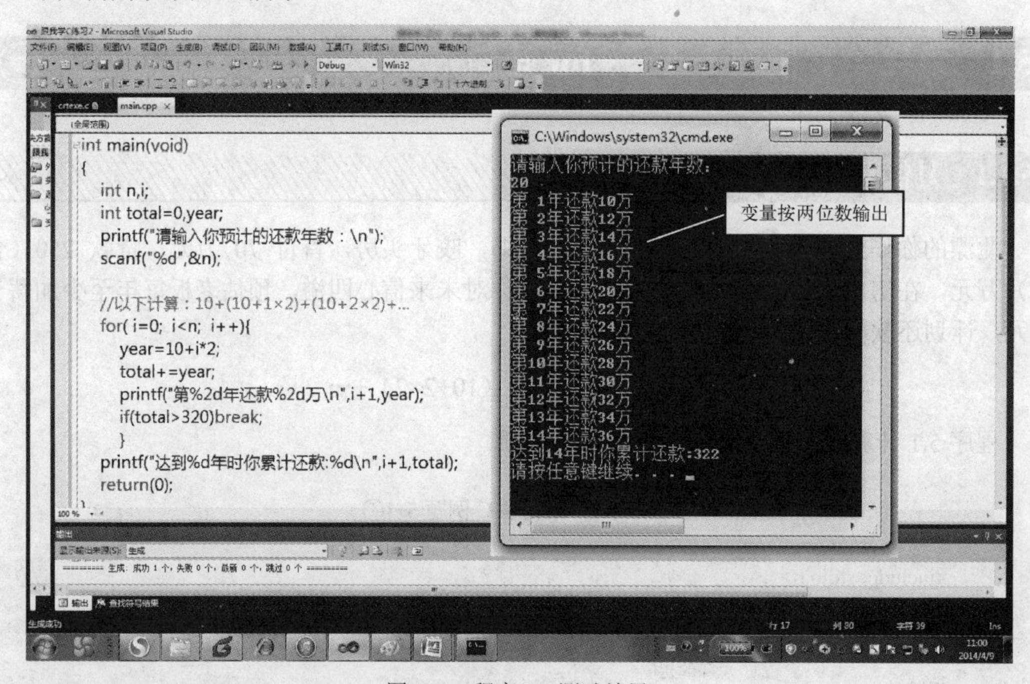

图 5-1　程序 5.1 测试结果

5.1.2　循环语句 for

所谓循环，就是反复做相同的动作，在程序设计语言中，反复执行的程序语句段称为“循环体”。

for 语句的一般形式及结构如图 5-2 所示。

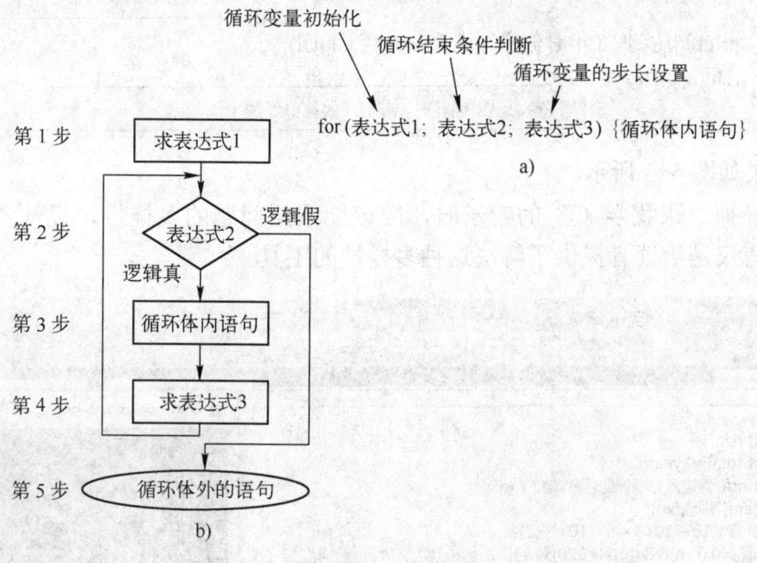

图 5-2　for 语句

a) 一般形式　b) 结构

第 1 步：求表达式 1，设置循环初始条件；

第 2 步：求表达式 2，判断循环条件，若为"真"则执行循环体语句，若为假则转到第 5 步；

第 3 步：执行循环体内语句，求表达式 3，修改循环条件；

第 4 步：转到第 2 步；

第 5 步：执行 for 循环体外的语句。

5.1.3　循环条件的多样性

修改程序 5.1 如程序 5.2，具体代码如下：

程序 5.2　跟我学 C 例题 5-1②

```
#include<stdio.h>
int main(void)
{
    int n,i;
    int total=0,year;
    printf("请输入你预计的还款年数：\n");
    scanf("%d",&n);
//以下开始计算：10+（10+1×2）+（10+2×2）+…

    for( i=0;(i<n)&&(total<320);i++){
        year=10+i*2;
        total+=year;
        printf("第%2d 年还款%2d 万\n",i+1,year);
```

> 表达式 2 是组合逻辑关系，只有同时满足（i<n）和（total<320）条件时，程序才执行循环

```
            //if(total>320)break;
        }
    printf("达到%d 年时你累计还款:%d\n", i, total);
    return(0);
}
```

此句被整合到表达式 2 中了

注意，退出循环时，步长 i 的值已经加 1

测试结果如图 5-3 所示。

当读者摘掉“跟我学 C”的帽子时，应该能根据问题的多样性，设计自己的程序多样性。而 C 语言仅是给读者提供了解决这种多样性的工具。

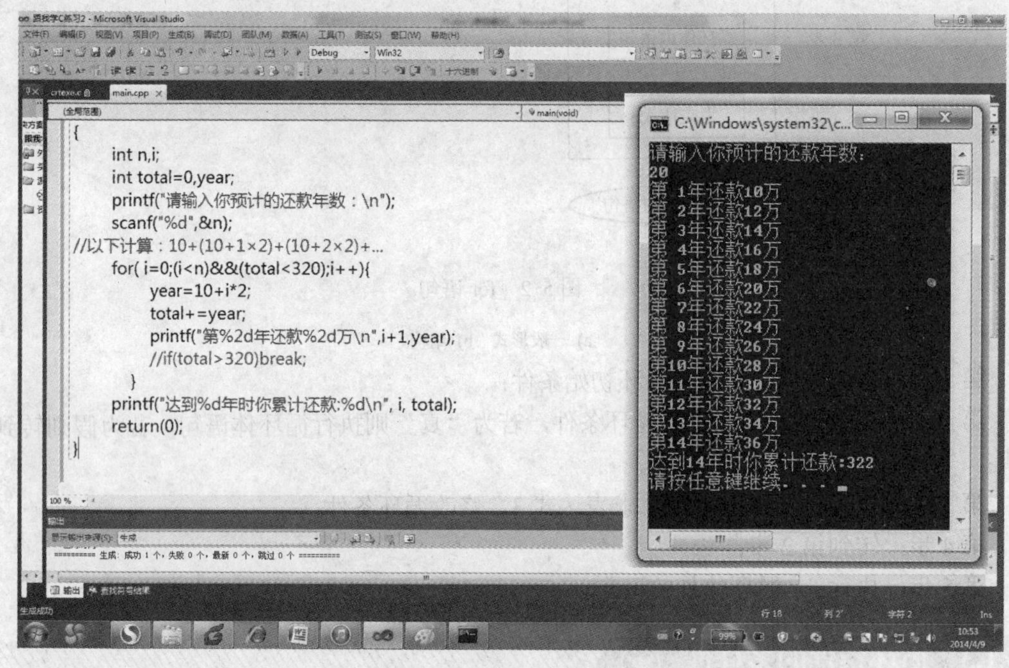

图 5-3　程序 5.2 测试结果

5.1.4　跟我学 C 例题 5-2——for 语句形态的多样性

程序 5.3 让读者尝试选择不同的还款基数，将年还款额尽量压缩。

此外，程序 5.3 给读者展示了另类的步长形式，通过它可以解决每次要重新运行程序的麻烦。此处，仅当操作者从键盘输入“E”时，程序才结束运行。图 5-4 所示的是程序测试结果。

程序 5.3　跟我学 C 例题 5-2

```
#include<stdio.h>
#include <conio.h>
int main(void)
{       char c=0;int i=0;           //初始化
        float total=0,year,benchmark;
        //第一层 for：仅当 c='E'时程序退出，否则无限循环
```

此处省略了表达式 1

广义上的步长：每次循环后，从键盘输入 c 值

每次第 2 层循环后，重置循环变量初值

第 2 层循环体

```
    for( c!='E'; c=getch()){

        total=0;                    //参数清零
        year=0;
        printf("请输入你的年还款基数：\n");
        scanf("%f",&benchmark);
        for(i=0;total<320;i++){
            year=10.+i*benchmark;           //第 i 年还款额
            total+=year;                    //累计额
            printf("第%2d 年还款%2.2f 万\n",i+1,year);
            }
        printf("\n 到%2d 年时你累计还款:%2.2f\n",i+1,total);
        printf("退出：E；继续：按任意键\n");
        }
        return(0);
}
```

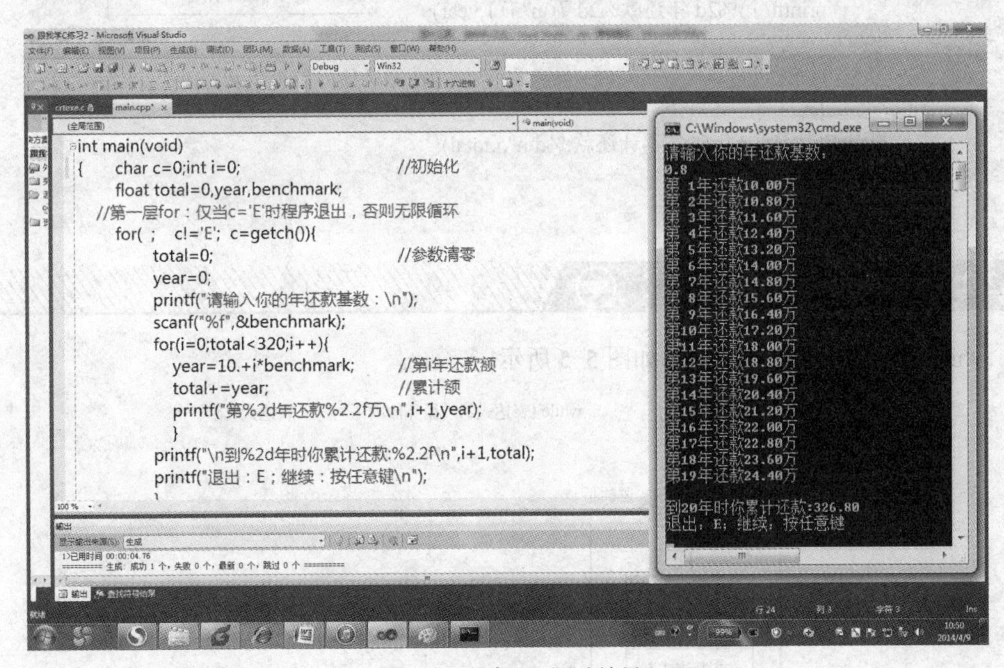

图 5-4　程序 5.3 测试结果

各位要活学活用，学用结合。请在计算机上建立程序 5.3，并修改程序，当且仅当操作者从键盘输入“E”或“e”字母时，退出循环体。

5.2　while()——仅判断循环条件 

while()可以简洁地表达程序循环主题——循环条件。

5.2.1 清晰的主题

请读者自行运行程序 5.4，体会 while 语句的特点。

程序 5.4 while 语句特点

```
#include<stdio.h>
int main(void)
{
        int n;
        int total=0,year;
        printf("请输入你预计的还款年数：\n");
        scanf("%d",&n);

        int i=0;                                    //设定循环变量并初始化
//以下开始计算：10+(10+1×2)+(10+2×2)+…
        while( (i<n)&&(total<320) ){
                year=10+i*2;
                total+=year;
                printf("第%2d 年还款%2d 万\n",i+1,year);

                i++;                                //在循环体内调整步长
                }
        printf("达到%d 年时你累计还款:%d\n",i,total);
        return(0);
}
```

只有循环条件，若条件逻辑真，则执行循环体

5.2.2 while 语句的循环方式

while 语句的一般形式和结构如图 5-5 所示。

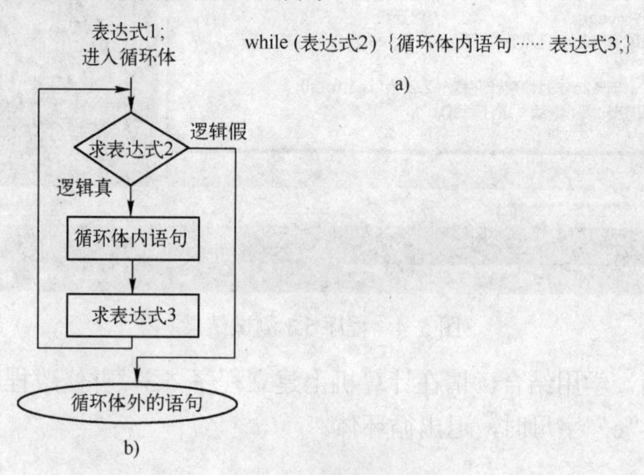

图 5-5 while 语句

a) 一般形式 b) 结构

while 先判别“表达式（条件）”，如果条件不成立（即值为 0），则循环体内的语句一

次也不执行。while 只检验一个循环条件是否满足循环关系，以此来确定是继续还是退出循环。它的一般形式是：while(表达式){循环体语句}。

5.2.3 do-while()——至少循环一次

有时程序需要至少循环一次，此时需要使用 do-while 语句，其结构如图 5-6 所示，其一般形式如下：

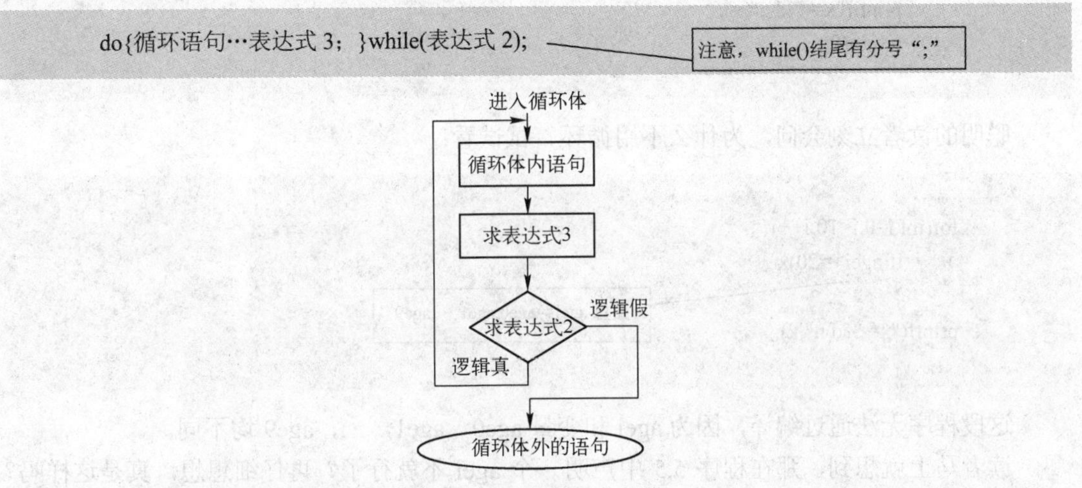

图 5-6　do-while 语句结构

do-while 语句的特点是无论条件是否成立，do-while 的循环体至少先执行一次，然后再判断条件表达式，若表达式为逻辑真，则继续循环执行语句，直到表达式的值为逻辑假为止，循环结束。

5.3 跟我学 C 例题 5-3——循环与数组 

5.3.1 跟我学计数

某班有 10 名同学献血，要求献血者年龄必须大于等于 20 岁，已知报名同学的年龄分别是{19，18，19，20，21，18，20，20，19，20}，编程挑出年龄大于等于 20 岁的同学数目，并输出到屏幕，具体代码如下：

程序 5.5　跟我学 C 例题 5-3

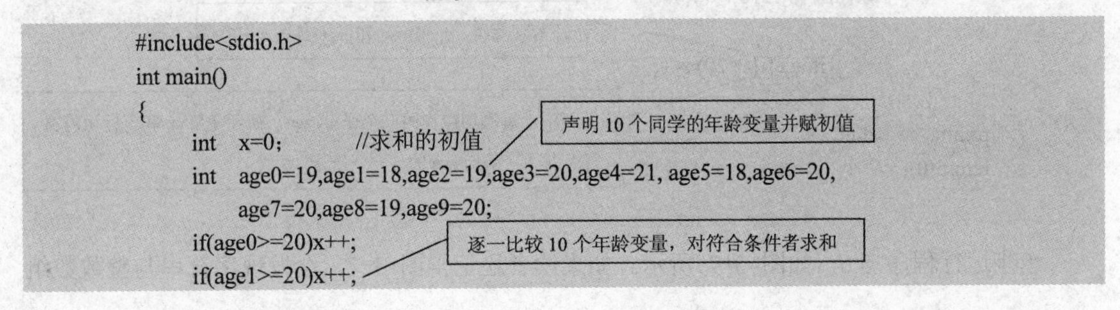

```
#include<stdio.h>
int main()
{
        int   x=0;          //求和的初值
        int   age0=19,age1=18,age2=19,age3=20,age4=21, age5=18,age6=20,
              age7=20,age8=19,age9=20;
        if(age0>=20)x++;
        if(age1>=20)x++;
```

```
        if(age2>=20)x++;
        if(age3>=20)x++;
        if(age4>=20)x++;
        if(age5>=20)x++;
        if(age6>=20)x++;
        if(age7>=20)x++;
        if(age8>=20)x++;
        if(age9>=20)x++;
        printf("x= %d\n",x);
        return(0);
}
```

聪明的读者立刻会问，为什么不用循环？试试看：

```
……
for(int i=0;i<10;i++){
        if(agei>=20)x++;
        }                      变量 agei≠age0,age1,…,age9
printf("x= %d\n",x);
……
```

这段程序无法通过编译，因为 agei 和变量 age0，age1，…，age9 均不同。

读者马上就想到，那在程序 5.5 中声明一个 agei 不就行了？再仔细想想，真是这样吗？答案是否定的。因为程序 5.5 的求和程序段（if(age0 >=20)x++;…，if(age9>=20)x++）虽然每条语句形式类似，但操作对象（变量 age0～age9）是不同的，需要分别检验 10 个对象，无法采用循环处理方式（操作对象相同的程序，才能循环处理）。

5.3.2 程序=循环+数组

请读者先阅读如下程序：

程序 5.6 初识数组

```
#include<stdio.h>
int main()                    声明 1 个整数串(整数元素序列：数组)，并赋初值
{
        int   x=0;
        int   age[10]={19,18,19,20,21,18,20,20,19,20};
                              逐一比较变量 age[]的 10 个元素，对符合条件者求和
            for(int i=0;i<10;i++){
                              下标运算符，age[i]=age[0],age[1],…,age[9]
                    if(age[i]>=20)x++;
        }                     循环中，每次均操作同一个变量 age，循环变量 i 和下标运算符
printf("x= %d\n",x);          “[]”提供了遍历 age 的每一个分量的手段
return(0);
}
```

单步运行程序 5.6，如图 5-7 所示。如果读者还记得图 3-7，会发现字符串与整数数组

很相似，异同之处在于：

1）它们是同类型元素的聚集，变量的地址就是变量名，都可称为“串”。

2）字符串（数组）有结尾符，数值型数组没有。

3）字符串有特定的读写格式或函数，一次读入或输出一个字符串。

4）数值型数组没有特定的操作函数，也没有结尾符，必须使用循环结构，且逐一地写到数组或从数组读出。

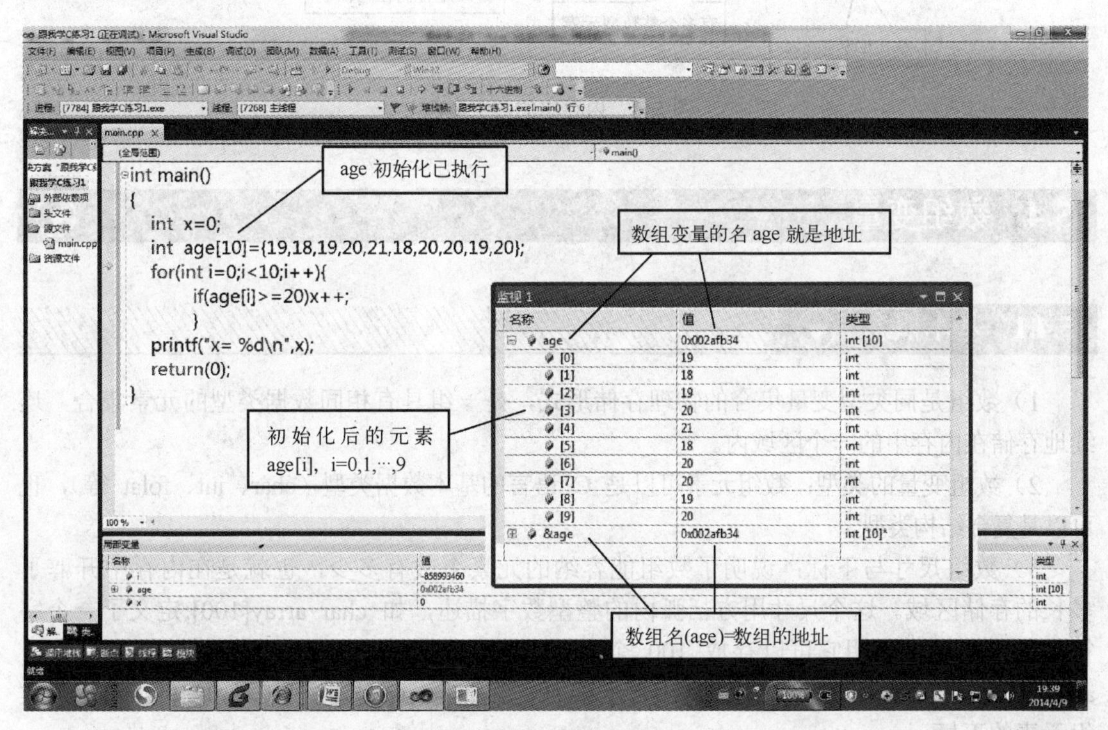

图 5-7　单步运行程序 5.6

5.3.3　初识数组

形如下面的变量声明：

```
int age[N];                    //N 是常数
```

在程序中声明了一个数组变量，结构如图 5-8 所示，其特点是：

1）它是变量名为 age 的整型数组。

2）它位于以 age 变量地址为起始的内存中，连续占用了 N 个元素长度。

3）“[i]”是下标运算符，即：

age[0]是数组的第 1 个元素；

age[1]是数组的第 2 个元素；

⋮

age[9]是数组的第 10 个元素。

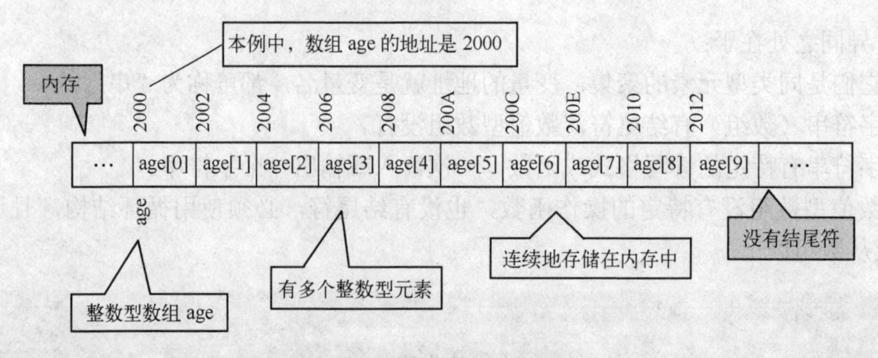

图 5-8　内存中的数组举例

5.4　数组变量

5.4.1　基本概念

1）数组是同类型变量集合的物理存储形式，是一组具有相同数据类型的元素集合，连续地存储在内存中的一个区域内。

2）数组变量的类型：数组元素可以是 C 语言的基本数据类型（char、int、folat 等），也可以是复合结构类型。

3）数组尺寸与下标：说明了数组能容纳的元素个数有多少，也就是在内存中开辟了多长的存储区域。这个尺寸用方括弧内的整型数字描述，如 char array[100];定义了一个字符型数组变量，说明它可以存放 100 个字符型变量。其中，array[0]表示第 1 个元素，array[1]表示第 2 个元素，…，array[i]表示第 i+1 个元素，i 的取值范围是 0～99，称 i 为数组元素的下标。

5.4.2　数组变量是同类型元素的线性集合

数组中下标相邻的元素，其存储单元的位置也相邻，如图 5-9 所示。

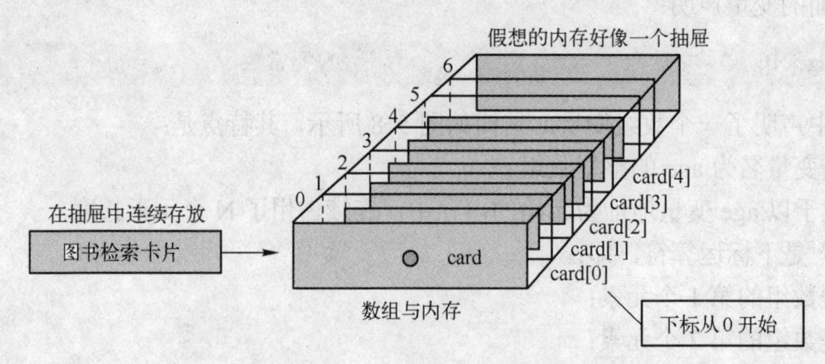

图 5-9　下标相邻的元素的物理地址也相邻

元素在物理上的相邻关系表达了它们在逻辑上的相邻关系。因此，数组内的元素之间存在线性相邻关系，是一种线性的数据结构。

5.4.3 数组地址

既然数组也是变量，那么什么是数组的地址呢？

C 语言规定，数组变量的地址就是它的第一个元素，即数组的头元素所在的存储单元地址。图 5-10 中的数组变量 array，其地址就是 4000，即 array 和&array[0]都是数组第一个元素的存储地址，称其为数组 array 的地址。

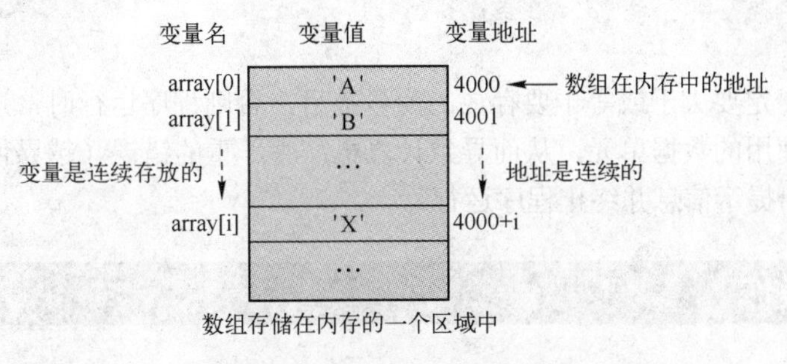

图 5-10　数组地址（char 类型）

5.4.4 声明一个数组变量

既然数组是变量，那么使用前必须进行变量声明。声明中必须用常数说明数组的大小，绝对不能用变量定义数组大小，因为这样做的结果是计算机不知道应该给数组分配多少存储单元。

例如，如下数组定义是正确的：

```
int num[100];
float array[100];
char name[20];
```

如下定义是错误的：

```
int n=10;
char name[n];                //数组长度不能是变量
```

C 程序设计中一个重要的原则是，所有在程序中使用的常量都应用宏“define”在头部文件说明，这样，一旦常量的值需要改变，则仅仅是头部定义处需要修改，而与程序中引用该常量的语句无关。

如程序 5.6 的学生班人数应定义为宏名字。

程序 5.7　宏定义示例

```
#define AMOUNT 10          //宏定义人数
#define MINIMUM 20         //宏定义年龄下限
#include<stdio.h>
```

```
int main()
{
int   x=0;
int   age[AMOUNT]={19,18,19,20,21,18,20,20,19,20};
    for(int i=0;i< AMOUNT; i++){
        if(age[i]>= MINIMUM)x++;
        }
    cout<<"x= "<<x<<endl;
    return(0);
}
```

数组的长度一定要大于或等于要存放的变量数目，否则程序运行时，过多的输入变量可能占用其他程序使用的数据单元，从而导致计算机产生严重的错误（越界使用存储单元发生的程序错误会给出提示信息并终止程序运行）。

5.5 数组操作

5.5.1 字符串操作

C 语言字符串库函数提供了以下内容：

1）输入/输出函数（头文件：#include"stdio.h"）。

2）运算函数（头文件：#include"string.h"）。

① 合并。

② 修改。

③ 比较。

④ 转换。

⑤ 复制。

⑥ 搜索。

读者如果能查阅“C 语言编程宝典”或图 5-11 所示的 C 语言全套库函数速查，掌握表 5-1 所列的库函数的使用方法就足够了。

表 5-1　常用的字符串库函数

分　类	功　能	函　数
I/O	输入	gets(char *p)
	输出	puts(char *p)
运算	求字符串 p 的长度	int strlen(char *p)
	将源字符串内容复制到目的字符串	char *strcpy(char *destin, char *source)
	比较字符串 str1 和字符串 str2	int strcmp(char *str1，char *str2)
	比较字符串 str1 和字符串 str2，但不区分大小写	int strncmpi(char *str1，char *str2)

程序 5.8 把输入的字符串和数组 st2 中的字符串做比较，将比较结果赋给变量 k，根据 k 值再输出结果提示字符串。

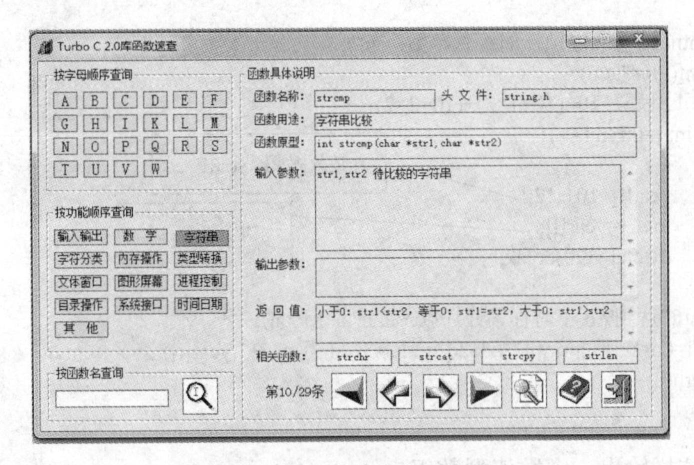

图 5-11　C 语言全套库函数速查

程序 5.8　比较两个字符串的大小

```
#include"string.h"
int main()
{
      int k;
      char st1[15],st2[]="C Language";
      printf("input a string:\n");
      gets(st1);                              //从键盘读入一个字符串
      k=strcmp(st1,st2);                      //按 ASCII 码的值，比较两个字符串的大小
      if(k==0) printf("st1=st2\n");
      else {
            if(k>0)printf("st1>st2\n");
            else   printf("st1<st2\n");
            }
   return(0);
}
```

5.5.2　数值型数组操作

数值型的数组是没有库函数可用的，读者只能通过：

1）变量声明时的初始化，设置数组元素的初值。

2）在程序中应用循环方式，逐一地写入或读出数组的每一个元素。

程序 5.9 把程序 5.1 的每年还款额序列存储到数组 year 中，最后再输出到屏幕，具体代码如下：

程序 5.9　数值型数组应用

```
#define N 50
#include<stdio.h>
int main(void)
{
      int n;
      int total=0,year[N];
```

总和的初值=0

```
        printf("请输入你预计的还款年数：\n");
        scanf("%d",&n);
        //以下计算：10+(10+1×2)+(10+2×2)+...
        for(int i=0;i<n;i++){
                                              年还款额赋给 year[i]
            year[i]=10+i*2;
            total+=year[i];                        求年还款额总和
            if(total>320)break;
            }
        printf("达到%d 年时你累计还款:%d\n",i+1,total);
        for(i=0;i<n;i++)printf("第%2d 年还款%2d 万\n",i+1,year[i]);
        return(0);
    }
```

注意，不能这样输出一个数值型数组：

```
    int array[N];
    .......
    printf("%d\n",array);          X
```

数值类型的数组只能逐个地使用下标变量输出！

5.6　break 与 continue 的异同 

1）break 语句将导致程序流退出当前循环或语句，程序流将继续执行紧接着当前循环或语句的下一条语句。

2）continue 语句会停止当前的循环，并从循环的开始处继续（即再次进入循环体）。

3）注意，continue 语句不能用于 swita 开关语句中。

笔者建议，读者在学完本书之前，先不要使用 continue 语句，图 5-12 给出了它与 break 语句的差异。

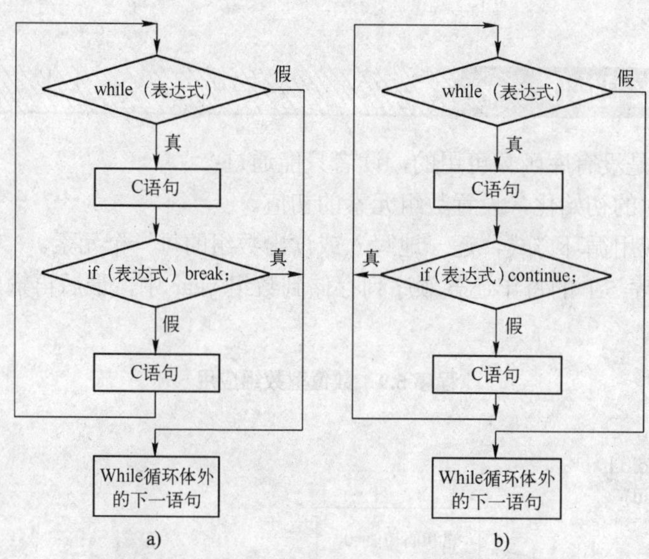

图 5-12　break 语句和 continue 语句动作图解

a) break 语句　b) continue 语句

5.7 本章要点 

循环是程序结构设计的基础，读者会在后续章节学习中，掌握循环与函数（也称之为“方法”）之间的配合编程方法，以进一步提高编程水平。就初学者的编程要求来说，具体需要掌握以下几点：

1）while 语句与 do-while 语句的结构与使用方法。

2）for 语句的结构，熟练掌握其使用方法。

3）会使用常见的循环嵌套形式。

4）能正确区分 for 语句、do-while 语句与 while 语句三者的不同。

5）break 语句可以终止循环语句。

5.8 跟我学 C 练习题四 

1）字符串处理。从键盘输入一组长度不大于 10 的阿拉伯数字序列（字符串）str1，编程实现，将该字符串转换成中文大写的数字序列（字符串）str2，例如：

str1="52306" ➔ str2="伍万贰千叁百零陆"

2）循环结构。实际上，房贷分等额本息和等额本金两种支付方式，等额本金公式如下：

月还款额 =（贷款本金/还款月数）+（贷款本金-已归还本金累计额）×月利率

假设房子总额为 320 万，月息 0.5%（年息 6%），参照程序 5.3，输入参数分别是贷款本金和还款月数。

3）循环结构。回文数是指一个数的各位数字左右对称的整数，例如，121、676、94249 等，满足上述条件的数皆为回文数。编程实现，从键盘输入任意一个上限整数 n（n≤1000），程序输出 1~n 之间的数 m，它满足 m、m^2、m^3 均为回文数。

4）循环结构。递推求解（不用递归结构）求 Fibonacci 数列：1，1，2，3，5，8，…的前 40 个数，即：

$$f(n)=\begin{cases}1 & n=1\\ 1 & n=2\\ f(n-1)+f(n-2) & n\geqslant 3\end{cases}$$

5）循环结构。在数值计算中函数 $y=e^x$ 的值，可根据泰勒展开表达式得到，即：

$$e^x=1+x+\frac{x^2}{2!}+\frac{x^3}{3!}+\cdots+\frac{x^N}{N!}+o(\varepsilon)$$

$$o(\varepsilon)=\frac{\varepsilon^{N+1}}{(N+1)!},\varepsilon\in[0,x]$$

式中，$o(\varepsilon)$ 为计算误差，一般按其上界估计，即计算误差为 $\frac{x^{N+1}}{(N+1)!}$。要求计算误差小于 10^{-4}，请给出 e, e^2, e^3 的计算值，并给出相应的计算项 N。

6）循环与数组。下表是我国宋元时期数学家杨辉发现的，它形状是一个三角形，因此称为“杨辉三角”。

左积　右隅

本积　1

商除　1　1

平方　1　2　1

立方　1　3　3　1

三乘　1　4　6　4　1

四乘　1　5　10　10　5　1

五乘　1　6　15　20　15　6　1

右表乃积数　右表乃隅算　中藏者皆廉　以廉乘商方　命实面除之

杨辉三角的结构特点是，每行首尾的数字是 1，中间的每个数正好是该数两肩上的两个数之和。编程实现，打印一个 i（$0<i\leqslant 10$）层的杨辉三角表（只打印出数字即可），i 由键盘输入。

7）大数求积。n、m 位（$n\geqslant m$）大数如下表述：

A_n=（$a_n\ a_{n-1} \cdots a_2\ a_1\ a_0$），$B_m$=（$b_m\ b_{m-1} \cdots b_2\ b_1\ b_0$）

则 $A_n*B_m=C_h$ 表述为：

C=（$c_h\ c_{h-1} \cdots c_2\ c_1\ c_0$）

编程实现：

① 从键盘输入两个长度为 n 和 m 的整数序列字符串，分别代表大数 A 和 B（$n\geqslant m\geqslant 64$）。

② 求它们的乘积 C（也是整数序列字符串）。

③ 输出 C 至屏幕。

第  章

说文解字拆分 C 程序——程序结构Ⅲ

本章是函数入门。

函数？类似 scanf()、printf()、strlen()、strcpy()？是的，本质上没有什么不同，唯一的区别是这些是别人编制的通用函数，而在这一章要教读者学习编制自己的函数。

6.1 跟我学 C 例题 6-1——应用函数

程序 4.6 虽然较长，但其结构非常简单，每段程序语句完全相同，函数化后会很清晰，具体代码如下：

程序 6.1 跟我学 C 例题 6-1

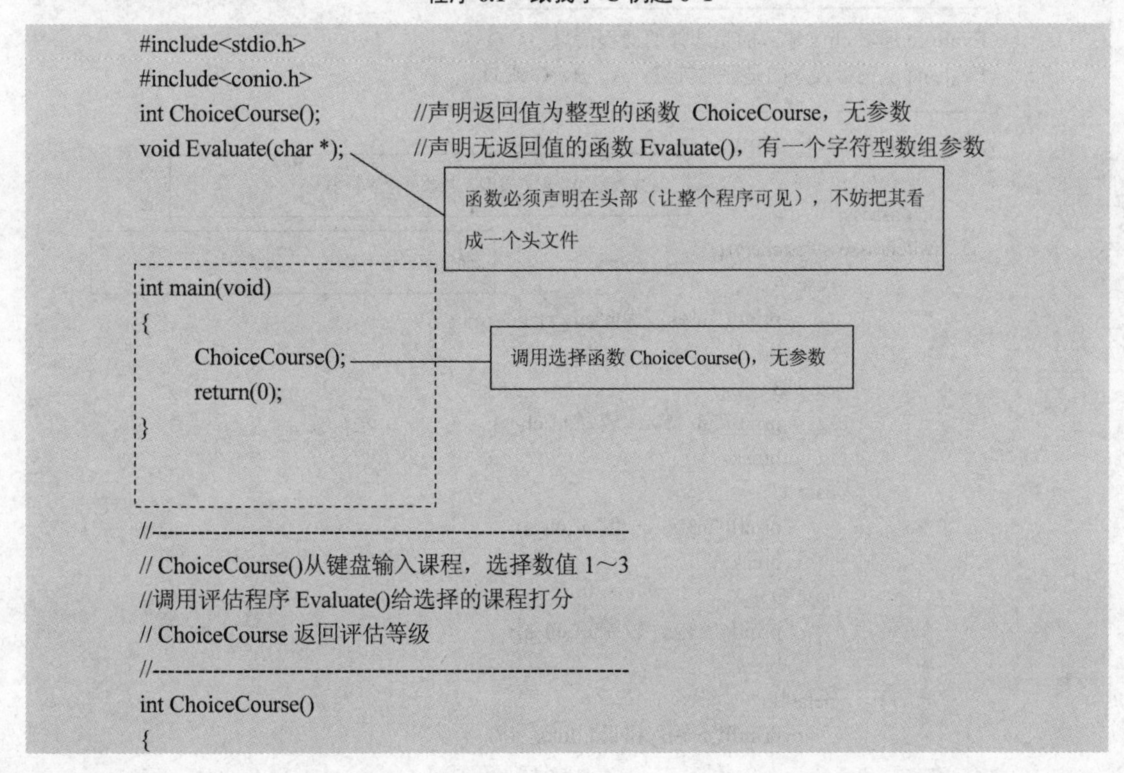

```
#include<stdio.h>
#include<conio.h>
int ChoiceCourse();              //声明返回值为整型的函数 ChoiceCourse，无参数
void Evaluate(char *);           //声明无返回值的函数 Evaluate()，有一个字符型数组参数

int main(void)
{
      ChoiceCourse();
      return(0);
}

//------------------------------------------------------------
// ChoiceCourse()从键盘输入课程，选择数值 1～3
//调用评估程序 Evaluate()给选择的课程打分
// ChoiceCourse 返回评估等级
//------------------------------------------------------------
int ChoiceCourse()
{
```

```
        int course=0;
        printf("请选择课程，1：C 语言；2：数学；3：物理\n");
        scanf("%d",&course);                    //输入选择的课程代码
        switch(course){
                case 1:
                        printf("请评估《C 语言》课程，A：优；B：较好；C：一般；D：较差\n");
                        Evaluate("《C 语言》课程教学评估为");
                        break;
                case 2:
                        printf("请评估《数学》课程，A：优；B：较好；C：一般；D：较差\n");
                        Evaluate("《数学》课程教学评估为");
                        break;
                case 3:
                        printf("请评估《物理》课程，A：优；B：较好；C：一般；D：较差\n");
                        Evaluate("《物理》课程教学评估为");
                        break;
                default :
                        printf("\n 输入错误！ \n");
                        break;
                }
        return(course);                    //返回课程代码给主调函数
}
//------------------------------------------------------------
//Evaluate 形参 ch_s 输入的是选择的课程信息
//Evaluate 从键盘读入的是评估等级：A、B、C 或 D
//------------------------------------------------------------
void Evaluate(char ch_s[20])
{
        char assess;
        switch(assess=getche()){
                case 'A':
                        printf("\n%s：优\n",ch_s);
                        break;
                case 'B':
                        printf("\n《%s：较好\n",ch_s);
                        break;
                case 'C':
                        printf("\n%s：一般\n",ch_s);
                        break;
                case 'D':
                        printf("\n%s：较差\n",ch_s);
                        break;
                default :
                        printf("\n 输入错误！ \n");
```

调用评估函数 Evaluate()，实参是字符串常量

参数表中的是形式参数，接收一个字符串

ch_s 已经在参数表中声明了

```
                    break;
                }
    }
```

程序 6.1 的测试界面如图 6-1 所示。

```
C:\Windows\system32\cmd.exe
请选择课程, 1:C语言; 2:数学; 3: 物理
1
请评估《C语言》课程,A:优; B:较好; C:一般; D:较差
A
《C语言》课程教学评估为: 优
请按任意键继续. . .
```

```
int ChoiceCourse();
void Evaluate(char *);
int main(void)
{    ChoiceCourse();
     return(0);
}
// ----ChoiceCourse()从键盘输入课程，选择数值1~3
//----调用了评估程序Evaluate()给选择的课程打分, ChoiceCourse返回评估等级
int ChoiceCourse()
{    int course=0;
     printf("请选择课程，1：C语言；2：数学；3：物理\n")；
     scanf("%d",&course);
     switch(course){
       case 1:
          printf("请评估《C语言》课程，A：优；B：较好；C：一般； D：较差\n");
          Evaluate("《C语言》课程教学评估为");
          break;
```

图 6-1　程序 6.1 测试界面

6.2　变量的存储方式——变量三代表 

在程序中声明如下一个变量：

```
int i_p;
```

目的是在编译时给它分配一个存储空间（整数型变量是 2 个字节），如图 6-2 所示。

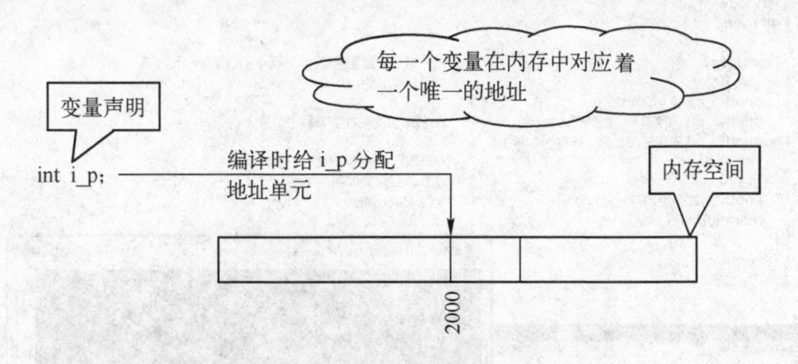

图 6-2　变量名及其地址

程序运行时给变量赋值，就是把值存储到变量在内存的单元中，如图 6-3 所示。

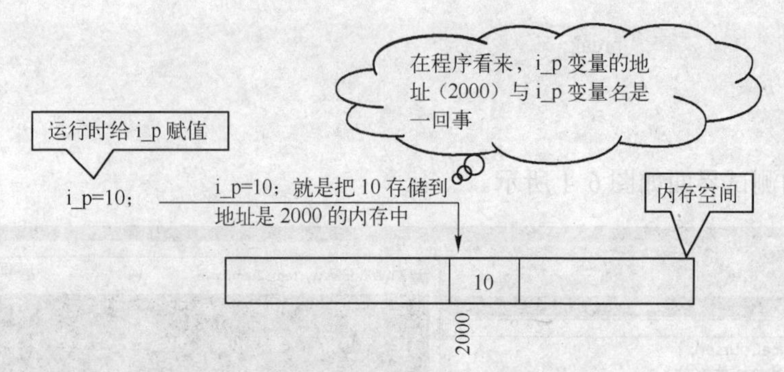

图 6-3　给变量（内存中的地址）赋值

下面请读者阅读以下程序：

程序 6.2　变量的名字、地址与字节

```
#include<stdio.h>
int main()
{
    int i_p=1;                                    //声明一个整型变量 i_p，赋予初值 1
    i_p=10;                                       //把 10 赋给给 i_p
    printf("i_p 的值=%d\n",i_p);
    printf("i_p 在内存有%d 字节\n",sizeof(i_p)); //计算 i_p 的内存字节数（长度）
    printf("i_p 在内存的地址是：%#x\n",&i_p);
    int *p=&i_p;                                  //获取 i_p 的内存地址
    *p=20;                                        //把 20 存储到该内存地址中

    printf("把 20 赋给内存地址%#x 后，i_p 的值=%d\n\n",&i_p,i_p);
    return(0);
}
```

地址输出格式

输出变量的值

程序 6.2 的运行界面如图 6-4 所示。

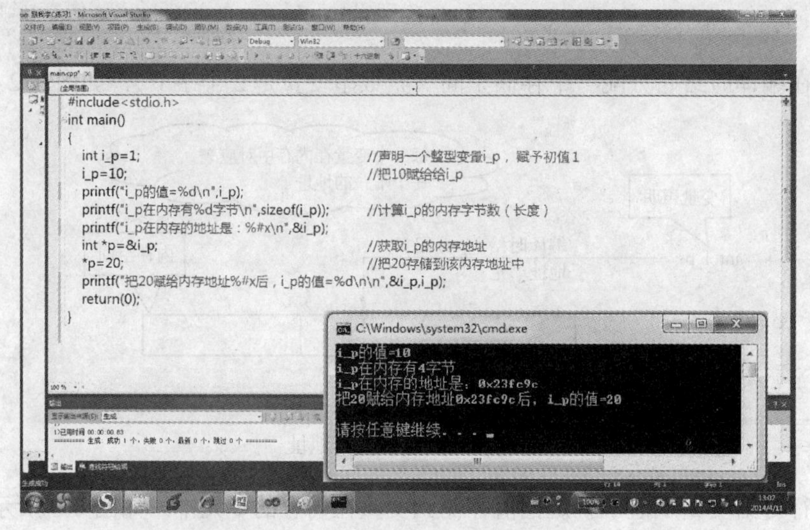

图 6-4　程序 6.2 运行界面

理解变量的要点是：

1）变量一定有一个内存地址，要占用相应的单元。

2）不同类型的变量占用的内存单元字节数不同。

3）变量名和内存地址是等效的，给变量赋值，也就是往其对应的地址单元存入数据。换句话说，变量有 3 个代表，即变量的地址、变量名和变量的类型。

6.3 初识函数

6.3.1 函数概念

1）C 源程序必须有且只有一个主函数 main()。

2）程序一定是从主函数开始，最后在主函数中结束整个程序的运行。

3）一个源文件由一个或多个函数组成。

4）除去主函数之外，所有函数都是平行且互相独立的，即在一个函数内只能调用其他函数，不能再定义一个函数（嵌套定义）。

5）一个函数可以调用其他函数或其本身，但任何函数均不可调用主函数。

6.3.2 函数定义

函数的一般形式如下：

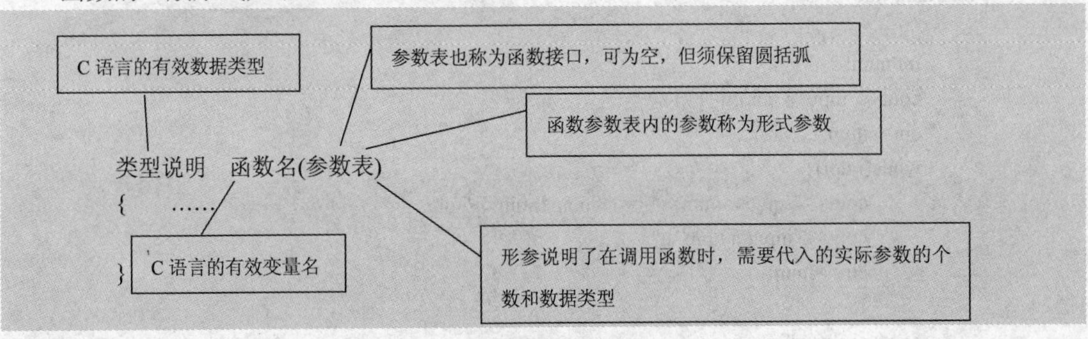

例如，声明一个函数：

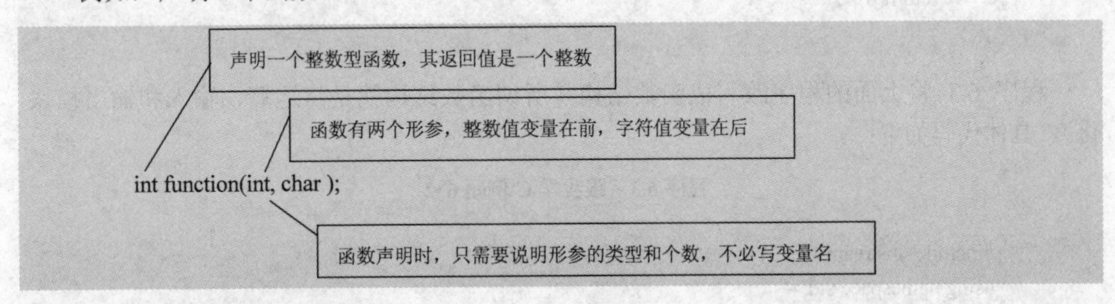

在程序中的调用形式如下：

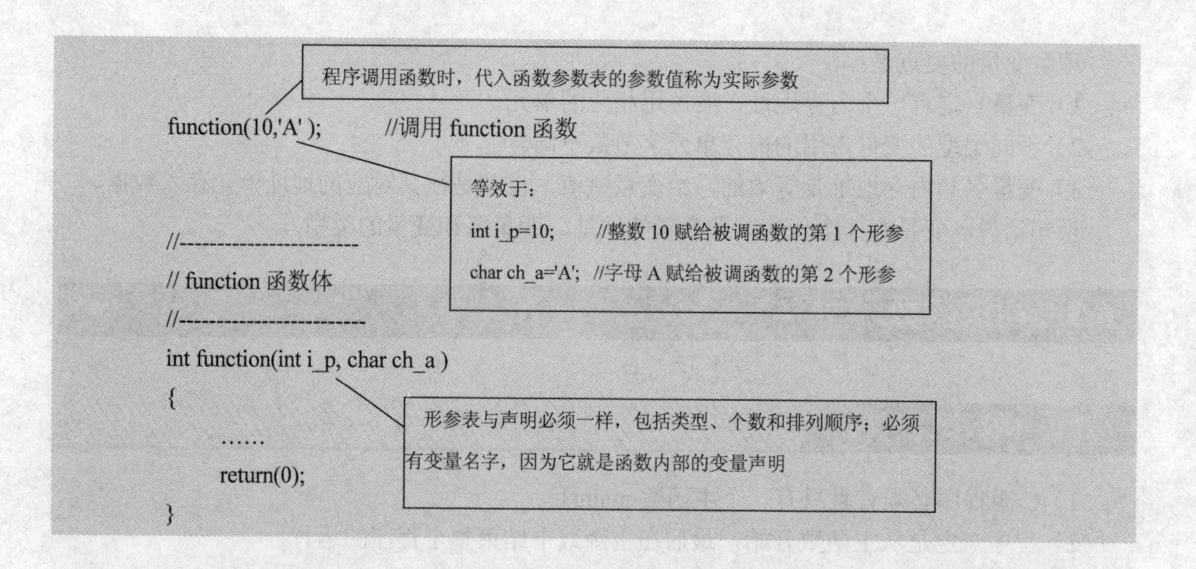

6.4 参数传递与函数返回值

6.4.1 跟我学 C 例题 6-2——照猫画虎学函数

如下程序读入一个数，若此数非零则求其平方值，否则退出。

```
int main(void)
{
    int num;
    cout<<"input a num:\n";
    cin>>num;
    while(num){
        cout<<"sqr("<<num<<")="<<num*num<<"\n";
        cout<<"input a num:\n";
        cin>>num;
        }
    cout<<"closed!\n";
    return(0);
}
```

程序 6.3 将上面的程序改写成函数结构（所谓函数结构就是将运算、输入和输出模块化），具体代码如下：

程序 6.3　跟我学 C 例题 6-2

```
#include<iostream >
using namespace std;
int readnum();              //声明一个整数型函数，无参数

void sqrnum(int);           //声明一个无返回值的函数，形参是一个整数变量
```

调用 readnum 函数，返回值赋给 t

if(t!=0)，t 值传给 sqrnum 函数，无返回值

```
int main(void)
{
    int t;

    while(t =readnum())sqrnum(t);
    return(0);
}
```

调用时，实参是 t 的值，t 的值赋给了被调函数的形参，所以，实参数据类型必须与形参相同

```
//------------------------
// 函数从键盘输入一个整数 t，并将 t 值返回给主调函数
//-------------------------
int readnum()
{
    int t;
    cout<<"input a num:\n";
    cin>>t;
    return(t);
}
//------------------------
// 函数计算实参的平方值并输出到屏幕
//-------------------------
```

调用时，实参向形参赋值的过程是：函数的参数传递等价于 int num=t；t 是主调函数中的变量，num 是被调函数中的变量

```
void sqrnum(int num)
{

    cout<<"sqr("<<num<<")="<<num*num<<"\n";
}
```

请读者上机运行程序 6.3 和后面的程序 6.4，体会一下函数带来的程序风格上的变化。

6.4.2 函数返回单个变量——return 语句

如果需要从函数返回一个变量（值），则可以使用 return 语句。

return 返回变量的类型必须与函数类型相符，一般形式如下：

```
数据类型 函数名(形参)
{
    ……
    return(数据类型);
}
```

如果函数无需返回，则函数定义时应说明为“void”，意指空类型。

程序 6.4 在主函数中调用整数型函数 max()，用其比较两个数后把较大的数返回给主函数，并赋值给整数变量 z，具体代码如下：

程序 6.4　函数返回单个变量值

```
int max(int ,int );                  //函数说明是整数类型，有两个整数形参
int main()
{
  int x,y,z;                         //变量说明
  printf("input two numbers:\n");
  scanf("%d%d",&x,&y);              //输入 x 和 y 值
  z=max(x,y);                        //调用 max 函数，将运行结果赋值给主函数的 z
  printf("maxmum=%d",z);
 }
//-------------------
//比较整数 a 和 b 的大小并返回较大值
//------------------
int max(int a,int b)                 //max 函数体
{
     if(a>b)return(a);
     else return(b);                 //将较大者返回给主调函数
 }
```

6.5 函数返回多个变量——变量地址

6.5.1 跟我学 C 例题 6-3——形参表中的数据变量

程序 6.5 在主函数中输入两个整数 a 和 b，调用函数 swap()将两数的值互换后输出至屏幕。主函数调用 swap()结束后，也输出 a 和 b 的值，最后退出，具体代码如下：

程序 6.5　跟我学 C 例题 6-3

```
#include<iostream>
using namespace std;
void swap(int,int);
int main(void)
{
     int i_a=0,i_b=1;
     cout<<"请输入参数 a 和 b"<<endl;
     cin>>i_a>>i_b;
     cout<<"主函数 a="<<i_a<<"主函数 b="<<i_b<<endl;
     swap(i_a,i_b);
     cout<<"主函数 a="<<i_a<<"主函数 b="<<i_b<<endl;
     return(0);
}
//----------------------------
//互换主调函数传过来的两个整数的值
//----------------------------
```

```
void swap(int i_a,int i_b)
{
        int x=i_a;
        i_a=i_b;
        i_b=x;
        cout<<"swap 函数：a="<<i_a<<"swap 函数：b="<<i_b<<endl;
}
```

编译并运行程序，如图 6-5 所示。

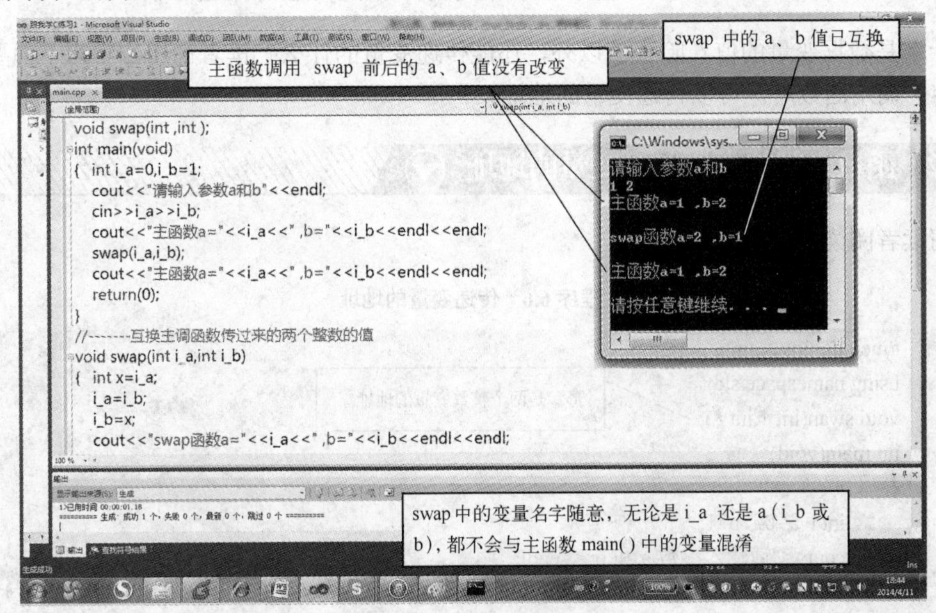

图 6-5　程序 6.5 运行界面

从图 6-5 中可以看出，调用 swap 函数前后，主函数中的 i_a 和 i_b 的值并没有改变。这是为什么？

首先弄清楚设计函数 swap()的思路：

1）main 把 i_a 和 i_b 的值传递给 swap，由 swap 交换它们。

2）swap 把交换后的 a 和 b 的值，返回给 main 的 i_a 和 i_b。

第一点没问题，图 6-5 显示 swap 函数内的输出是正确的。

问题出在返回过程中，swap 并没有把其函数内的变量 i_a 和 i_b 返回并赋值给主函数中的变量 i_a 和 i_b。

这是因为，形参表中的数据变量只能单向传递（值），具体解释如图 6-6 和图 6-7 所示。

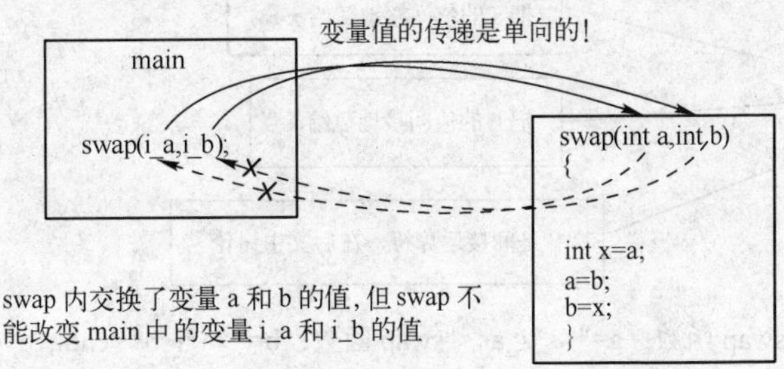

图 6-6　形参表中数据变量的值只能单向传递

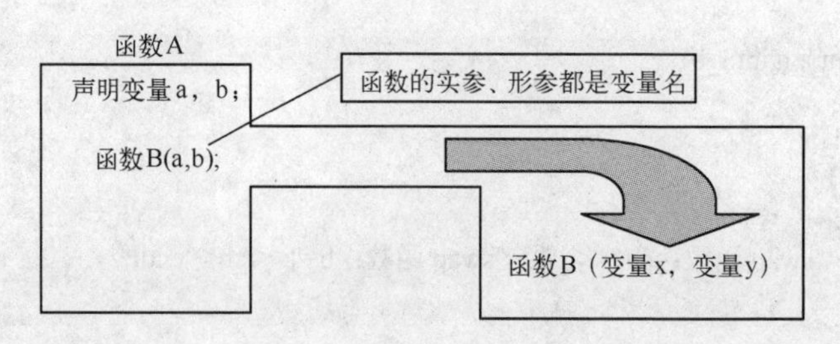

图 6-7　数据变量在主调函数与被调函数之间是单向传递的

什么是数据变量的值？除去值以外，还能传递变量的什么？读者请用心学习下面要讨论的内容：调用函数时，可以传递变量的地址！

6.5.2　函数之间的虫洞——变量的地址

请读者阅读以下程序：

程序 6.6　传递变量的地址

```
#include<iostream>
using namespace std;
void swap(int *,int *);                    形参是两个整数变量的地址
int main(void)
{
    int i_a=0,i_b=1;
    cout<<"请输入参数 a 和 b"<<endl;
    cin>>i_a>>i_b;
    cout<<"主函数 a="<<i_a<<"，b="<<i_b<<endl;      //转换前的 a、b 值
                                           实参是 a 和 b 的地址
    swap(&i_a,&i_b);
    cout<<"主函数 a="<<i_a<<"，b="<<i_b<<endl;      //转换后的 a、b 值
    return(0);
}
//------------------------------------------------------------------------
// 互换主调函数传过来的两个整数变量地址里的值
//------------------------------------------------------------------------
                                           形参是两个整数变量 a 和 b 的地址
void swap(int *a,int *b)
{                                          把 a 的值间接地赋给 x
    int x=*a;
    *a=*b;                                 把 b 的值间接地赋给 a
    *b=x;
                                           "*"是间接运算符，在后文中讨论

    cout<<"swap 函数：a="<<*i_a<<"swap 函数：b="<<*i_b<<endl;
}
```

程序 6.6 的测试结果如图 6-8 所示。图 6-9 和图 6-10 解释了地址变量的形参与实参的对应形式和调用方法。

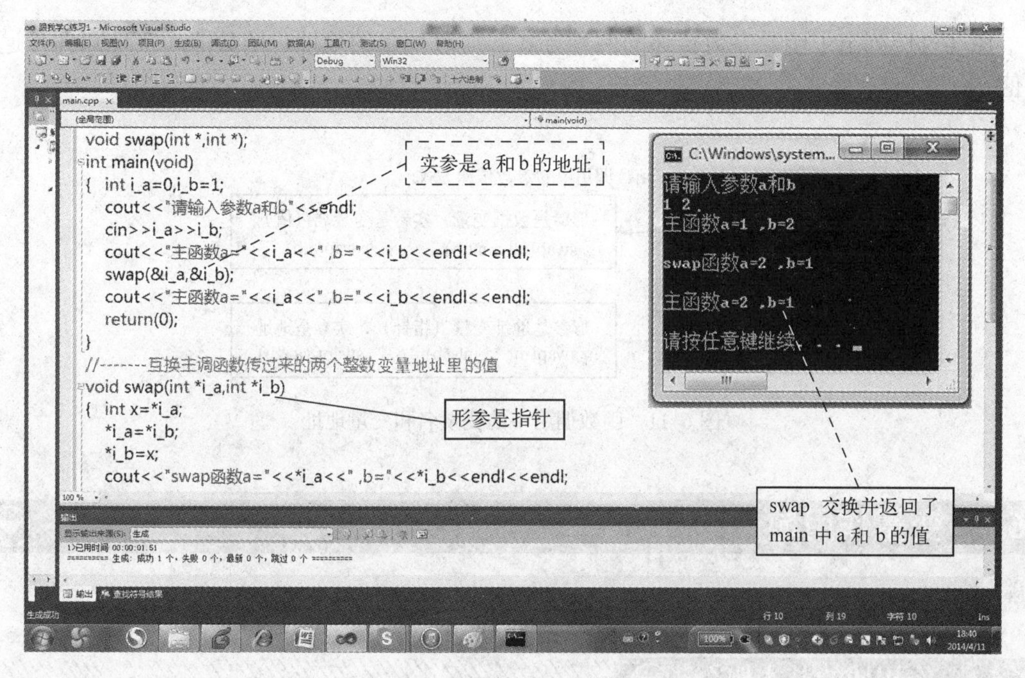

图 6-8 程序 6.6 测试结果

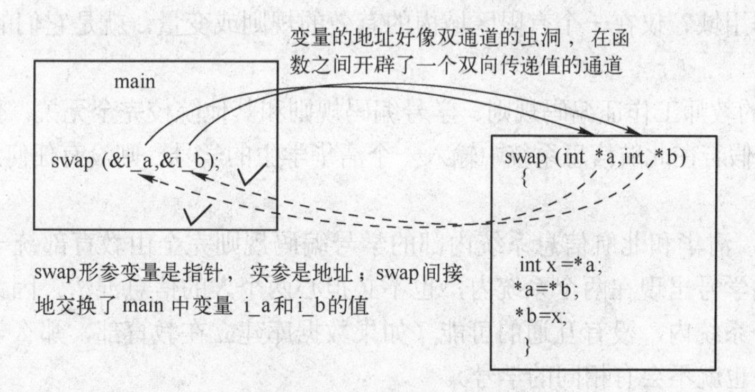

图 6-9 通过变量地址改变主调函数变量的值

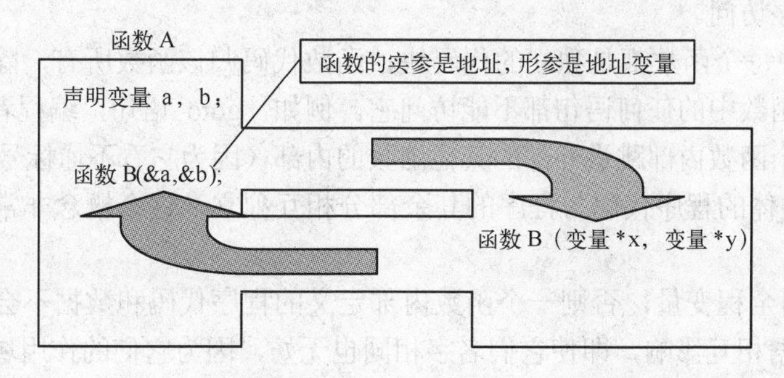

图 6-10 变量的地址是函数之间的双向传递参数通道

6.5.3 归纳

图 6-11 列出了函数参数传递的两种方式。通过变量的地址，函数能间接地双向传递参数值。

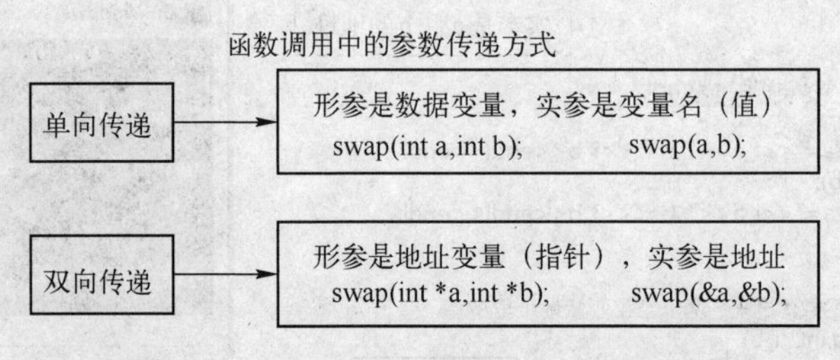

图 6-11　函数调用中的变量名和变量地址

6.6 变量作用域

变量作用域是枯燥但非常重要的概念。

6.6.1 作用域的基本概念

什么是作用域？仅在一个有限区域内的有效的规则或变量，就是它们的作用域。

例如：

1）清华的教师工作证编码规则、学号编码规则和其他院校完全无关，仅在清华校内信息系统中有效。假若在北航信息系统中输入一个清华学生的学号，则没有任何意义，因为作用域不同！

2）假设，清华和北航信息系统内部的学号编码规则完全由教育部统一制定，那么即使有完全相同的学号出现在两个系统内，也不必担心两个人的信息混淆，因为他们分别存在完全独立的两个系统内，没有互通的可能（如果数据库建立在教育部，那么学号信息中一定含有学校信息，也就不会有相同的学号）。

3）一种语言的作用域规则决定了一段程序（变量）是否被另一段程序所“知道”，或说能否被另一段程序访问。

4）C 语言中每个函数都是独立的代码块，函数代码归该函数所有，除了对函数的调用以外，其他任何函数中的任何语句都不能访问它。例如，goto 语句，编程者不可能（也不应该）使用它从一个函数内部跳进外部的其他函数的内部（因为它看不懂标号对应了什么）。

5）组成函数体的程序代码与程序的其余部分相互独立，这个概念非常重要，称其为作用域规则。

6）除非使用全程变量，否则一个函数内部定义的程序代码和数据不会与另一个函数内的程序代码和数据相互影响，即使它们名字相同也无妨，因为它们的作用域不同，数据和代码的存储区域不同。

所以，作用域规则限定了代码、变量只在定义它的函数体内有效。

6.6.2 函数内部声明的变量=局部变量

在函数内部定义的变量称为局部变量。局部变量是在函数内进行定义说明的，其作用域仅限于函数体内，离开该函数后再使用这种变量是非法的。

在主函数中声明的变量也是局部变量，因为主函数与其他任何函数是平等的。

允许在不同的函数中使用相同的变量名，它们代表不同的对象，分配不同的单元，互不干扰，也不会发生混淆。

可以用剧院里的旋转舞台解释计算机内存的运作原理：

1）舞台空间有限，不能把所有场景同时展现在舞台上。

2）剧情是随时间逐步地发展，观众的思维也是步进的，把所有场景都一起摆在舞台上会造成混乱。所以，场景、人物应随剧情的进展而应景地出现在舞台上，即只把与这一时间段的剧情有关的场景展现在舞台。

3）为了不间断观众思维，通过旋转舞台能快速地把当前需要的场景切换到前台，下一场剧情的场景可以在后台布置。

计算机运行时，内存就像一个旋转舞台，程序就是剧情，编程者是观众。

1）某一时间段内只有一个程序（函数）代码段在执行，内存有限，只能存放当前函数所需的数据变量，该函数执行完毕，程序会调用下一个代码段执行，内存中之前的数据就会被新进入的函数的数据覆盖。

2）各个函数的局部变量在时空上是分开的，所以不怕重名，也不会互通联系。

3）如同旋转舞台，无论什么场景，乐队总是必需的，因此，不会去旋转乐池，如图 6-12 所示。

4）任何一段程序总有一些数据是公用的，计算机在内存中也保留了一个不会消失的公共区域存储这些数据，称为全局变量（还有堆栈）。

图 6-12 场景与乐池（引自网络）

6.6.3 函数外部声明的变量=全局变量 

全局变量也称为外部变量，它是在函数外部定义的变量。它不属于哪一个函数，而属于一个源程序文件，其作用域是整个源程序。

读者完全可以把文件头部的函数声明看成全局变量，因此，它在全程序均可见。全局变量在函数内使用时，无须进行说明。如果全局变量与函数内部变量同名，则局部变量优先。

6.6.4 函数私密性——尽量避免使用全局变量

为什么函数要有私密性？这非常容易理解。例如，读者的钱包按照读者的习惯安排在不同的夹层中，放有硬币、零钞、百元大钞、VISA 卡、长城卡，餐卡、学生证等。现在有大款给读者发钱或借钱，若同意则一定会经过读者的手来进行传递，而绝不会希望此人直接操作你的钱包。

笔者的意思是，其他人或许不清楚读者放钱的习惯。这里，钱包是读者的函数，钱是变量（数据）。

所以，各位读者千万不要偷懒使用全局变量在函数之间传递参数！

6.6.5 变量存储类型一览

变量存储类型决定了其作用域，详细说明见表 6-1。

表 6-1 变量的存储类型（变量作用域）

	局部变量			外部变量	
存储类别	auto	register	局部 static	外部 static	外部
存储方式	动态		静态		
存储区	动态区	寄存器	静态存储区		
生存期	函数调用开始至结束		整个程序运行期间		
作用域	定义变量的函数或复合语句内			本文件	其他文件
赋初值	每次函数调用时		编译时赋初值，仅一次		
未赋初值	不确定		自动赋初值 0 或空字符		

1）局部变量默认为 auto 型。

2）register 型变量个数受限，且不能为 long、double、float 型。

3）局部 static 变量具有全局寿命和局部可见性。

4）局部 static 变量具有可继承性。

5）extern 不是变量定义，可扩展外部变量作用域。

6.7 文章大纲化——程序函数化

笔者在读者这个年纪的时候常被教诲：“路线是个纲，纲举目张”。C 语言是过程语言，写程序如同写文章，应有思路，就是大纲（见图 6-13）。程序要层次分明，结构清晰。主函数是一级标题，各功能模块可以分成各章节的二级、三级标题。

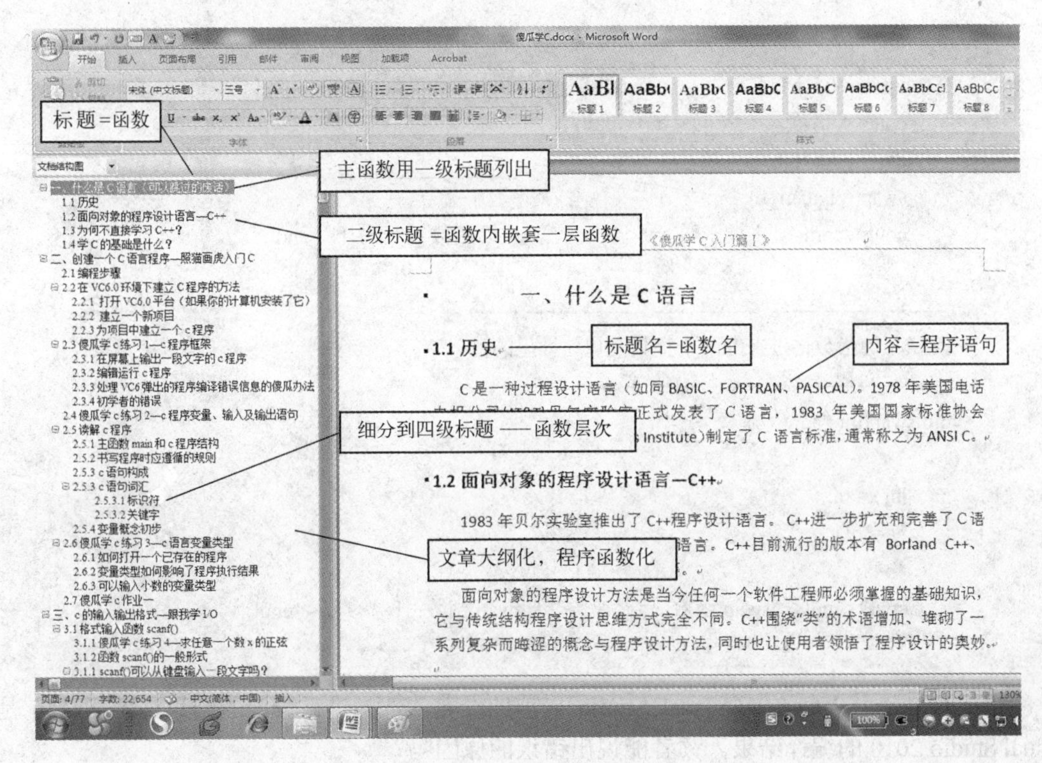

图 6-13　大纲示例

6.8　跟我学 C 例题 6-4——无知者无畏（学 C 还是用 C） 

请读者注意看程序 6.7，它将程序 6.4 中的主函数中的语句整理成了 input 函数，输入两个整数 a 和 b 后，调用函数 swap()将两数的值互换后输出到屏幕上，具体代码如下：

程序 6.7　跟我学 C 例题 6-4

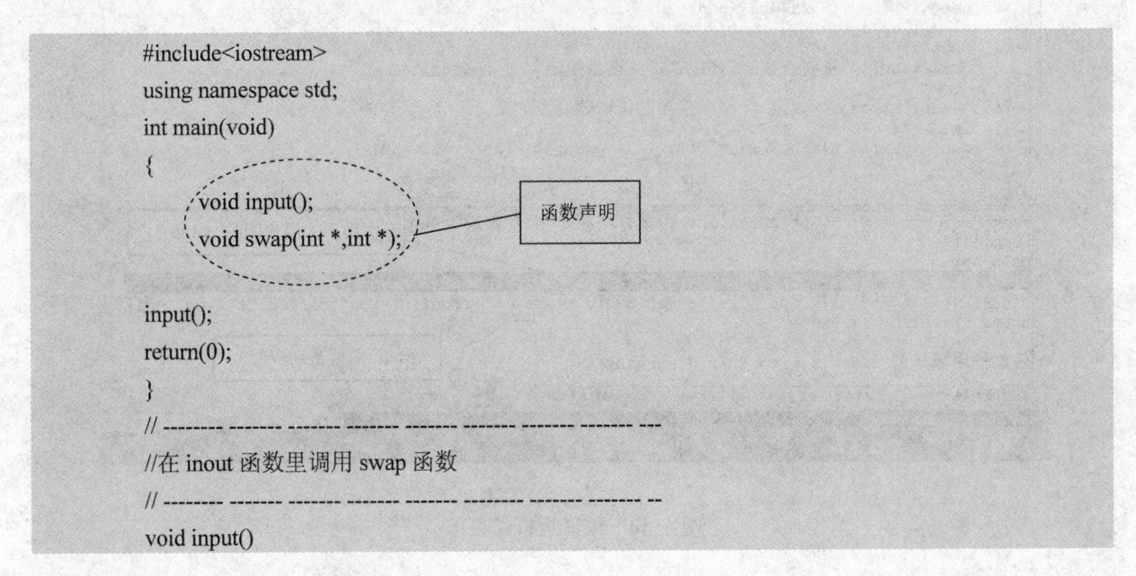

```
#include<iostream>
using namespace std;
int main(void)
{
    void input();
    void swap(int *,int *);      函数声明

input();
return(0);
}
// -------- ------- ------- ------- ------- ------- ------- ------- ---
//在 inout 函数里调用 swap 函数
// -------- ------- ------- ------- ------- -------- ------- ------- --
void input()
```

```
{
    int i_a=0,i_b=1;
    cout<<"请输入参数 a 和 b"<<endl;
    cin>>i_a>>i_b;
    swap(&i_a,&i_b);          调用 swap 函数
    cout<<endl<<"主调函数 a="<<i_a<<"    主调函数 b="<<i_b<<endl;
}
// -------- ------- ------- ------- ------- -------- ------- ------- --
//互换主调函数传过来的两个整数变量地址里的值
// -------- ------- ------- ------- ------- ------ ------- ------- ----
void swap(int *a,int *b)
{
    int x=*a;
    *a=*b;
    *b=x;
    cout<<endl<<"swap 函数：a="<<*a<<" swap 函数：b="<<*b<<endl;
}
```

图 6-14a 是用 VC 6.0（Visual Studio 以前的经典软件）进行编译的结果，图 6-14b 是 Visual Studio 2010 的编译结果。读者能说出错误的原因吗？

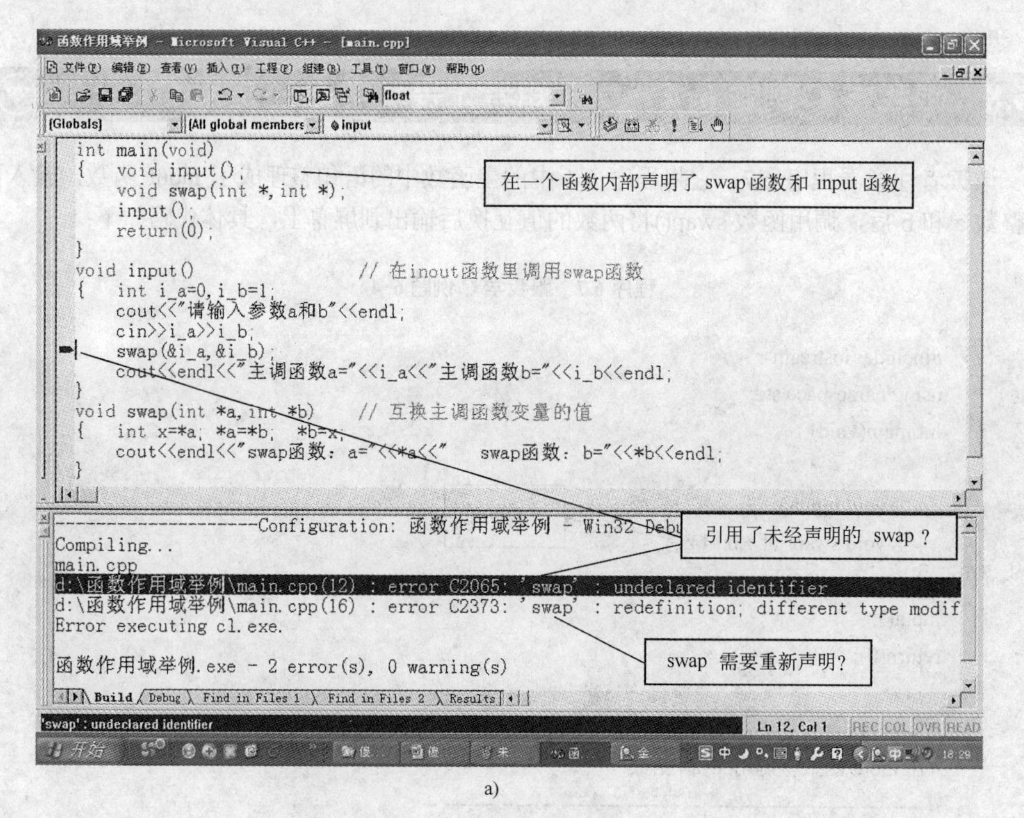

a)

图 6-14 编译运行结果 1

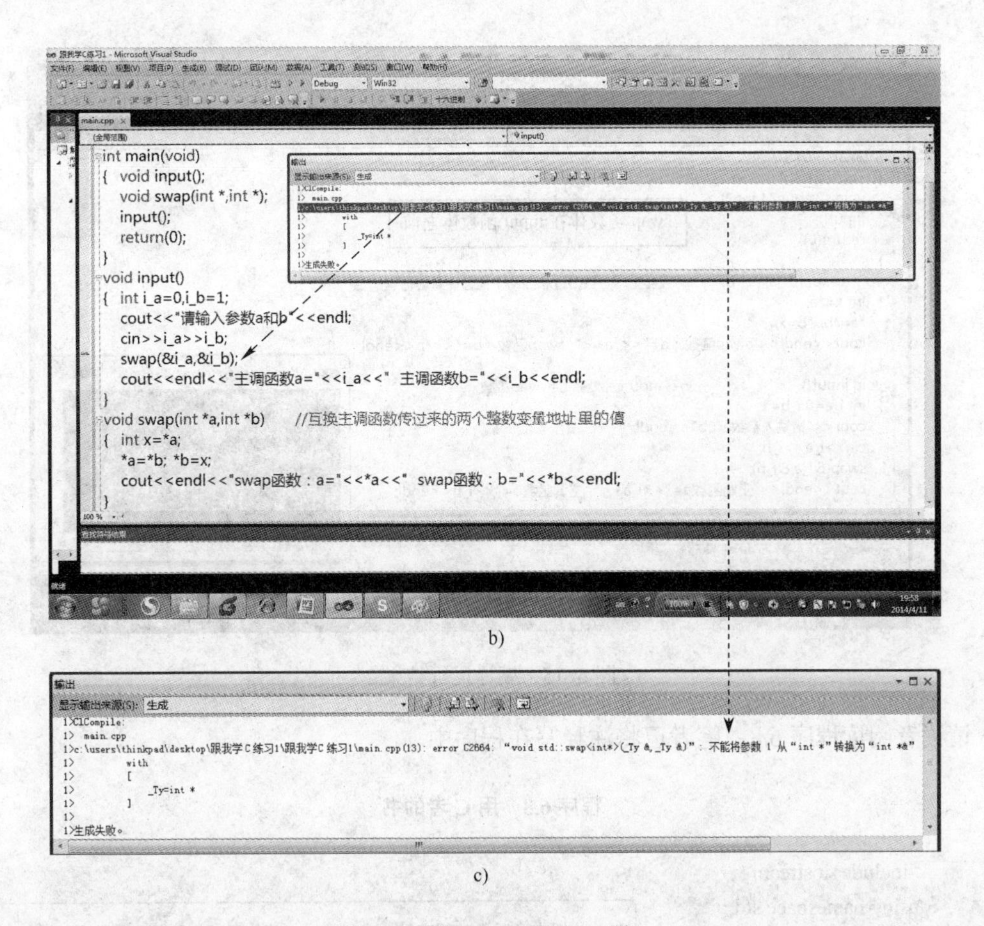

图 6-14　编译运行结果 1（续）

a) 编译时认为 swap 没有声明　b) 编译时认为 swap 参数表类型不符合　c) 编译信息输出框的放大图

图 6-14a 所示的 VC 6.0 编译错误认为引用了未经定义的 swap 标识符，换句话说，在 main 函数中进行 swap 函数的声明是非法的。

图 6-14b 说明 Visual Studio 2010 进行编译时认为 swap 参数表类型不符合（图 6-14c 是编译信息输出框的放大图）。

显然，无论是 VC 6.0 还是 Visual Studio 2010 都说明了一个基本原则，即一个函数不能引用在其他函数内部声明的函数（该函数被视为局部变量）。

如下对话场景是假定笔者走到一个聪者面前要求改正错误。

笔者：知道错误原因了吗？

聪者：编译程序在编译时没看见 swap，所以认为其不在。

笔者：嗯，那您怎么办？

聪者：简单啊，让 swap 到前面来，把 input 挪到 swap 的后面就行了（见图 6-15）。

笔者：为什么不在程序头部做函数声明？

聪者：有必要吗？这样也可以啊。

笔者：这样不符合软件工程规范，只是那些学 C 语言玩玩编程的人偷懒而已，软件不是这样做的。

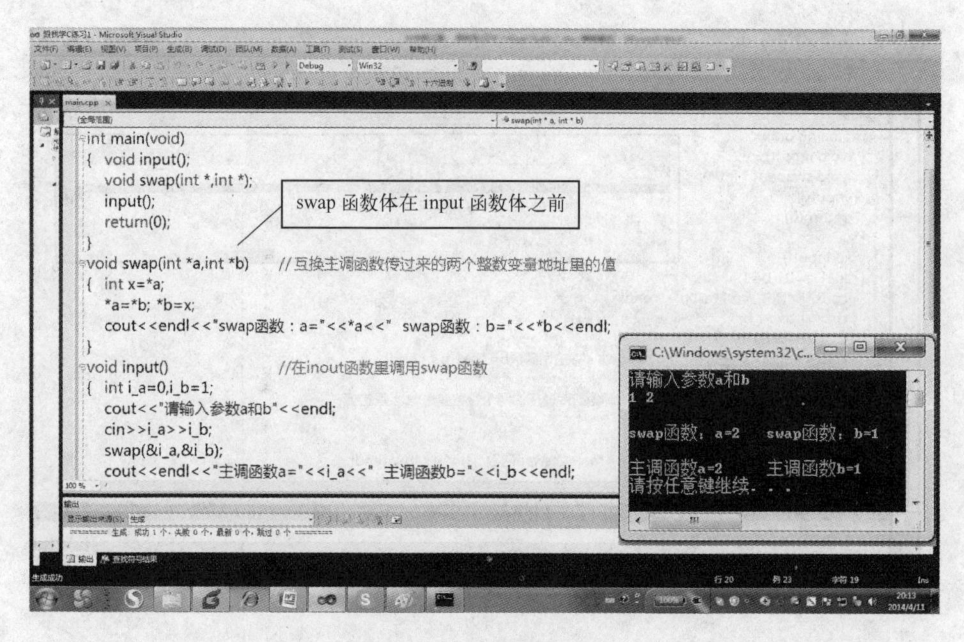

图 6-15 编译运行结果 2

请读者阅读程序 6.8，笔者已将注释写在程序中。

程序 6.8 用 C 者的书

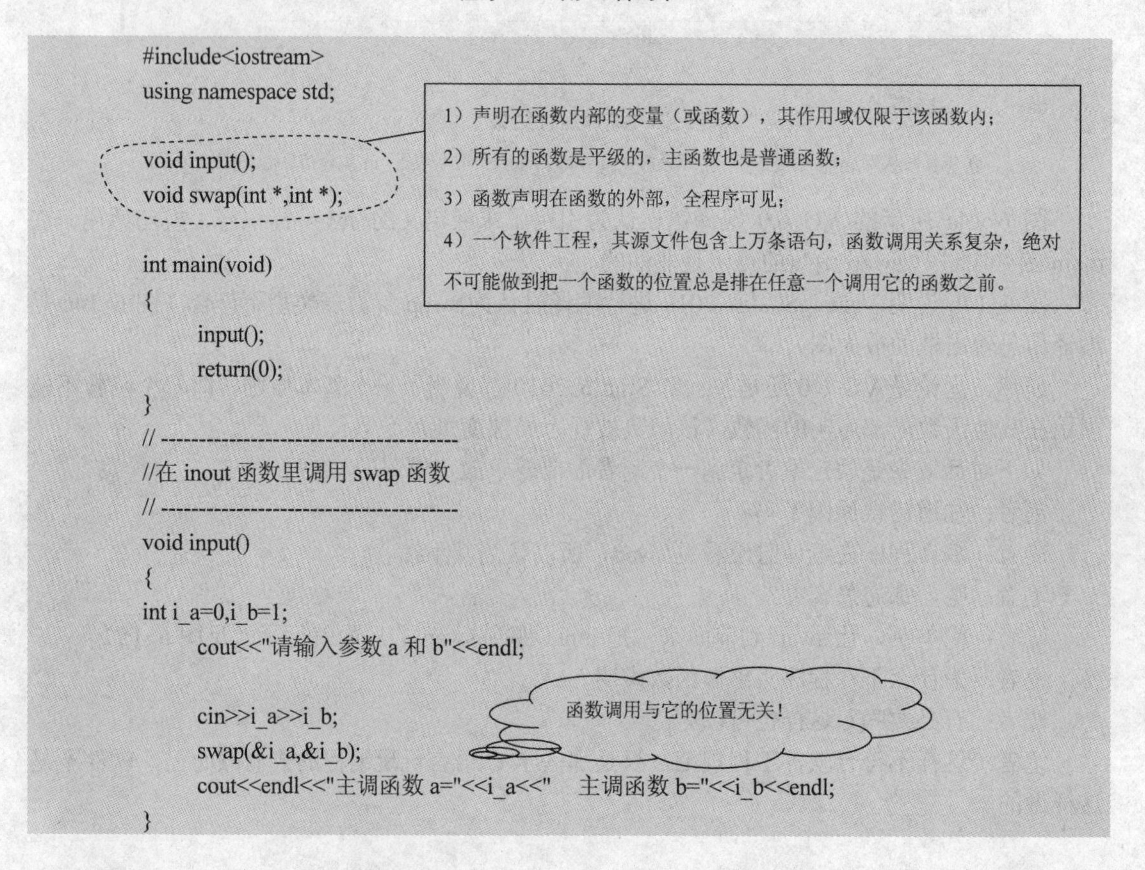

```
#include<iostream>
using namespace std;

void input();
void swap(int *,int *);

int main(void)
{
    input();
    return(0);
}
// ----------------------------------------
//在 inout 函数里调用 swap 函数
// ----------------------------------------
void input()
{
int i_a=0,i_b=1;
    cout<<"请输入参数 a 和 b"<<endl;

    cin>>i_a>>i_b;
    swap(&i_a,&i_b);
    cout<<endl<<"主调函数 a="<<i_a<<"    主调函数 b="<<i_b<<endl;
}
```

```
// ----------------------------------------
//互换主调函数传过来的两个整数变量地址里的值
// ----------------------------------------
void swap(int *a,int *b)
{
        int x=*a;
        *a=*b;
        *b=x;
        cout<<endl<<"swap 函数：a="<<*a<<" swap 函数：b="<<*b<<endl;
}
```

程序 6.8 运行测试结果如图 6-16 所示。

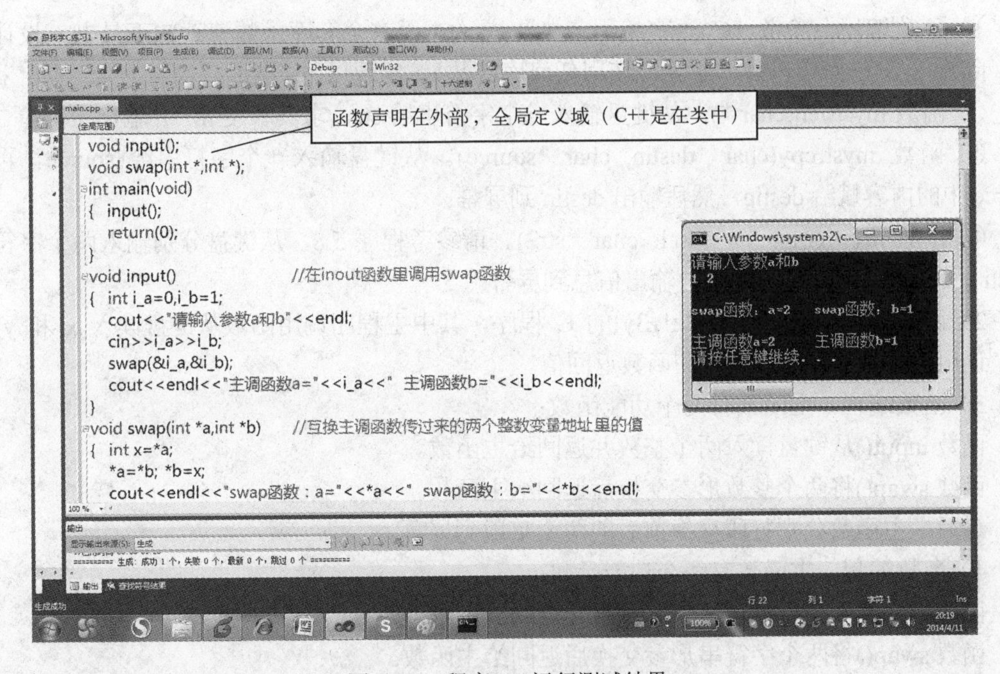

图 6-16 程序 6.8 运行测试结果

6.9 本章要点 

如果清楚了如下两点，就跟我学好了 C 语言中的函数。

（1）变量传递

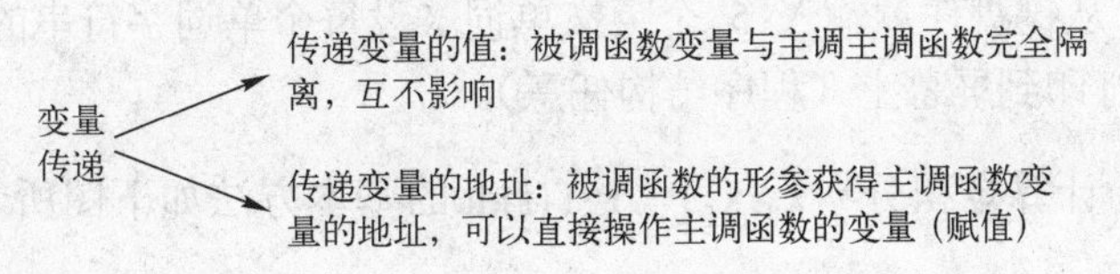

（2）变量作用域

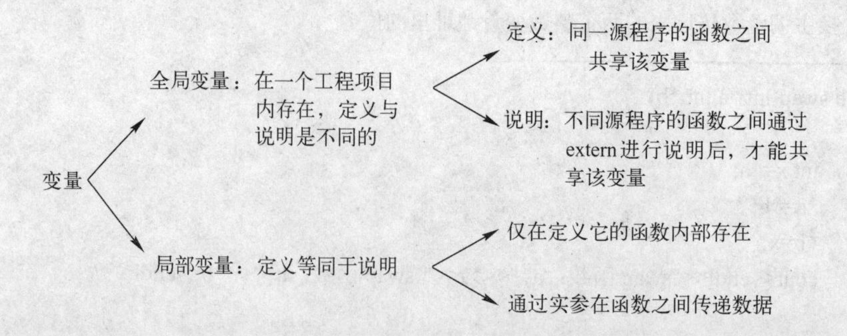

6.10 跟我学 C 练习题五

1）函数编程。参考《C 语言编程宝典》或《C 语言全套库函数速查》工具书，设计程序（除输入/输出操作以外，不允许使用任何库函数），实现以下功能：

① 函数 mystrlen(char *)。从键盘输入一个字符串给 str，求其长度 n，并输出至屏幕。

② 函数 mystrcpy(char *destin, char *source)。从键盘输入一个字符串给 source，再将 source 中的内容赋给 destin，然后输出 destin 到屏幕。

③ 函数 mystrcmp(char *str1, char *str2)。请参考程序 5.8，从键盘分别输入两个字符串给 str1 和 str2，比较它们大小并输出信息到屏幕。

2）函数编程。求计算 s=2x!+3y!的 C 程序，其中主程序调用函数从键盘读入 x 和 y 的值，调用函数计算 s 值，并打印函数返回值。

3）函数编程。主函数有两个功能函数：

函数 input()从键盘读入两个整数并返回给主函数。

函数 swap()将两个整数形参交换后返回给主函数。

最后，主函数分别打印交换前后的两个整数到屏幕。

4）函数编程。主函数有两个功能函数：

函数 input()从键盘读入两个字符串并返回给主函数。

函数 swap()将两个字符串形参交换后返回给主函数。

最后，主函数分别打印交换前后的两个字符串到屏幕。

5）函数编程。求 Fibonacci 数列：1，1，2，3，5，8，…的前 20 个数，即：

$$f(n)=\begin{cases}1 & n=1\\ 1 & n=2\\ f(n-1)+f(n-2) & n\geqslant 3\end{cases}$$

6）函数编程。从键盘任意输入 5 个英文单词（设每个单词字符串的长度小于 20），然后按字典编辑顺序打印到屏幕上（程序结构任意）。

7）数值计算。计算定积分 $y(x_0,x_f)=\int_{x_0}^{x_f} f(t)dt$ 的基本方法如下图所示，将$[x_0,x_f]$区间平均分成 N 段，计算：

$$\tilde{y}(x_0,x_f;N)=\left(\frac{x_f-x_0}{N}\right)\sum_{i=0}^{N-1}f\left[x_0+\frac{i}{N}(x_f-x_0)\right]$$

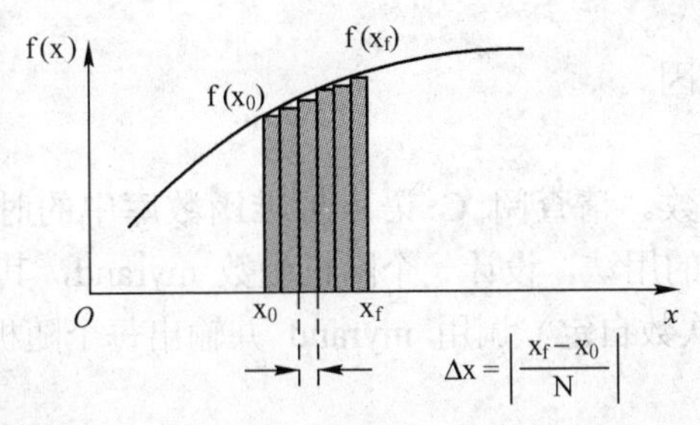

作为估计值，令 $\tilde{y}_n=\tilde{y}(x_0,x_f;10n)$，n 为自然数 1，2，…，误差约束ε=$10^{-6}$。编程要求如下：

① 设积分区间为[0，5]，f(x)分别是：

$f(x)=\ e^{-x^2}$

$f(x)=1-\sin x\cdot e^{-2x}$

n 从 2 开始到 $\left|\frac{y_n-y_{n-1}}{y_n}\right|<\varepsilon$ 结束，分别输出各 f(x)的积分值和 n。

② 调整积分区间为[2，5]，其他不变，分别输出各 f(x)的积分值和 n。

8）函数编程。在指定误差ε 后，用弦截法求方程 $x^3-5x^2+16x-80=0$ 的根，图示如下。

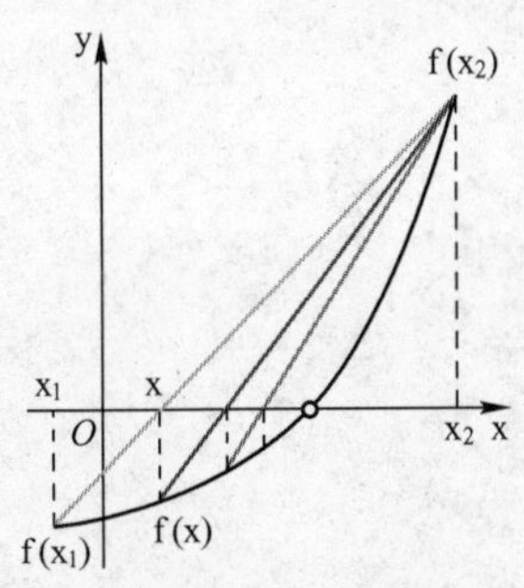

9）变量分析。将某函数内变量 b 的值赋给主函数中的变量 c 并输出，程序如下：

```
#include<stdio.h>
void function(int *);
int main()
{
        int c;
        function(&c);
        printf "c 的值是：%d\n",c);
        return(0);
}
//----------------------
void function(int *a)
```

```
    {
            int b=5;
            a=&b;
    }
```

① 分析程序，说明原因。

② 改正程序。

10）随机种子与随机数。请查阅 C 语言标准函数库中的时间函数 time()、随机种子 srand 和随机数函数 rand()的用法，设计一个随机函数 myrand，其返回值是一个 0～99 之间的随机数，主函数循环（次数自定）调用 myrand 并输出每个随机数。要求该随机数不能是伪随机的。

11）函数编程实现：

① 主函数调用 input 函数输入 3 个字符串。

② 主函数调用 select 函数，该函数从 input 输入的 3 个字符串中找出最长的一个字符串，并通过形参指针 max 传回该串给主函数。

③ 主函数将 select 返回的最长的字符串输出到屏幕。

12）函数编程实现：

① 主函数调用 input 函数输入 3 个长度分别为 n1、n2 和 n3 的整数型数组。

② 主函数调用 select 函数，该函数从 input 输入的 3 个数组中找出最长的一个整数数组，并通过形参指针 max 传回该数组给主函数。

③ 主函数将 select 返回的最长的整数数组输出到屏幕。

第7章 说文解字拆分C程序——变量的内涵Ⅰ

7.1 再说变量——常识

7.1.1 常量与变量

表7-1简洁地说明了C语言中常量与变量的区别。

表7-1 常量与变量

常　量	
定义	在程序运行过程中，其值不能被改变的量，它不占用内存单元，用define宏定义
格式	习惯上，符号常量名用大写，变量名用小写
优点	含义清晰，见名知意；需要改变一个常量时能做到一改全改，程序中所有引用的地方全部根据定义而改变
注意事项	符号常量不同于变量，它的值在其作用域内不能改变，也不能被赋值
举例	#define PRICE 30　　定义PRICE为常量，其值为30 …… PRICE=40;　　错，程序中不能改变常量
变　量	
定义	程序中可以改变的量，编程者能读、写该变量地址单元中的内容
说明	变量名（实际上是一个地址），变量值（变量的数值），它需要存储单元存放数值
原理	在程序编译过程中，系统给每个变量名分配一个内存地址；在程序中从变量中取值，实际上是通过变量名找到相应的内存地址，从其存储单元中读取数据
命名规则	只能用字母、数字、下划线组成，必须以字母开头
使用	变量一定要声明，即"先定义，后使用"；名称是区分大小写的，即大写字母和小写字母被认为是两个不同的字符

7.1.2 类型自动转换

自动转换发生在不同数据类型的变量混合运算时，由编译系统自动完成（见图7-1）。

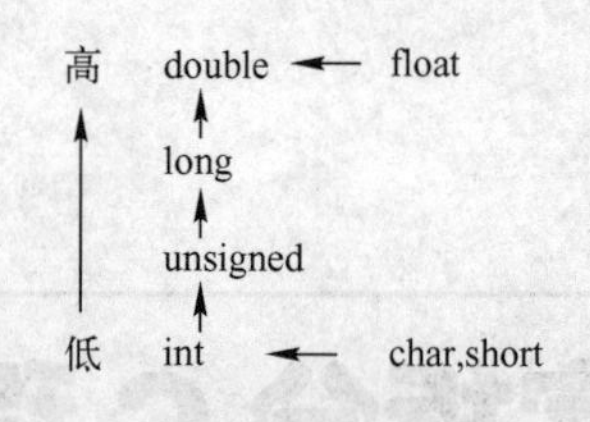

图 7-1　数据类型自动转换规则

7.1.3　类型强制转换

编程者需要时，能对任何一个变量进行强制类型转换，其一般形式为：

```
(类型说明符)(表达式);
```

其功能是把表达式的运算结果强制转换成类型说明符所表示的类型，例如：

```
(float)a          //把 a 转换为实型变量
(int)(x+y)        //把 x+y 的结果转换为整型
```

类型说明符和表达式都必须加括号（单个变量可以不加括号），注意区分以下两条语句：

```
(int)x+y          //把 x 转换为整型之后再与 y 相加
(int)(x+y)        //把 x+y 的结果转换为整型
```

无论是强制转换还是自动转换，都只是为了本次运算的需要而对变量的数据长度进行临时性转换，它不改变在数据说明时对该变量定义的类型！

7.2　变量的本质——存储它的地址

7.2.1　字节、字与变量的地址

内存地址的基本单位是字节。计算机内部用二进制码表示所有的信息，不同的变量（数据）类型占用不同的字节单元数（空间），例如：

```
char      1 个字节
int       2 个字节
long      4 个字节
float     4 个字节
double    8 个字节
```

字节与字的存储方式如图 7-2 所示。

任何一个变量只有一个地址，就是其首字节在内存中的地址。表 7-2 说明的 4 个变量，其地址如图 7-3 所示。

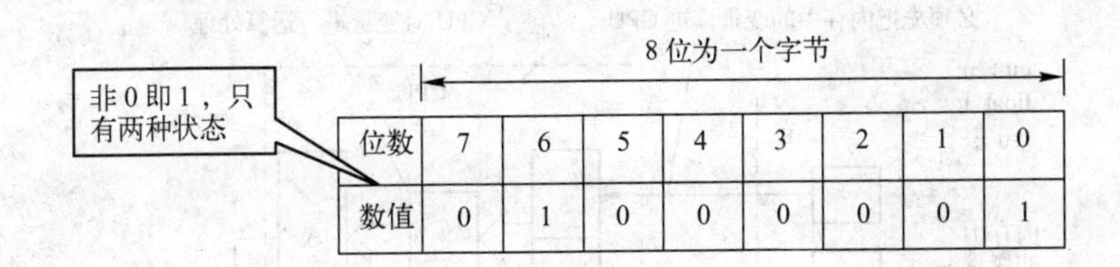

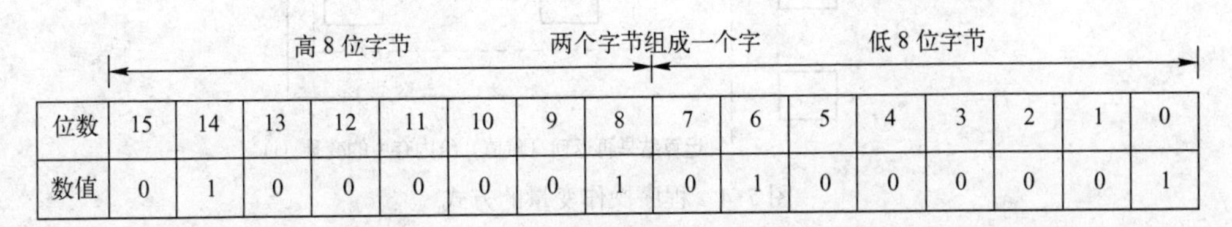

图 7-2　字节与字（高 8 位 41H，低 8 位 41H）

表 7-2　变量与地址

变　量	地址（十进制）	占用空间（字节）
char ch_a;	1	1
int　i_a;	6	2
float f_a;	10	4
int array[6];	20	2×6=12

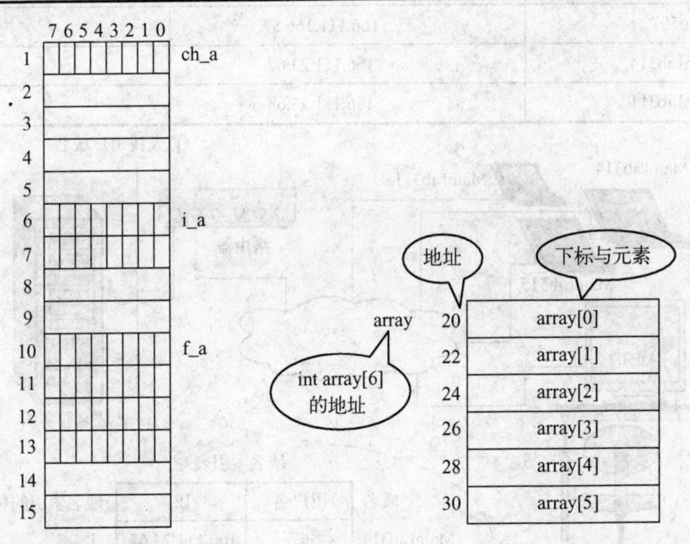

图 7-3　变量的地址

7.2.2　操作变量的方式

变量存储在内存中，而运算在 CPU 中。因此，程序要操作变量，首先要找到它在内存中的地址，送到 CPU 执行操作，然后再将结果返回到内存中（见图 7-4）。

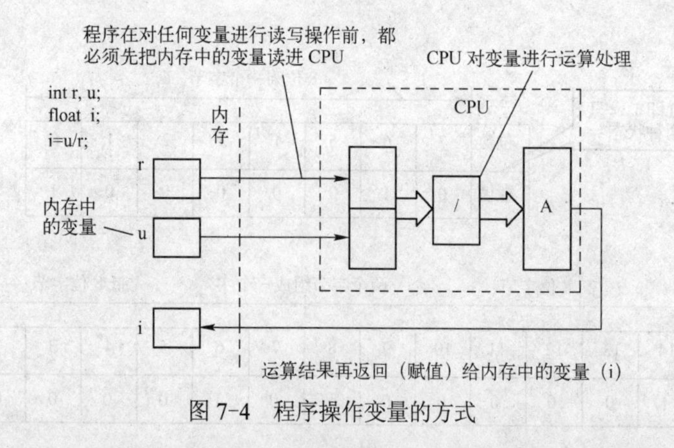

图 7-4　程序操作变量的方式

7.3　互联网域名——IP 地址

任何一台接入互联网的计算机均具有唯一的 IP 地址，它须注册一个机器名，如“au507”，称之为域名。

域名服务器负责域名解析，也就是域名与 IP 地址之间的相互对应的翻译过程，如表 7-3 和图 7-5 所示。

表 7-3　假设的域名表

域　　名	IP 地址	用 户 名
Au507	166.111.166.87	王一
MainLib314	166.111.23.67	张三
MainLib311	166.111.23.68	李四

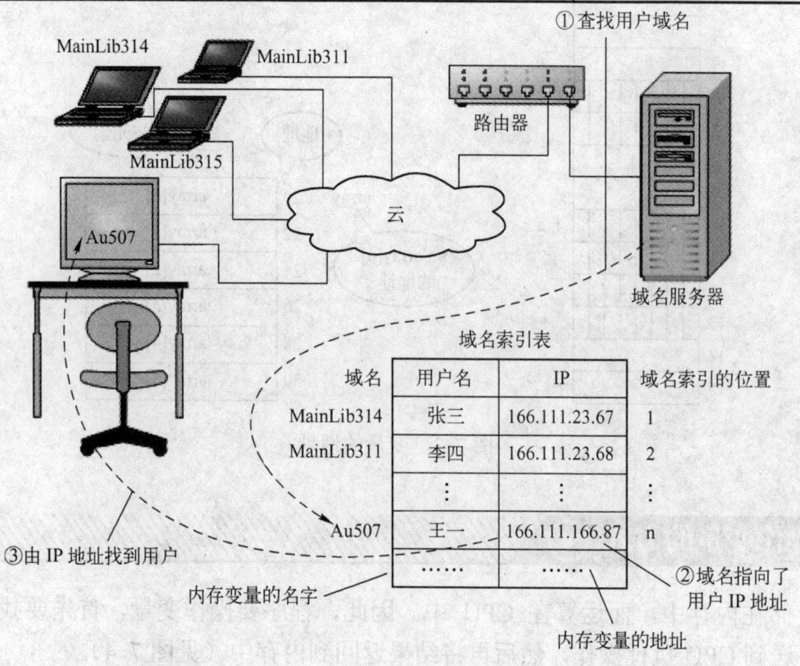

图 7-5　域名指向了 IP 地址（用户）

如果在网络上已经注册且在线，那么，以下两句话是等价的：

1）知道域名。

2）知道 IP 地址。

两者有其一，那么在茫茫网海中“我与你近若比邻”。

7.4 海量的内存——无限的网络 

互联网上的域名如同指针，寻迹者可以通过 IP 地址指向某用户（顺藤摸瓜），原因如下：

1）用户的名字如同内存变量的名字，IP 地址就是变量的内存地址。

2）知道用户的 IP，可以透过网络操控用户的计算机。

3）知道变量的内存地址，就能直接存储或修改该内存单元的数据，等于间接地修改了该变量的值，与作用域无关。

4）域名赋值和指针赋值：

① 域名仅当有了 IP 地址后才能使用（一般说，没在线激活的域名无 IP 地址）。

② 指针获取了变量地址后才有意义（不能使用没有变量地址的空指针）。

读者现在知道了函数形参的内涵：

1）函数的形参是指针，则它能获取变量的地址。

2）实参是变量的地址，调用时该地址被赋给了形参，于是函数内的形参指针指向了主调函数的变量。

3）指向该变量的指针可以存储或修改变量数据（函数返回值）。

7.5 如何获取变量的地址 

获取变量地址方法见表 7-4。

表 7-4 获取变量的地址

方 式	实 例	说 明
地址运算符“&”	int i_a,*i_p; ……	声明变量和指针
	i_p=&i_a; *i_p=10;	把变量的地址赋给指针 给指针指向的变量赋值
	int array[40],*i_p; char ch_s[40],*c_p; ……	声明数组变量和指针
	i_p=array; c_p=ch_s;	把 int 型的数组变量的地址赋给指针 把 char 型的数组变量的地址赋给指针

函数调用	void funetion(int *);
	int main()
	{
		声明的函数形参是指针

	int i_a; function(&i_a); return (0);	声明变量 i_a 实参是变量的地址

（续）

方　式	实　例	说　明

函数调用	}
	//---
	//function 函数体
	//---
	void function(int *p)
	{
	*p=10;
	}
		形参是指针
		指针 p 的值是变量 i_p 的地址，用 p 直接给该地址上的内存单元赋值，等于间接地修改了变量 i_p，与作用域无关

7.6 再看函数——形参与实参 

什么时候传递变量的值？什么时候传递变量的地址？

7.6.1 实参是地址

任何一个变量都具有地址，变量的值存储在该地址中。在函数调用时，把主调函数中某一个变量的地址作为实参，赋给被调函数的形参（必定是指针），即：

1）该指针指向了主调函数的变量。

2）对该地址单元进行读写操作，等同于给该变量赋值，从而达到了返回一个或多个变量（给主调函数）的目的。

图 7-6 解释了把实参的地址（ch_a 和 ch_b 变量的地址）赋值给被调函数的形参指针（x 和 y），从而将返回值返回给主调函数（ch_a 和 ch_b 变量）的过程。

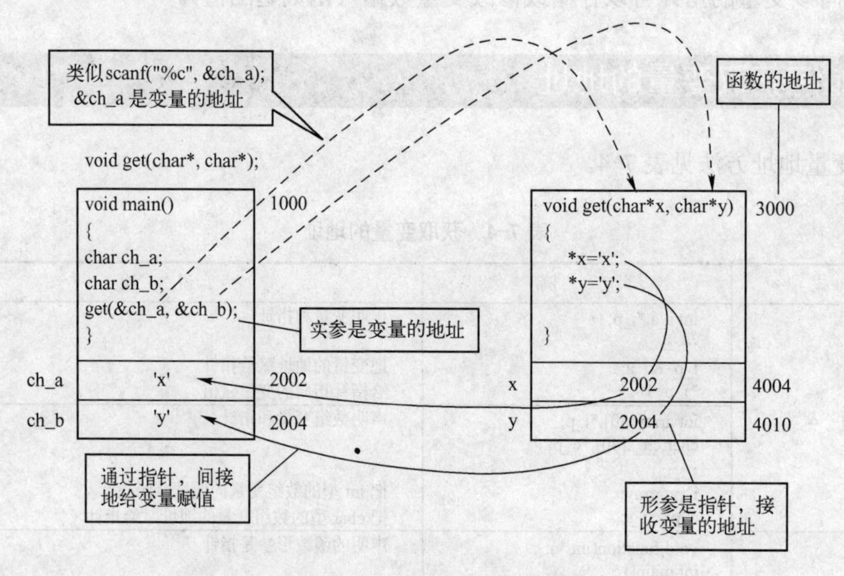

图 7-6　实参是变量的地址，指针间接地给它赋值

程序 7.1 展示的是被调函数返回值一个实例。

程序 7.1　被调函数返回值

```
#include<stdio.h>
void input(int *, int *);
int add(int, int);
int main(void)
{
    int i,j;
    input(&i,&j);                          //实参是地址
    printf("i+j=%d\n",add(i,j));           //输出 add 函数的运算结果
    return(0);
}
//-------------------
//a+b
//-------------------
int add(int a,int b)
{
    return(a+b);                           //add 是整数型函数，可以返回一个整数
}
//----------
//返回两个整数
//---------
void input(int *a,int *b)
{
    printf("输入 a 和 b:\n");
    scanf("%d %d",a,b);
}
```

指针变量 a 和 b 的值就是地址，所以不需要地址运算符“&”，就可以给该地址所代表的存储单元赋值

建议读者运行程序 7.1，针对 scanf 函数的调用，体会指针的值是地址的概念。

7.6.2　实参是数组

图 7-7 解释了实参是数组的函数调用过程，请读者记住以下两点：

1）数组变量的名就是数组的地址。

2）形参可以是指针，也可以是数组，因为它们是等价的（一维数组），例如：

```
int search(char *p)
int search(char ch_s[])
```

它们本质上都是指针，图 7-8 所示的程序运行截图显示了字符串地址（赋给）调用函数形参的情况，被调函数的形参无论是数组名还是指针，都能正确地获得主调函数的实参。

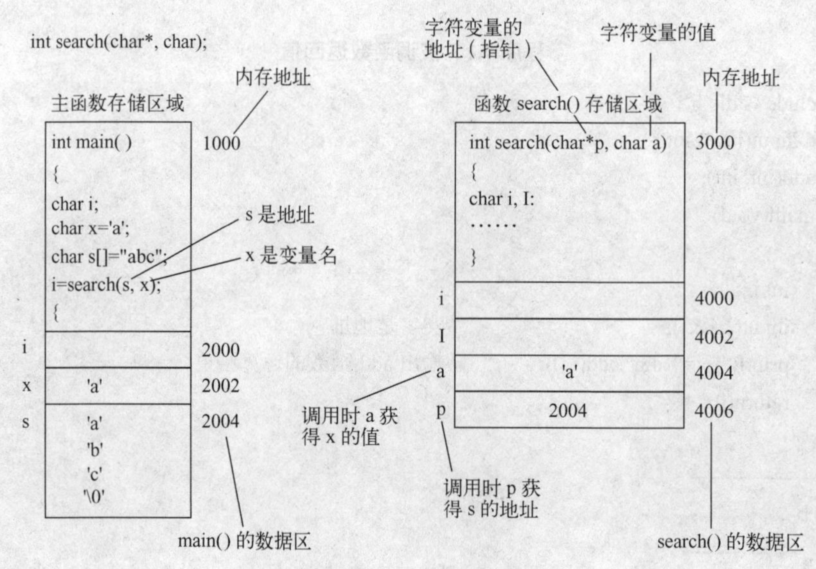

图 7-7　实参是数组

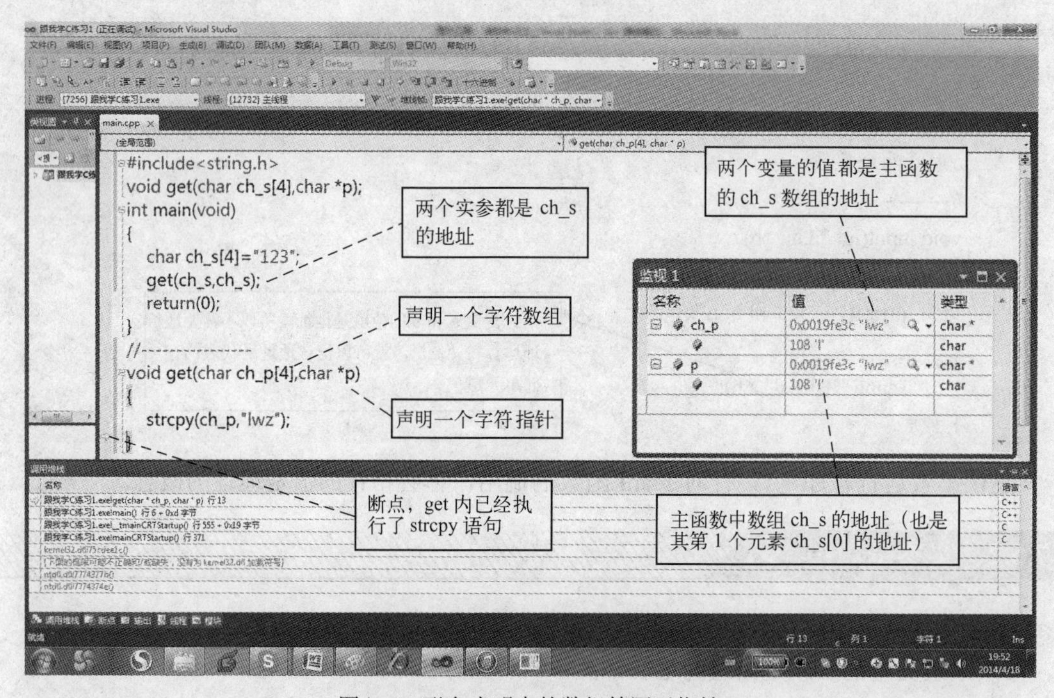

图 7-8　形参声明中的数组等同于指针

7.7　指针的概念 

指针是 C 语言中最为困惑的一个概念。

1）什么是指针？

2）如何理解指针也是一个变量？

3）如何分清变量的地址和变量的值之间的关系？

4）不同数据类型的指针有什么不同？

5）为什么要对指针初始化？

要回答这些问题，就需要对变量的存储机制，甚至是 CPU 内部寄存器的运作原理有清楚的了解。

7.7.1 为什么指针也是变量

层层铺垫之后，现在可以清晰地阐述指针的概念了。首先，请读者记住以下两点：

1）指针是变量，存储着它所指向的变量的地址。

2）既然指针变量需要存储空间，那么它必定需要声明。

例如，如下语句声明了一个整数变量 i_a 和一个整数型指针 i_p，并让指针 i_p 获得 i_a 的地址：

```
int  i_a;
int  *i_p;
i_p =&i_a;
```

怎么理解指针是变量呢？大家都知道 IP 地址是有限的，如自动化系网络端口只有两个 B 类 IP 地址：

```
166.111.73.xxx
166.111.74.xxx
```

这当然无法为自动化系的每一个教师和学生分配一个固定的 IP 地址，所以，除非有人愿意每月多花 20 元钱支付固定的（静态）IP 地址费用，否则，其计算机每次重新启动后，都需要从动态 IP 地址域中抓取 IP 地址（如果还有空闲端口）。

因此，一般说来，某台计算机的域名对应的 IP 地址是一个变数。

重新画出域名解释图如图 7-9 所示。由于某天王一来得比较早，因此开机后得到了第一个 IP 地址。

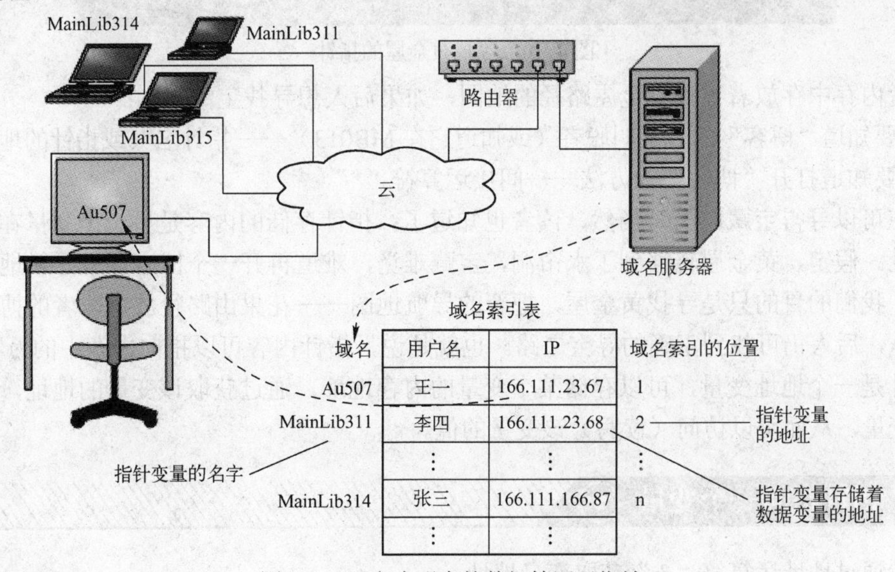

图 7-9　形参声明中的数组等同于指针

不妨把域名看成指针，它显然是变量，因此需要一个存储空间，存储每次变化的 IP 地址，所以指针变量也有地址。

现在看看 C 程序中指针的定义及操作。

如下语句声明了两个整数变量 i_a 和 i_b，以及一个整数型指针 i_p，而指针 i_p 既可以指向 i_a，也可以指向 i_b：

```
int   i_a,i_b;          //声明两个整数型变量
int   *i_p;             //声明一个整数型指针
i_p =&i_a;              //把 i_a 的地址赋给指针 i_p（i_p 指向了 i_a）
*i_p=10;                //把 10 赋给 i_a
i_p=&i_b;               //把 i_b 的地址赋给指针 i_p（指向 i_b）
*i_p=20;                //把 20 赋给 i_b
```

7.7.2 指针是一个存储地址的变量

假设，聪明的读者学习 C 课程之后 100 年，苦思冥想发明了 D 语言，大获成功后财源滚滚而来，于是在海外仙山建了黄金屋。因为山在虚无缥缈间，所以登山路径放进了保险库（见图 7-10），其名为聪者的博客（宝箱格），地址代码 13 点（MB013）。

图 7-10　寻找黄金屋的指针

聪者内存中存放着寻找黄金屋路径的地图，如果后人想寻找宝藏，则：

1）要知道“博客”的名字叫聪者（或知道它在 MB013）——指针名（或指针的地址）。

2）要知道打开“博客”的方法——间接运算符“*”。

现在可以寻得宝藏归了。当然，读者也知道了：指针存储的内容是另一个变量在内存空间的地址。假定，黄金屋转移到了水帘洞，宝藏难觅，难道再开一个博客存放导航地图？当然不必，我们的目的只是寻找黄金屋，把新的导航地图——花果山路径放进聪者的博客内即可，于是，后人仍可找到正确的寻宝之路。也就是说，指针内容可以指向内存中的万物。

指针是一个地址变量，可以存储某个变量的内存地址，通过获取该变量的地址，让指针指向该变量，从而可以访问（读写）该变量的值。

7.7.3 指针指向一个变量

指针通过地址运算符“&”获取变量地址：

```
int *p,i;
p=&i;
```

通过上述语句，指针 p 指向了变量 i，而：

```
*p=6;
```

就是把 6 赋值给 i。程序 7.2 说明了两者的概念，运行结果如图 7-11a 所示，读者可以通过图 7-11b 描述的它们在内存中的实际情况，理解指针变量与数据变量的关系。

程序 7.2　指针变量与数据变量

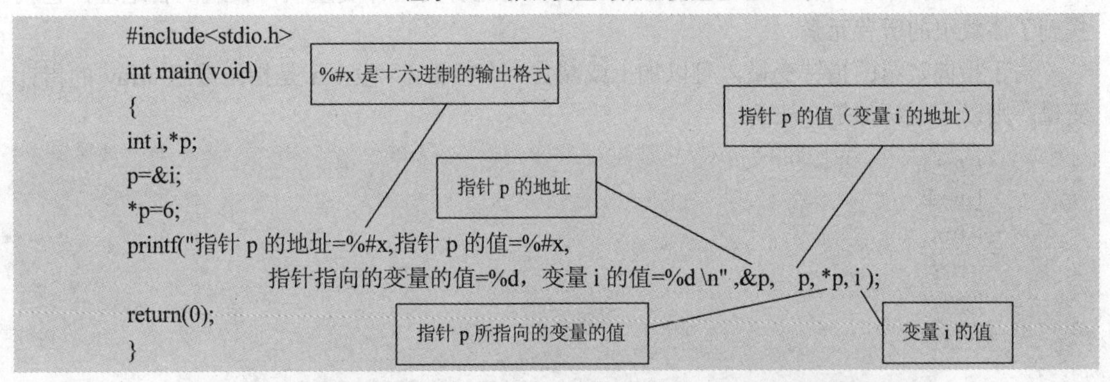

```
#include<stdio.h>
int main(void)
{
int i,*p;
p=&i;
*p=6;
printf("指针 p 的地址=%#x,指针 p 的值=%#x,
            指针指向的变量的值=%d，变量 i 的值=%d \n" ,&p,  p, *p, i );

return(0);
}
```


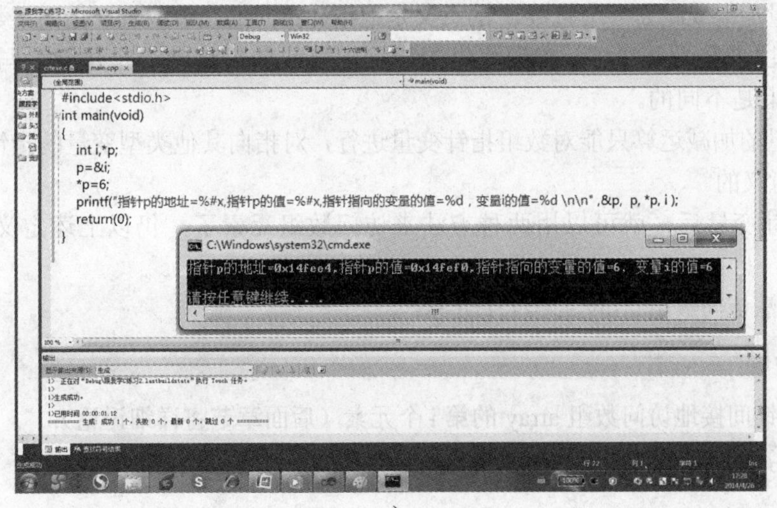

a)

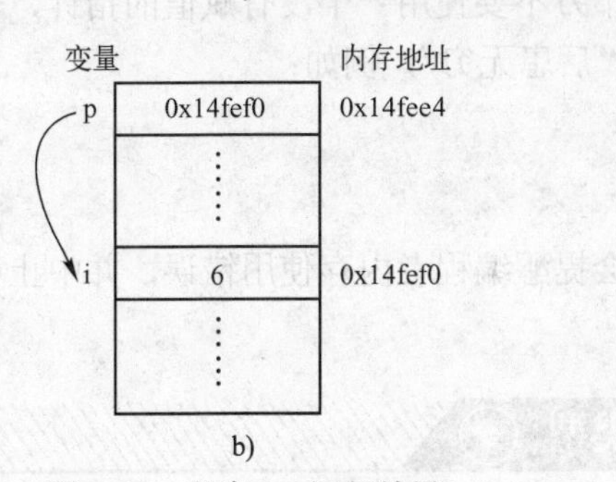

b)

图 7-11　程序 7.2 运行结果

a) 指针的概念　b) 指针 p 存储着数据变量 i 的地址

7.7.4 指针指向数组

如下语句让指针取得一个数组的地址：

```
int array[N],*i_p;
i_p=array;                    //array 就是数组的地址
```

一个指针变量中存放一个数组的首地址有何意义呢？

因为数组元素在内存中是连续存放的，所以通过访问指针变量取得数组的首地址，也就找到了该数组的所有元素。

对于指向数组的指针变量，可以加上或减去一个整数 i。设 i_a 是指向数组 array 的指针变量，则以下运算都是合法的：

```
i_p+=i;
i_p-=i;
i_p++;
++i_p;
i_p--;
--i_p;
```

指针变量加上或减去一个整数 i 的意义是把指针指向的当前位置（指向某数组元素）向前或向后跨过 i 个位置。注意，指向数组的指针向前或向后移动一个位置，与地址加 1 或减 1 在概念上是不同的。

指针变量的加减运算只能对数组指针变量进行，对指向其他类型变量的指针变量做加减运算是毫无意义的。

引入指针变量后，就可以用两种方法来访问数组元素了，仍以上述定义的数组和指针为例。

1）下标法访问数组 array 的第 i 个元素：

```
array[i]
```

2）用指针间接地访问数组 array 的第 i 个元素（后面章节将详细讨论）：

```
*(i_p+i)
```

给读者一个忠告：千万不要使用一个没有赋值的指针，也就是说，不要使用没有指向任何变量的空指针，否则“后患无穷”，例如：

```
int *p;
*p=100;   X
```

一个好的操作系统会提醒编程者内存使用错误，并中止程序执行。使用空指针的后果无法预料。

7.7.5 指针的数据类型

C 语言中每一变量都归属于某种数据类型，其占用的存储字节数不同，如 char 类型是单字节，int 类型是两个字节，float 浮点型是 4 个字节等。

指针也是变量，那么指针是什么数据类型呢？

请读者看如下两条语句：

```
int   i_a[20]，*p2;
char ch_s[20]="abc",*p1;
```

这两个数组元素所占的字节长度是不同的。当指针访问数组元素时，编译程序必须通过它们的类型的不同，自动地调整地址差异。图 7-12 说明了指针指向两者的差异。读者必须要知道，指针变量加 1，是向后移动 1 个元素位置，表示指针变量指向下一个数据元素的首地址，而不是简单的地址加 1 操作。

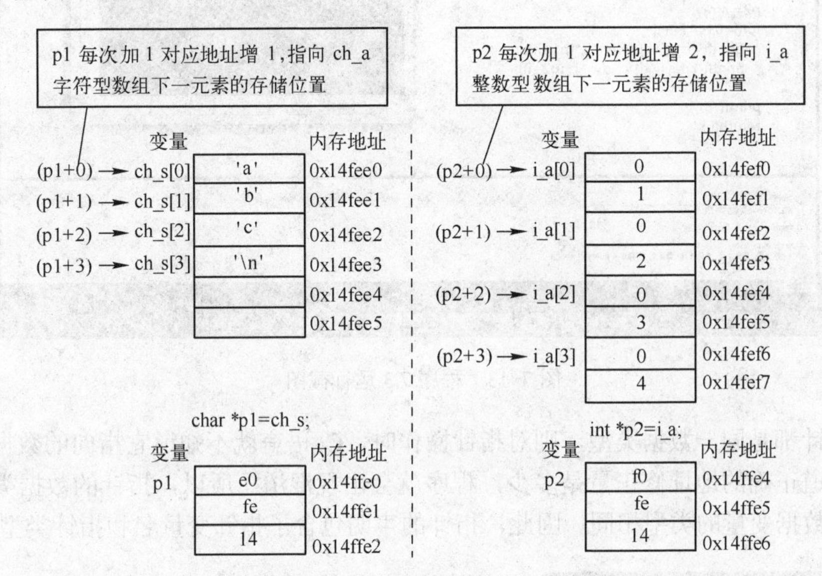

图 7-12　指针类型与变量类型是相关的

下面请读者阅读程序 7.3。

程序 7.3　指针访问数组

```
#include<stdio.h>
int main(void)
{
        char ch_s[4]="abc",*p1;
        int i,array[4]={1,2,3,4},*p2;
        p1= ch_s;
        p2= array;
        for(i=0;i<4;i++){
                printf("ch_s[%d]=%c,   ",i,*(p1+i));
                printf("array[%d]=%d\n",i,*(p2+i));
                }
        return(0);
}
```

用指针访问数组，i 是元素下标

这里，p1 是一个字符型指针，每次 i 加 1，修正 p1 的指向值也加 1，因而能正确地指向 ch_s 字符型数组的下一个元素的存储位置。

p2 是一个整型数指针，每次 i 加 1，修正 p2 的指向值也加 2，因而也能正确地指向 array 整型数组的下一个元素的存储位置。图 7-13 所示的是程序 7.3 的运行截图。

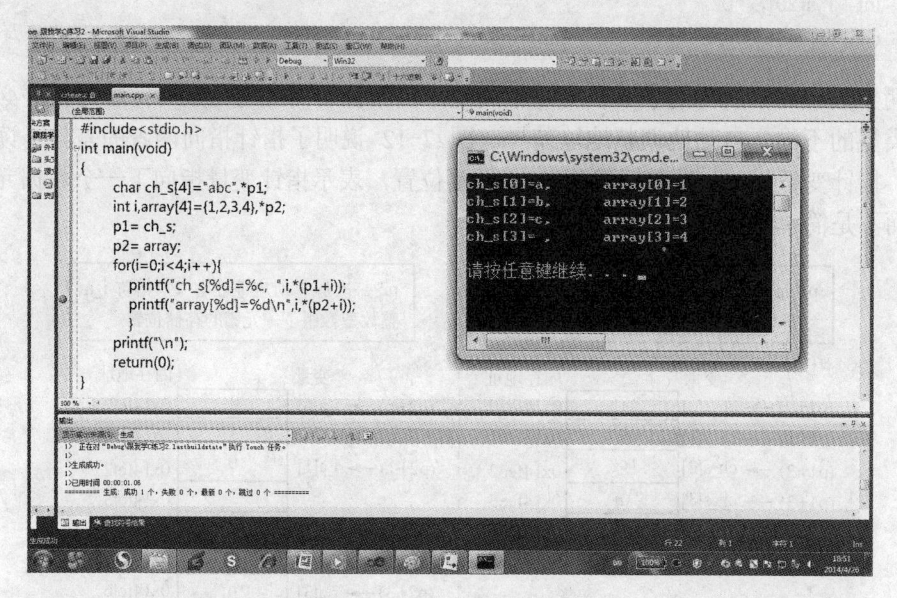

图 7-13　程序 7.3 运行截图

如果指针都是同一数据类型，则对指针操作时，C 语言就不知道它指向的数据变量的类型，也不知道正确的地址修正量是多少，程序就会出现混淆。所以，指针的数据类型必须与它所指向的数据变量的类型相同。因此，指针的声明包含了指针变量名和指针类型说明。

7.7.6　跟我学 C 例题 7-1

学到这里，读者即将闯关成为 C 语言大师，关口就是评判各位对指针概念的理解。下面请读者阅读程序 7.4 并回答相关问题。

程序 7.4　闯关测试例题

```
#include<stdio.h>
void main()
{       char *str1="c",*str2="c";
        printf("输入字符串：\n");
        scanf("%s",str1);
        scanf("%s",str2);
        printf("str1=%s\n",str1);
        printf("str2=%s\n",str2);
}
```

俗话说“活学活用，学用结合，急用先学，立竿见影”，看了此程序，问题如下：

1）程序 7.4 能否正常运行？

2）问题出在哪里，是字符串还是指针？

图 7-14 显示了程序 7.4 的运行结果。

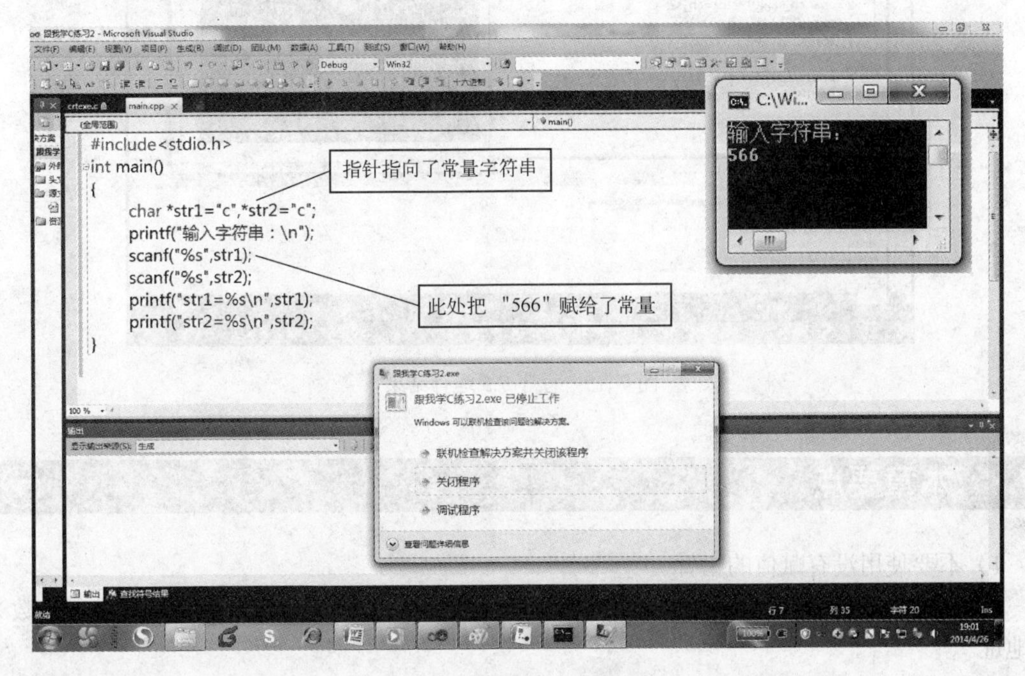

图 7-14　程序 7.4 运行结果

指针可以指向常量，但不能改变常量（指针越界）。

下面请读者阅读程序 7.5，学习指针与内存。

程序 7.5　跟我学 C 例题 7-1

```
#include<stdio.h>
int main()
{
    char ch_s1[40],*str1=ch_s1;
    char ch_s2[40],*str2=ch_s2;
    printf("输入字符串：\n");
    scanf("%s",str1);
    scanf("%s",str2);
    printf("str1=%s\n",str1);
    printf("str2=%s\n",str2);
    return(0);
}
```

指针指向了内存变量（字符串）的首地址

把输入的字符串赋给指针所指向的内存变量（字符串）的首地址

此程序能正常地往编程者所指向的内存写入编程者输入的字符串，运行结果如图 7-15 所示。

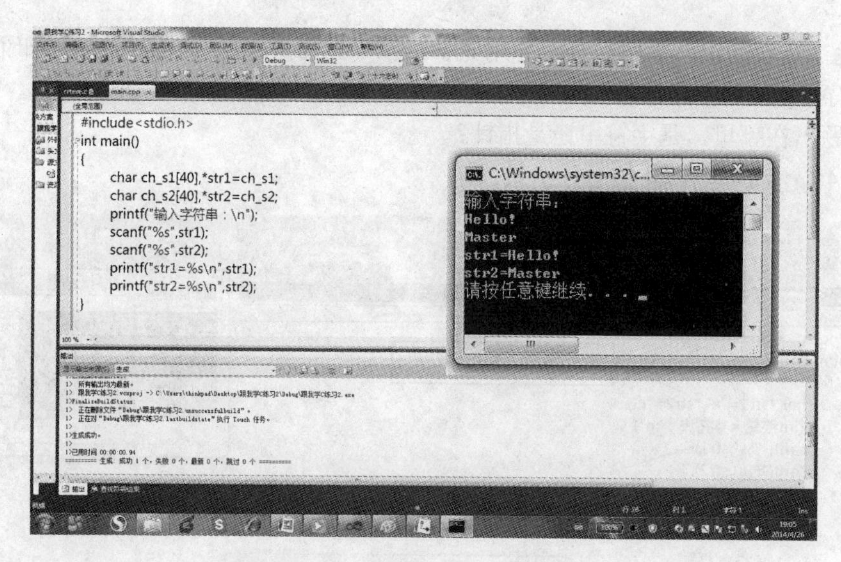

图 7-15　程序 7.5 运行结果

7.8　本章要点 

1）不要使用没有赋值的指针。

2）指针也是变量，它的值（存储内容）是其指向的对象（或数据变量、常量和函数）的地址。

3）指针可以指向内存中的万物，但我们未必能操作万物：

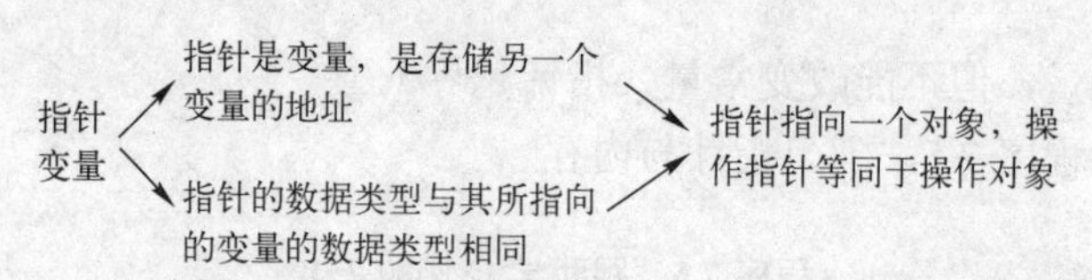

4）函数作用域：

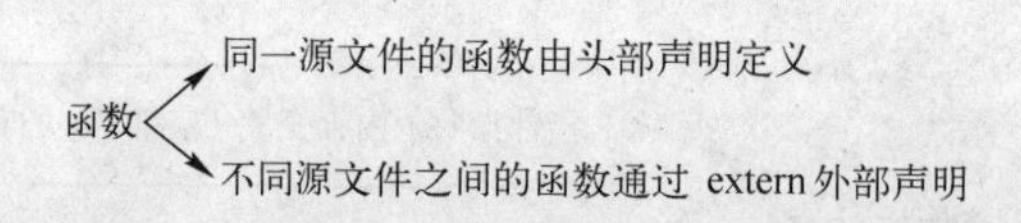

7.9　跟我学 C 练习题六 

1）函数编程。主函数有两个整数变量 i_a 和 i_b，而指针 ip1 指向 i_a，ip2 指向 i_b，编程实现：

① 以 ip1 和 ip2 作为实参，调用 input 函数从键盘读入两个整数并通过 ip1 和 ip2 返回给主函数的 i_a 和 i_b。

② 以 ip1 和 ip2 作为实参，调用 SwapPoint 函数，交换两个指针的指向（即 ip1 指向 i_b，ip2 指向 i_a）。

③ 主函数调用 SwapPoint 函数后，执行如下语句：

```
printf("交换\n");
printf("i_a 的地址=%#x, i_b 的地址=%#x\n",&i_a,&i_b);
printf("ip1 的值=%#x, ip2 的值=%#x\n",ip1,ip2);
printf("ip1 指向变量的值=%d, ip2 指向变量的值 =%d\n",*ip1,*ip2);
```

可在调用 SwapPoint 函数之前，也插入上述语句，作交换指针指向的对比。参考结果如下图：

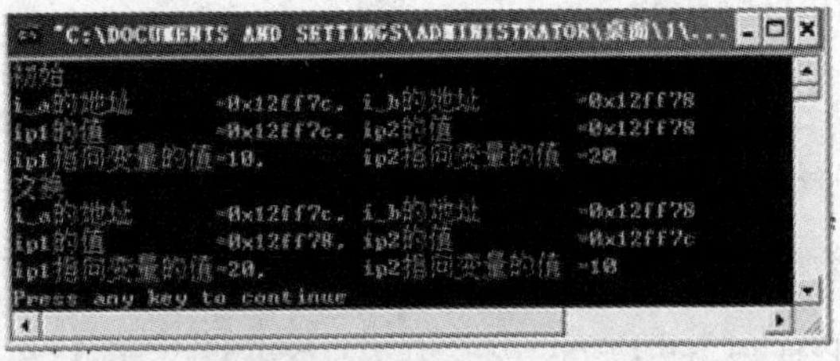

```
"C:\DOCUMENTS AND SETTINGS\ADMINISTRATOR\桌面\1\...
初始
i_a的地址        =0x12ff7c, i_b的地址        =0x12ff78
ip1的值          =0x12ff7c, ip2的值          =0x12ff78
ip1指向变量的值=10,         ip2指向变量的值 =20
交换
i_a的地址        =0x12ff7c, i_b的地址        =0x12ff78
ip1的值          =0x12ff78, ip2的值          =0x12ff7c
ip1指向变量的值=20,         ip2指向变量的值 =10
Press any key to continue
```

2）函数编程（选作）。打印 6 个正整数：a1、a2、a3、a4、a5、a6 的集合，这 6 个数字同时满足以下 3 个要求：

① a1≤a2≤a3≤20。

② a1<a4≤a5≤a6≤20。

③ a1、a2、a3 的平方和等于 a4、a5、a6 的平方和（提示，生成所有可能的 3 个平方和并排序，求其重复值）。

3）指针练习。阅读以下程序：

```
#include<stdio.h>
int main(void)
{
    int a=10,b=20,s,t,*pa,*pb;
    pa=&a;
    pb=&b;
    s=*pa+*pb;
    t=*pa**pb;
    printf("a=%d\nb=%d\na+b=%d\na*b=%d\n",a,b,a+b,a*b);
    printf("s=%d\nt=%d\n",s,t);
    return(0);
}
```

请在每行语句后，注释其详细功能。

4）指针练习。阅读以下程序：

```
#include<stdio.h>
int main(void)
{
    char *ps="this is a book";
    int n=10;
    ps=ps+n;
    printf("%s\n",ps);
    return(0);
}
```

请在每行语句后，注释其详细功能。

5）指针练习。阅读以下程序：

```
#include<stdio.h>
void cpystr(char *,char *);
int main(void)
{
    char *pa="CHINA",b[10],*pb;
    pb=b;
    cpystr(pa,pb);
    printf("string a=%s\nstring b=%s\n",pa,pb);
    return(0);
    }
void cpystr(char *pss,char *pds)
{
    while(*pds++=*pss++);
}
```

请详细说明程序的功能、函数功能及每行语句的作用。

6）程序分析。请分析下面的程序是否正确，并给出原因。

```
#include<stdio.h>
#include<string.h>
int main()
{
    char ch_a[40],*str1="abcdefg",*str2;
    printf("输入字符串 1：\n");
    scanf("%s",ch_a);
    strcpy(str1,ch_a);
    printf("输入字符串 2：\n");
    scanf("%s",ch_a);
    strcpy(str2,ch_a);
    printf("str1=%s\n",str1);
    printf("str2=%s\n",str2);
    return(0);
}
```

7）用指针访问字符串。编制一个程序，要求实现如下功能：

① 函数 input()。从键盘输入两个由数字组成的字符串（每个字符串的长度不超过 10 个字符，无空格），并返回给主函数。

② 函数 char *interlaced(char*p1,char *p2)。从字符串 p1 头部开始，将 p1、p2 两字符串的数字，依次、交错地排成一个新的数字字符串 c，并通过 return 返回给主函数，举例如下。

例 1：输入字符串 a 是“1234”，b 是“5678900”，则新的字符串 c 如下图：

例 2：输入字符串 a 是“7777777”，b 是“1234”，则新字符串 c 如下图：

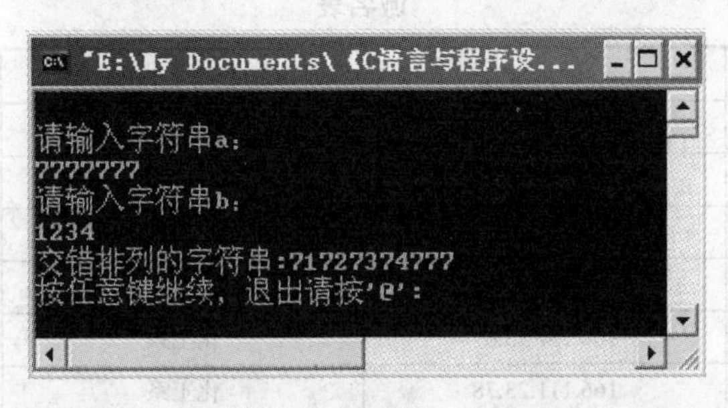

③ 主函数循环运行，当且仅当输入“@”时，程序结束运行。

8）用指针访问数组。下表是某选课数组（名单），选课学生中有自动化系和土木系的同学，并且自动化系同学中还有留学生。请分析学号与系别的关系，设计一个程序，要求有 3 个功能入口，分别调用 3 个功能函数。

① Search_ Department 函数：形参表是（指向选课数组的指针，学号信息），函数返回所属系别，如是自动化系的，注明是否为留学生。

② Student_Total 函数：形参表是（指向选课数组的指针，系别信息），函数返回该系的选课学生人数。

③ Student_Nationality 函数：形参表是（指向选课数组的指针，“留学生”或“中国”字符串），函数返回相应的留学生或中国学生的选课人数。

选课数组（名单）

数组元素	学号	姓名	系别
1	030156	梁金鉴	土木工程系
2	030204	周晋宇	土木工程系
3	030184	高翔	土木工程系
4	030187	韩雪	土木工程系
5	03W101	全朱姬	自动化系
6	03W102	赵盈芳	自动化系
7	031569	郑世强	自动化系
8	031602	张丹	自动化系
9	031603	田丰	自动化系
10	03W103	郑训雄	自动化系

要求：各函数内，必须使用形参表的指针访问选课数组，选课数组根据自己的思路设计。

9）函数编程。计算机在互联网上的 IP 地址是用小数点分割的 4 组数字，每组数字的取值范围为 0～255，例如下面的一个 IP 地址：

```
166.111.166.255
```

它在世界范围内是唯一的。每台计算机可以注册一个机器名，如 au507，称其为域名。域名解析是指机器名与 IP 地址之间的相互对应的翻译过程。假设一个域名表如下：

域名表

机器名	IP 地址	单位	用户名
Au-507	166.111.166.255	自动化系	张三
Au-123	166.111.166.112	自动化系	李四
Civil-101	166.111.123.233	土木系	王武
Civil-110	166.111.123.112	土木系	赵六
Chemical-230	166.111.23.67	化工系	钱其
Chemical-113	166.111.23.78	化工系	任化

编程实现（形参根据要求设计）：

① 主函数输入一个域名，调用 search_IP 函数，给出对应的 IP 地址解析以及用户信息，返回主函数后输出。

② 主函数输入一个 IP 地址，调用 search_DomainName 函数，查找对应的域名以及用户信息，返回主函数后输出。

第8章

说文解字拆分C程序——变量的内涵 II

本章讨论的要点是：

1）二维数组的逻辑结构与存储结构。

2）指针数组。

3）结构变量的概念。掌握结构体类型变量的定义方法和结构体类型变量的访问方法，了解结构体数组的定义和数组元素的访问方法，熟悉结构指针的应用。

8.1 糊涂师数糊涂——如何存储表格

您学成之后云游四海，广置分馆，开门授徒（见表 8-1）。因真传于笔者故名“洲派”，青出于蓝自称糊涂祖师，类似于醉拳要点在于乱，洲派秘诀在于糊，又名“糊㐫”，门徒简称“糊涂”。

表 8-1 糊涂表

洞号	分舵主 \ 年糊涂数/个	2106	2107	2108	2109	2110	2111	2112	2113
1：黑风山黑风洞	黑熊精	15	18	21	21	7	6	6	2
2：盘丝山盘丝洞	盘丝精	22	33	44	56	76	11	12	4
3：陷空山无底洞	白骨精	0	9	9	99	6	14	11	12
4：花果山水帘洞	孙猴子	22	33	444	12	32	45	67	1
5：庐山仙人洞	猪八戒	123	12	212	223	443	556	12	12
6：翠云山芭蕉洞	铁扇公主	32	43	54	65	75	87	9	9
7：柳林坡清华洞	鹿精	150	180	210	210	70	40	60	25
8：太华山云霄洞	赤精子	0	0	0	1	2	3	4	7
9：二仙山麻姑洞	黄龙真人	1	1	1	2	2	3	3	0
10：乾元山金光洞	太乙真人	3	4	5	2	1	0	6	1
11：崆峒山元阳洞	灵宝法师	1	22	3	4	5	6	7	9
12：普陀山珞珈洞	观世音	99	87	666	333	455	544	12	1
13：九宫山白鹤洞	普贤真人	11	22	333	455	666	777	888	999
14：灵鹫山觉元洞	燃灯道人	1	9	8	7	6	5	4	3

假设：糊涂师要向各分舵主上报每年的糊涂人数，他们分别定义了 14 个数组，例如：

```
int muddled_1[999]={15,18,21,21,7,6,6,2};            //1 代表黑风山黑风洞
```

8.2　物类聚集——数组

8.2.1　数组的基本概念

图 8-1 显示了大自然中物类聚集的场景，读者可以想象数组就是元素在内存中的聚集。

图 8-1　物类聚集（引自网络）

数组是一种数据结构，它描述了数据元素在内存中的物理存储方式。

1）数据元素 a_i 和 a_{i+1}（i=0,1,2,⋯）的内存地址的相邻存储关系，表达了逻辑上的线性有序关系：< a_i,a_{i+1} >。

2）一维数组是具有相同数据类型的元素排列，如一个字符型数组的逻辑描述如下：

```
char array[7],*p=array;                    //指针 p 指向数组 array
```

此数组可以存储 7 个字符元素，假设内存起始地址是 1000，则 array 在内存中的存储方式如图 8-2 所示。

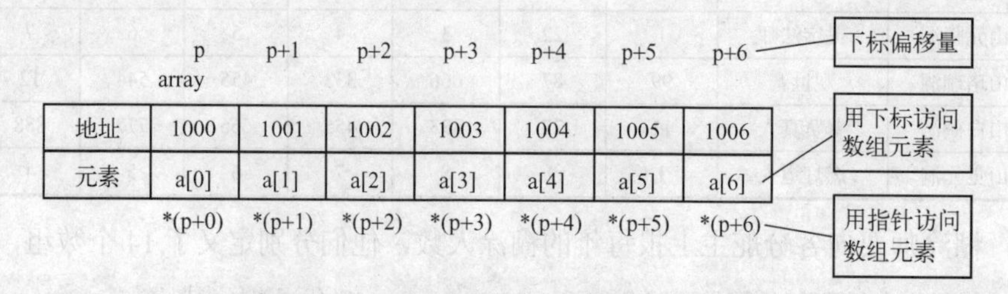

图 8-2　数组在内存中的存储方式

8.2.2 一维数组声明形式

以下语句声明了一个整数型的一维数组 array，其存储方式如图 8-3 所示。

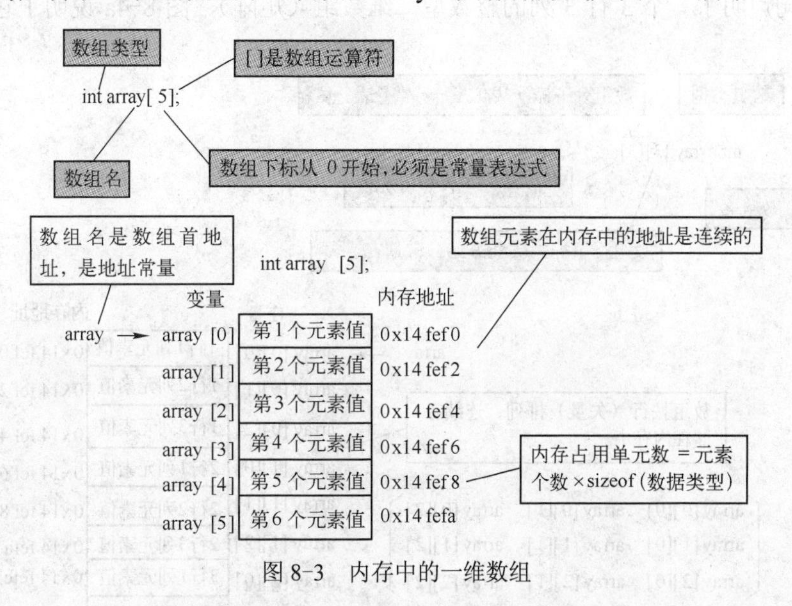

图 8-3 内存中的一维数组

8.3 二维数组

8.1 节结尾处，定义了 14 个一维数组来存储表 8-1 是有问题的。表 8-1 可以用一个 14 行×8 列的二维数组来表达：

```
int muddled_up[14][99]={{15,18,21,21,7,6,6,2},{22,33,44,56,76,11,12,4},
{0,9,9,99,6,14,11,12},{22,33,444,12,32,45,67,1},{123,12,212,223,443,556,12,12},
{32,43,54,65,75,87,9,9},{150,180,210,210,70,40,60,25},{0,0,0,1,2,3,4,7},
{1,1,1,2,2,3,3,0},{3,4,5,2,1,0,6,1},{1,22,3,4,5,6,7,9},{99,87,666,333,455,544,12,1},
{11,22,333,455,666,777,888,999},{1,9,8,7,6,5,4,3}};
```

8.3.1 二维数组声明形式及初始化

在讨论二维数组之前，请读者回顾一下程序 6.6（传递变量的地址）和练习五的第 3 题（函数 swap()交换两个整型数），它们的共同点如下：

1）实参是地址，形参是指针。

2）通过指针获得数据变量的地址，进而修改其所指向的数据变量。

现在看如下语句：

```
int i_a,i_b;
int *ip1=&i_a,*ip2=&i_b;
```

假设在函数 swap()中，让 ip1 指向数据变量 i_b，ip2 指向数据变量 i_a，也就是互换指针 ip1 和 ip2 的值，读者知道怎么做吗？涉及到什么概念？请读者带着问题继续看下面的内容，答案可从 8.3.3 节中找到。

1．声明一个二维数组

如下语句声明了一个 3 行 3 列的整数型二维数组（矩阵），图 8-4a 说明了它在内存中的存储方式。

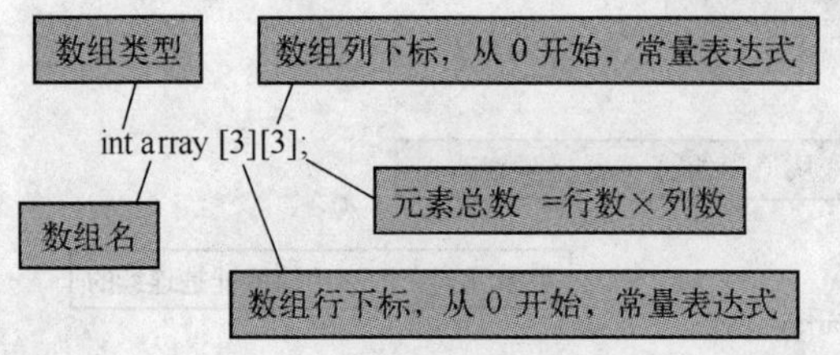

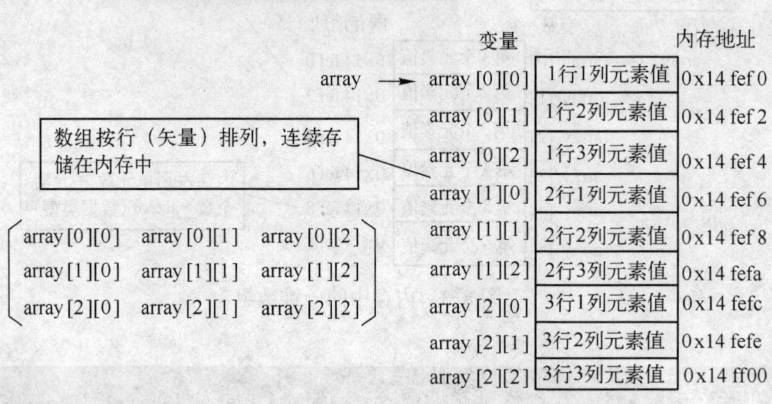

a)

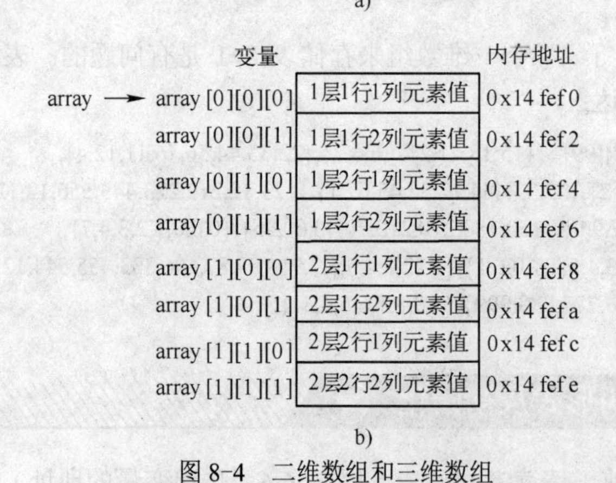

b)

图 8-4　二维数组和三维数组

a) 二维数组的存储方式　b) 三维数组的存储方式

下面是一个多维数组的例子。如下语句声明了一个 2×2×2 的整数型三维数组（立方体），图 8-4b 说明了它在内存中的存储方式。

```
int array[2][2][2];
```

显然，二维（或多维）数组和一维数组完全一样，在内存中是连续排列的，排列方式是按行展开的。

对于一个 n×m 二维数组 a，若已知起始地址 L，则第 i 行 j 列元素 a[i][j]的地址是：

```
ADDR(i,j)=L+(i*m+j)*sizes              //sizes 是该数据类型的字节数
```

2．初始化二维数组

图 8-5～图 8-9 举例说明了二维数组初始化的几种方式。

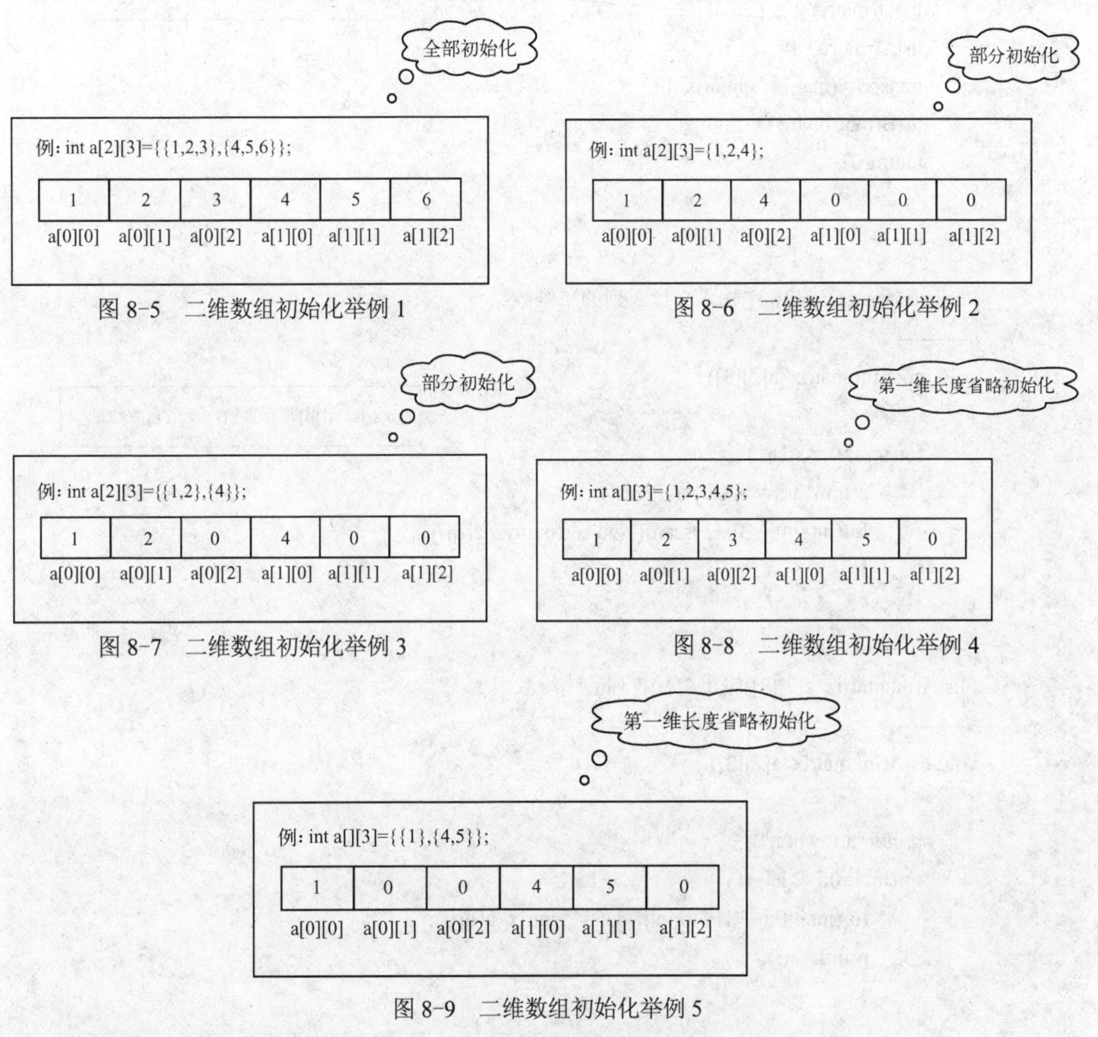

图 8-5　二维数组初始化举例 1

图 8-6　二维数组初始化举例 2

图 8-7　二维数组初始化举例 3

图 8-8　二维数组初始化举例 4

图 8-9　二维数组初始化举例 5

8.3.2　函数形参是二维数组

下面的程序实现将二维数组的行列元素互换，并存到另一个数组中。

程序 8.1　形参是二维数组

```
#include <stdio.h>
void transpose(int matrix_a[2][3],int matrix_b[3][2]);        //转置
void input(int matrix_a[2][3]);                              //输入二维数组
void listA(int matrix_a[2][3]);        //输出 2 行 3 列的二维数组
```

形参是二维数组，必须写出行、列数

```
void listB(int matrix_a[3][2]);        //输出 3 行 2 列的二维数组
int main()
{
        int matrix_a[2][3]={{1,2,3},{4,5,6}};
```

初始化

```
        int matrix_b[3][2];
        input(matrix_a);
```

实参是二维数组的名，即它的地址

```
        listA(matrix_a);
        transpose(matrix_a,matrix_b);
        listB(matrix_b);
        return(0);
}
//-------------

//input(int matrix_a[2][3])输入 2 行 3 列的二维数组
//---------
void input(int matrix_a[2][3])
{
        for(int i=0;i<2;i++){
                printf("array a[%d]行：\n",i);
                for(int j=0;j<3;j++)scanf("%d",&(matrix_a[i][j]));
```

matrix_a[i][j]是元素值，要用它的地址

```
                }
}
//-------------
//listA(int matrix_a[2][3])输出 2 行 3 列的二维数组
//---------
void listA(int matrix_a[2][3])
{
        printf("array b:\n");
        for(int i=0;i<2;i++){
                for(int j=0;j<3;j++)printf("%5d",matrix_a[i][j]);
                printf("\n");
                }
}
//-------------
//listB(int matrix_a[3][2])输出 3 行 2 列的二维数组
//---------
void listB(int matrix_b[3][2])
{
        printf("array b:\n");
        for(int i=0;i<3;i++){
                for(int j=0;j<2;j++)printf("%5d",matrix_b[i][j]);
                printf("\n");
```

```
        }
    }
    //-------------
    //转置
    //---------
    void transpose(int matrix_a[2][3],int matrix_b[3][2])
    {
        for(int i=0;i<2;i++)
            for(int j=0;j<3;j++)
                matrix_b[j][i]=matrix_a[i][j];
    }
```

注意，matrix_b[j][i]和 matrix_a[j][i]是指针

程序 8.1 的运行结果如图 8-10 所示。

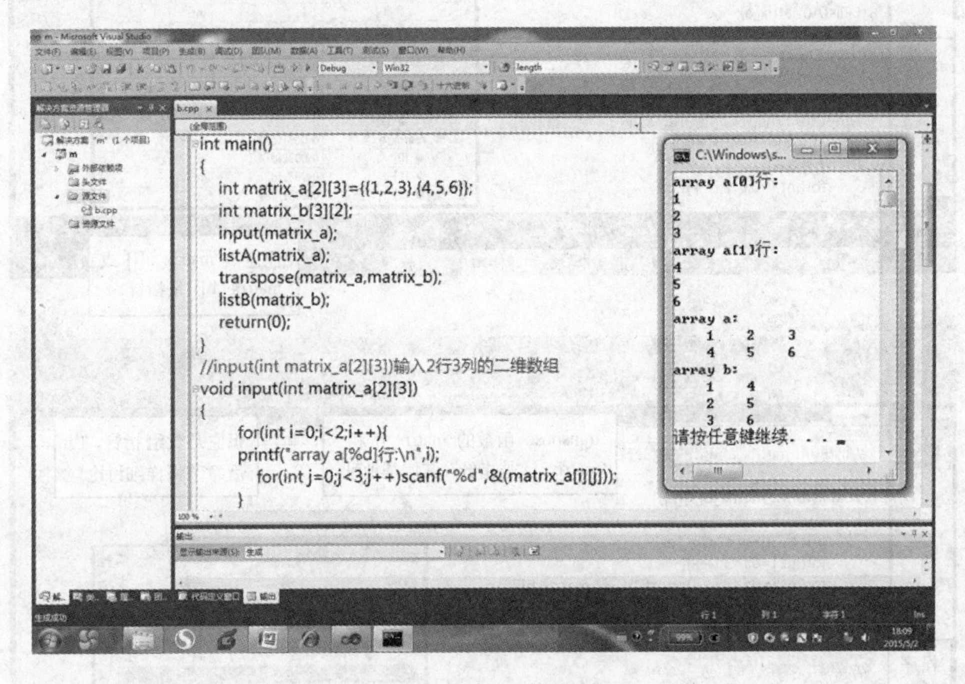

图 8-10　程序 8.1 运行结果

读者或许有些糊涂，对 transpose 函数中的给 matrix_b 矩阵元素赋值的方法心存疑虑。请读者阅读如下代码段。

```
    void transpose(int matrix_a[2][3],int matrix_b[3][2])
    {
        for(int i=0;i<2;i++)
            for(int j=0;j<3;j++)matrix_b[j][i]=matrix_a[i][j];
    }
```

matrix_b[j][i]是地址还是元素的值？

如果 matrix_b[j][i]是地址，那么应该用“*”赋值；如果 matrix_b[j][i]是元素值，那么就不能给它赋值（因为作用域不同）。对初学者来说这是一个比较困惑的概念，随着对

指针和二维数组关系的加深理解，读者将会逐步掌握这个概念。图 8-11 分别说明了 transpose 函数的 matrix_b 和 matrix_a 本质是指针，它的值就是主函数的二维数组 matrix_b 和 matrix_a。

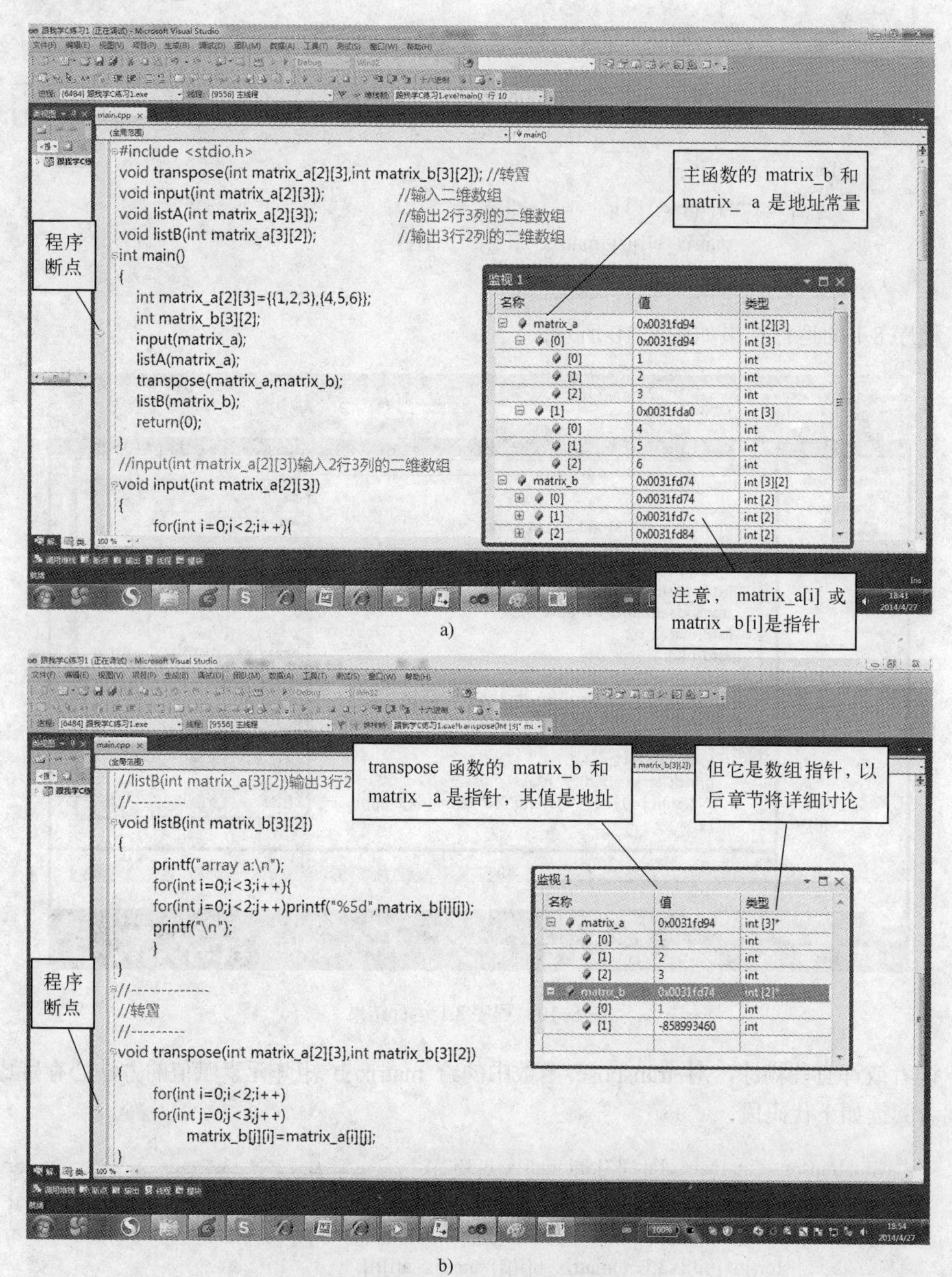

图 8-11　函数形参的本质是指向二维数组的指针

a) 主函数声明的二维数组 matrix-a 和 matrix-b　b) 被调函数的形参 matrix-a 和 matrix-b

8.3.3 交换指针的值（二级指针）

现在笔者来回答 8.3.1 节开始处提出的问题，请读者先阅读程序 8.2。

程序 8.2 指向指针的指针——二级指针

```
#include <stdio.h>
void SwapPoint(int **,int **);                    //形参是二级指针
int main()
{
    int i_a=10,i_b=20;
    int *ip1=&i_a,*ip2=&i_b;                      //指针 ip1 指向 i_a，指针 ip2 指向 i_b
    printf("初始\ni_a 的地址=%#x, i_b 的地址=%#x\n",&i_a,&i_b);
    printf("ip1 的值=%#x, ip2 的值=%#x\n",ip1,ip2);
    printf("ip1 指向变量的值=%d, ip2 指向变量的值 =%d\n",*ip1,*ip2);

    SwapPoint(&ip1,&ip2);
    printf("交换\ni_a 的地址=%#x, i_b 的地址=%#x\n",&i_a,&i_b);
    printf("ip1 的值=%#x, ip2 的值=%#x\n",ip1,ip2);
    printf("ip1 指向变量的值=%d, ip2 指向变量的值 =%d\n",*ip1,*ip2);
    return(0);
}
//-------------
//SwapPoint(int **ip1,int **ip2)交换指针的值，即交换了它们指向的变量
//-------------
void SwapPoint(int **ipa,int **ipb)
{
    int *temp=*ipa;
    *ipa=*ipb;
    *ipb=temp;
}
```

要交换指针的值，必须获得指针的地址，只能用一个二级指针获得另一个指针的地址

实参是指针变量的地址，它给形参的二级指针赋值

temp 是指针，它间接地获得了 ipa 指向的变量指针 ip1

间接地把 ipb 指向的变量值（指针 ip2）赋给了 ipa

间接地把 temp 的值（指针 ip1）赋给了 ipb

程序 8.2 的运行结果如图 8-12 所示。函数 SwapPoint()交换了两个指针的指向！

请读者记住以下两点：

1）交换主调函数内的两个数据变量的值，形参是一级指针。

2）交换主调函数内的两个指针变量的值，形参是二级指针。

实际上，程序 8.2 中的 SwapPoint 函数与程序 6.6 中的 swap 函数功能完全一致，只是对象不同，调用 SwapPoint 函数时，实参是主调函数中的指针变量的地址。图 8-13 分别解释了程序 8.2 中的指针关系。

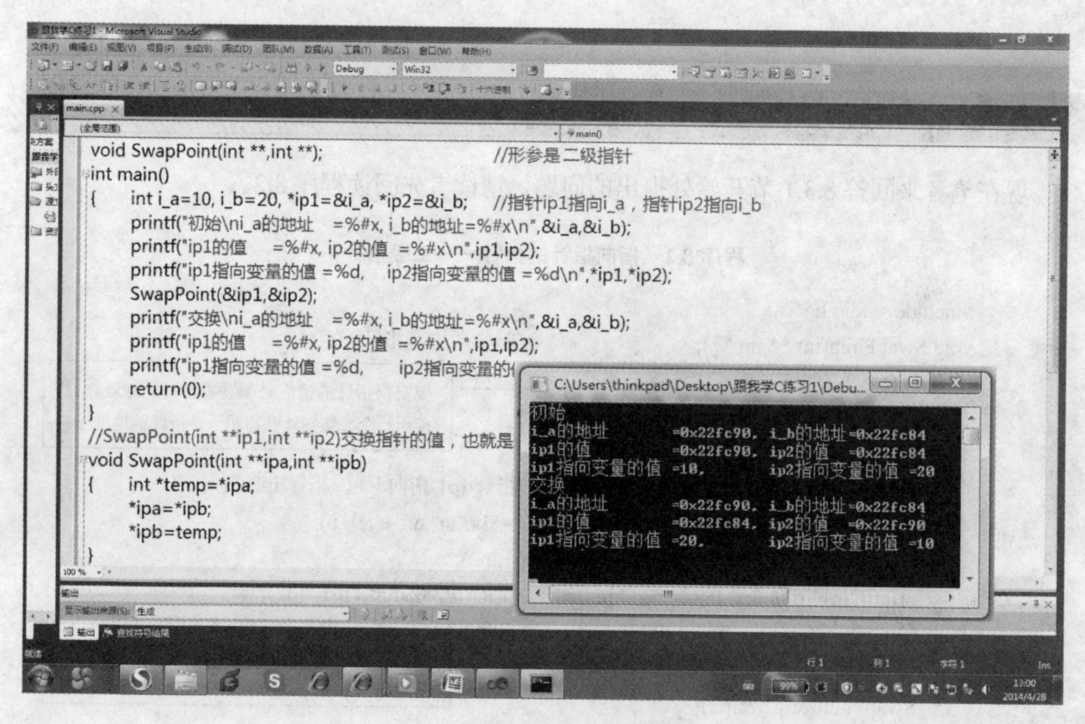

图 8-12　程序 8.2 的运行结果

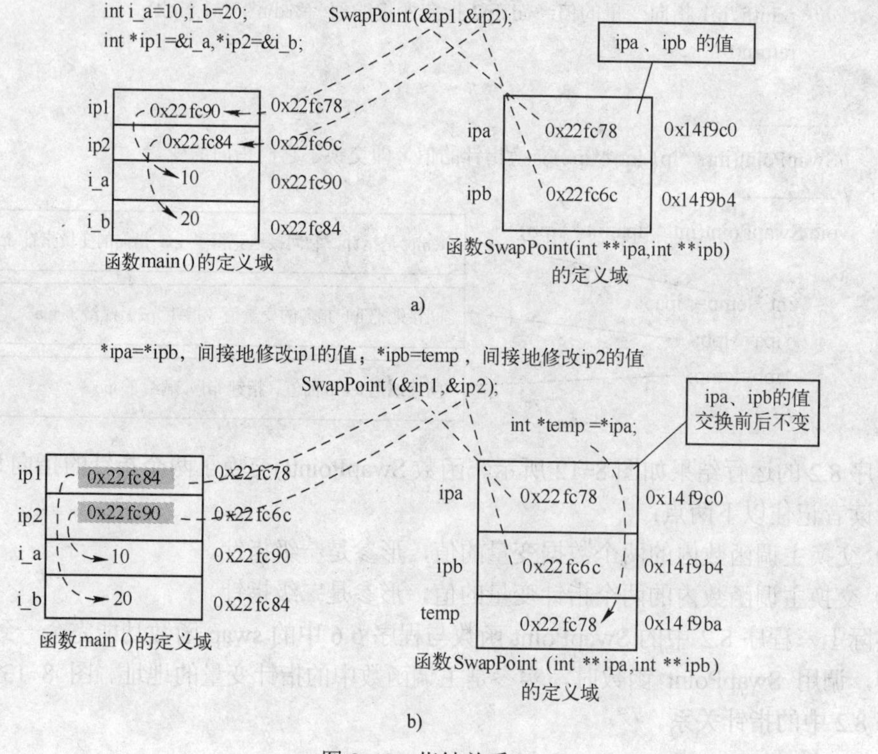

图 8-13　指针关系

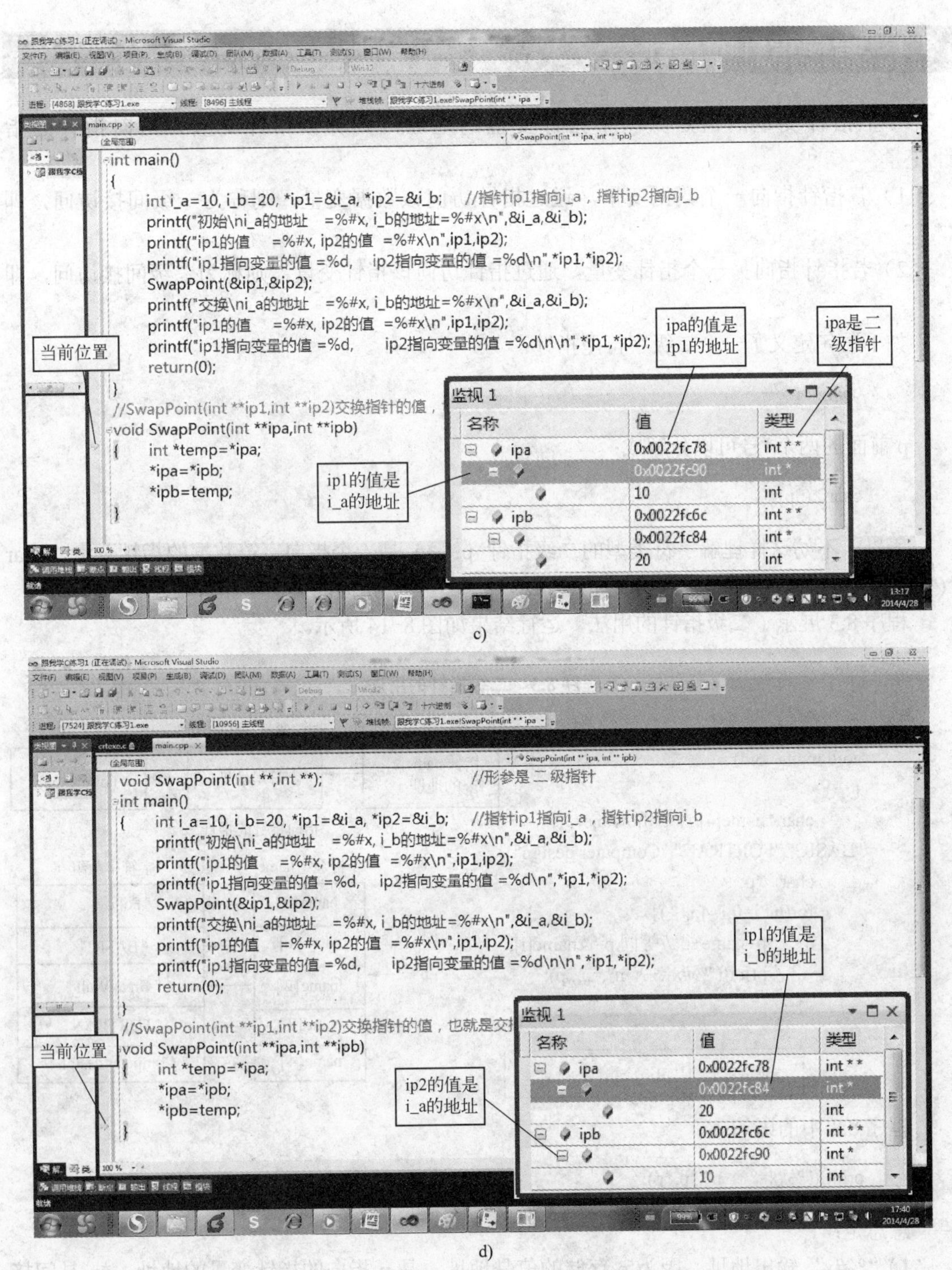

图 8-13　指针关系（续）

a) 二级指针存储着一级指针的地址（交换前）　b) 二级指针存储着一级指针的地址（交换后）

c) 二级指针→一级指针→数据变量　d) 程序运行中的二级指针交换过程

8.4 指向指针的指针

一个指针变量的值是另一个指针变量的地址，则称该指针变量为指向指针的指针变量。

1）若指针指向一个数据变量，通过指针访问该数据变量，则称为一级间接访问，即“*”。

2）若指针指向另一个指针变量，通过指针访问该指针变量，则称为二级间接访问，即“**”。

如下语句定义了一个二级字符型指针：

```
char **p;
```

p 前面的两个*号可以分解成：

```
char *(*p);
```

所以，不妨这样理解字符类型的二级指针 p：*p 是一个指向字符数据的指针变量，char *(*p)是指向一个字符型指针变量的指针，即*p 就是 p 所指向的另一个指针变量。

程序 8.3 展示了二级指针的用法，运行结果如图 8-14 所示。

程序 8.3　二级指针的用法

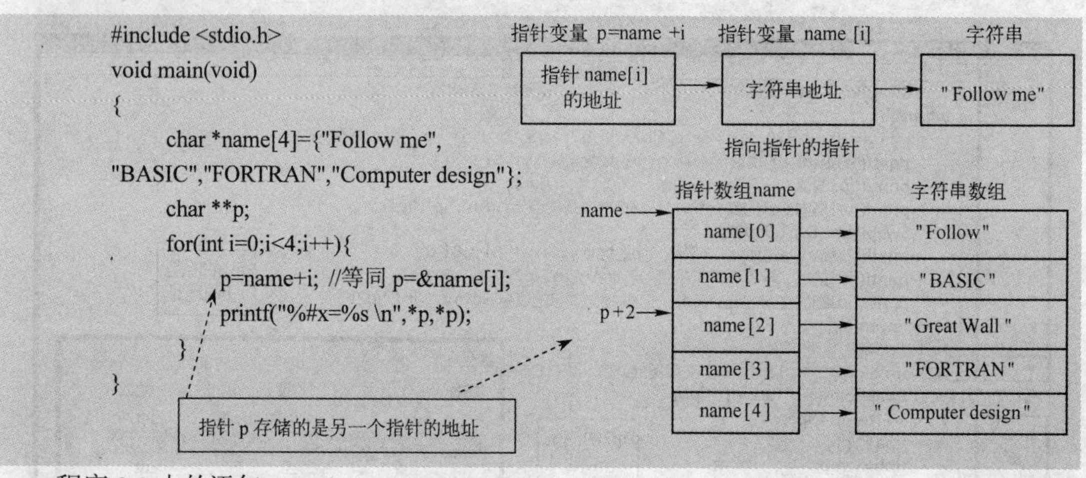

```
#include <stdio.h>
void main(void)
{
        char *name[4]={"Follow me",
"BASIC","FORTRAN","Computer design"};
        char **p;
        for(int i=0;i<4;i++){
                p=name+i; //等同 p=&name[i];
                printf("%#x=%s \n",*p,*p);
        }
}
```


程序 8.3 中的语句：

```
printf("%#x=%s \n",*p,*p);
```

意思是：

1）“%#x”输出地址，因为 p 存储的值是地址，是 p 指向的指针变量的地址，*p 是间接得到的该地址上的值，即指针指向的字符串地址。

2）“%s”输出字符串，*p 是字符串的地址。

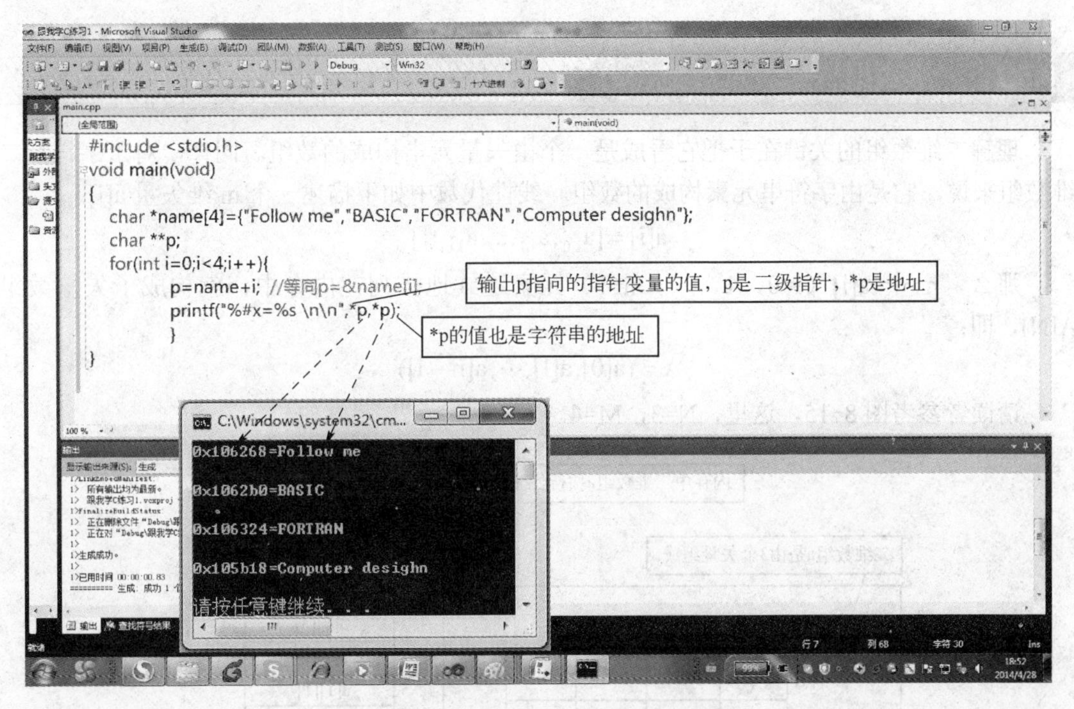

图 8-14　程序 8.3 的运行结果

8.5　二维数组的本质——矢量的数组

请读者记住以下几点：

1）一维数组是矢量。

2）二维数组是矢量的数组。

3）数据指针可以指向和访问一维数组（元素是数据）。

4）数组指针（矢量指针）可以指向和访问矢量数组（元素是矢量）。

8.5.1　指针类型一览

C 语言指针一览见表 8-2。

表 8-2　C 语言中的指针

指 针 类 型	概　要
数据指针*p	指向数据变量，指针的值是数据变量的地址
二级指针**p	指向指针变量，存储的值是指针变量的地址
指针数组*p[]	指针变量的集合，其元素是指针
数组指针(*p)[]	指向一维数组的指针，把二维数组看成矢量的数组，p 就是指向矢量数组的指针；加减一个元素表示跨过整个一维数组
指针型函数 int *max(int,int);	从函数返回的是一个指针
函数指针 int (*fp)(int,int);	指向函数的指针，它的值是函数入口地址

8.5.2 二维数组——矢量数组

理解二维数组的关键在于把它看成是一个由矢量元素构成的数组。同样，对于字符型二维数组来说，它是由字符串元素构成的数组。线性代数中如下描述一个 m 维矢量 a[i]：

$$a[i]=[a_{i,0},a_{i,1},...,a_{i,m-1}]$$

那么，n 个 a[i]（i=0，1，⋯，n−1）元素连续地排列在内存中，就构成了矢量数组 A[N]，即：

$$A=(a[0],a[1],\cdots,a[n-1])$$

请读者参考图 8-15，这里，N=3，M=4。

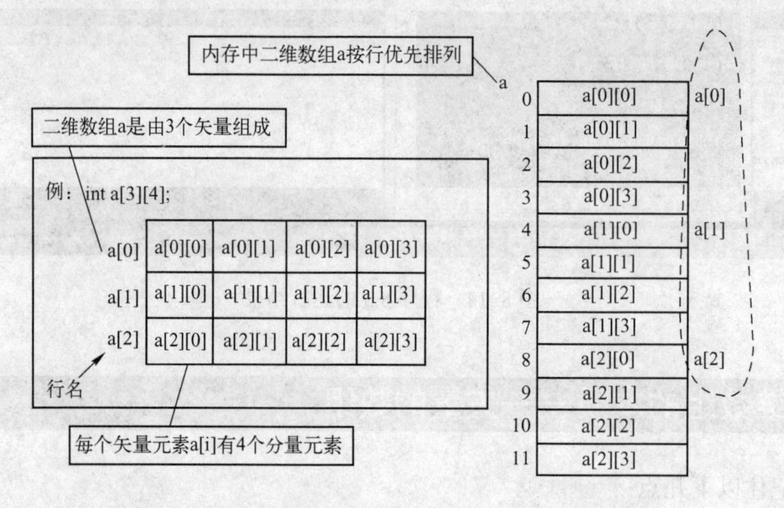

图 8-15 二维数组的行 a[i]是矢量名（一维数组的地址）

8.5.3 矢量指针——指向二维数组

指针的数据类型就是其指向的变量的数据类型。如果一个指针 p 指向矢量数组 A[N][M]，那么显然，p 必须是一个矢量（也称为数组）指针，且其维数必须与 A[N]的元素 a_i 的维数 M 相同，这样，程序中的 p++操作，才能正确地指向内存中元素 a_i 的相邻元素 a_{i+1}。

矢量指针是指向矢量数组的指针变量，声明如下：

```
数据类型(*指针名)[矢量的维数];
```

以图 8-15 中的矢量数组 a 为例，声明一个矢量指针 p 并指向它的方法如下：

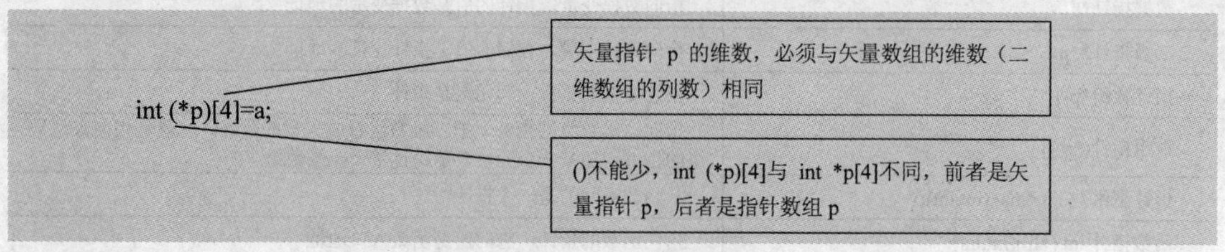

图 8-16 说明了矢量指针（数组指针）访问矢量数组（二维数组）元素的方法。

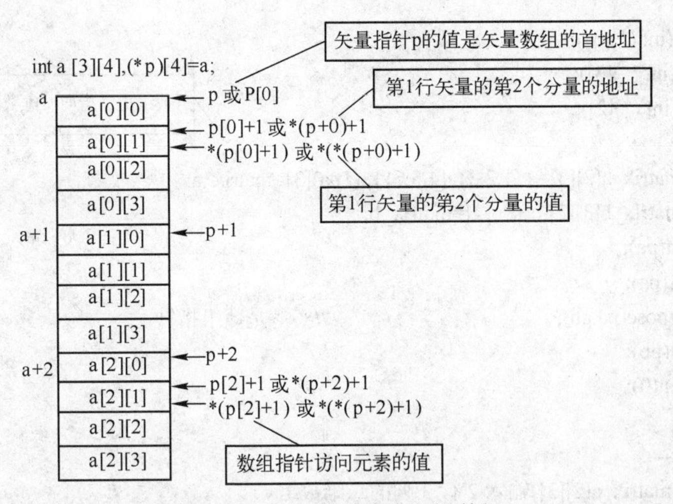

图 8-16　矢量指针指向矢量数组

二维数组与矢量指针的关系归纳如下：

1）如下语句：

```
int   a[5][10];
int (*p)[10]=a;
```

① 二维数组名是一个指向有 10 个分量的矢量数组的地址常量。

② 矢量指针（数组指针）指向了二维数组 a。

2）如下语句：

```
p=a+i;
```

使 p 指向二维数组的第 i 行。而如下语句：

```
*(*(p+i)+j);
```

等同于 a[i][j]（也可以写为 p[i][j]）。

3）二维数组形参实际上是矢量指针：

```
int   x[ ][10]; 等同于 int   (*x)[10];
```

4）声明或调用函数时，下面两个函数的形参表是等价的（N 或 M 是矩阵的列数）。

```
void sawp(int(*)[M],int (*)[N],int,int);
void sw(int [3][ M],int [4][N],int,int);
```

8.5.4 形参是矢量指针

重写程序 8.1 如程序 8.4，测试结果如图 8-17 所示。

程序 8.4　形参是矢量指针

```
#include <stdio.h>
void transpose(int (*)[3],int (*)[2]);          //规范的编程方法是用宏定义说明行和列
```

```
void input(int (*)[3]);
void listA(int (*)[3]);
void listB(int (*)[2]);
int main()
{       int matrix_a[2][3]={{1,2,3},{4,5,6}}, (*pa)[3]=matrix_a;
        int matrix_b[3][2],(*pb)[2]=matrix_b;
        input(pa);
        listA(pa);
        transpose(pa,pb);                              //实参是数组指针
        listB(pb);
        return(0);
}
//-------------
//input(int matrix_a[2][3])输入 2 行 3 列的二维数组
//---------
void input(int (*pa)[3])
{       for(int i=0;i<2;i++){
                printf("array a[%d]行:\n",i);
                for(int j=0;j<3;j++)scanf("%d",&(pa[i][j]));
                }
}
//-------------
//listA(int matrix_a[2][3])输出 2 行 3 列的二维数组
//---------
void listA(int (*pa)[3])
{
        printf("array a:\n");
        for(int i=0;i<2;i++){
                for(int j=0;j<3;j++)printf("%5d",*(pa[i] + j ));
                printf("\n");
                }
}
//----------listB(int matrix_a[3][2])输出 3 行 2 列的二维数组
void listB(int (*pb)[2])
{       printf("array b:\n");
        for(int i=0;i<3;i++){
                for(int j=0;j<2;j++)printf("%5d",pb[i][j]);
                printf("\n");
                }
}
//---------转置
void transpose(int (*pa)[3],int (*pb)[2])
{       for(int i=0;i<2;i++)
                for(int j=0;j<3;j++)
                        *(*(pb+j)+i)=*(*(pa+i)+j);
}
```

数组指针指向二维数组

可以写成二维数组的形式

也可以写成数组指针的形式

偏移到第 j 个元素的地址

间接运算获得 i 行 j 列的元素的值

二维数组的第 i 行首地址

可以写成指针的形式

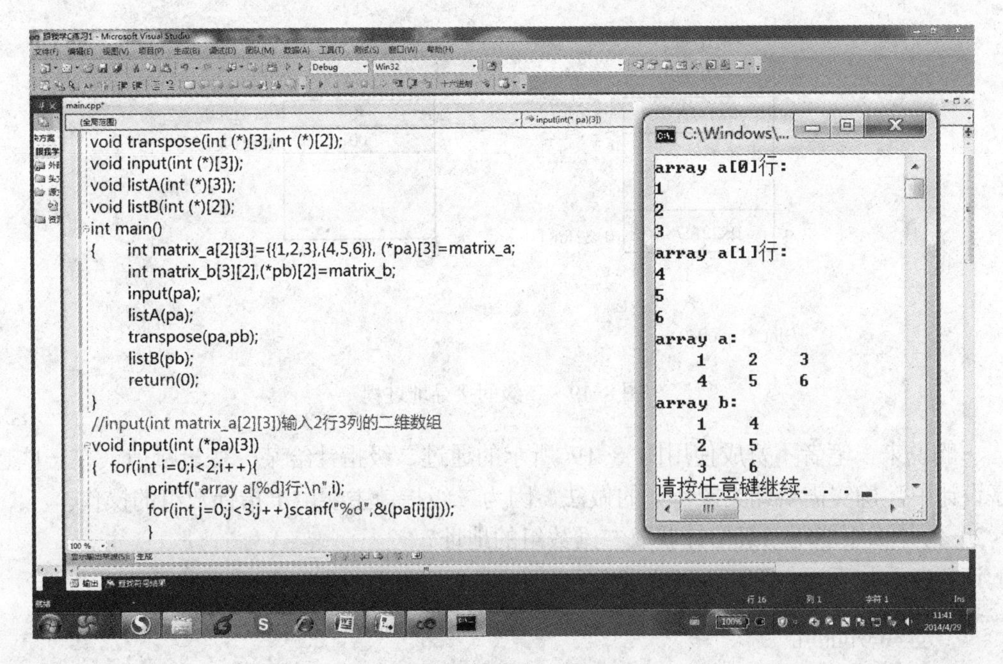

图 8-17　形参是数组指针

8.5.5　问题集锦 

1）为什么要用二级指针指向指针变量？

读者应该掌握的基本常识是，二级指针用于指向指针数组，而不能指向二维数组。既然指针是变量，那么指针的集合就是指针数组。

与数据变量不同，所有的指针变量占用的内存单元（字节数）都是相同的（见图 8-18）。例如，8086 系列的段内调用地址是 4 个字节，远程调用地址是 6 个字节。

数据变量占用的地址单元数	同类型指针变量占用的地址单元数
sizeof(char)=1	sizeof(char*)=4
sizeof(int)=4	sizeof(int*)=4
sizeof(double)=8	sizeof(double*)=4
sizeof(bool)=1	sizeof(bool*)=4

图 8-18　存储指针变量所用的字节数是相同的

如果读者学过计算机原理（8086 系列教材），就应该知道间接运算符“*”实际上就是 X86 CPU 的寄存器间接寻址操作。之所以要区分指针是指向数据变量还是指向指针变量的原因，是告诉编译程序，第一个“*”所得到的存储单元的值是另一个数据的地址，应该赋给变址寄存器（SP、BP、BX 和 SI、DI）。

为了更好地向读者说明，图 8-19 解释了如下操作语句的结果。

```
int a,*p=&a;              //p 获得 a 地址，指向 a
int *(*q)=&p;             //q 获得 p 地址，指向 p
**q=40;                   //把数值 40 赋给 q 指向的 p 所指向的 a 的存储单元
```

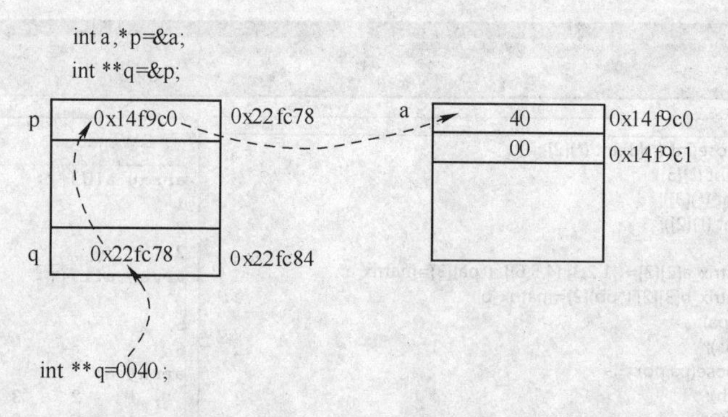

图 8-19　二级间接寻址过程

一般说来，笔者不赞成使用图 8-19 所示的通过二级指针给某一变量赋值（在一些递归程序设计中，确实需要此类操作）的做法，因为二级指针主要用于指针数组的操作。

2）为什么不能用二级指针获取二维数组的地址？

请读者看如下语句：

```
int array[n][m];
int **ip;        X
ip=array;
```

此语句是错误的，通过编译结果可知，问题在于类型不匹配。

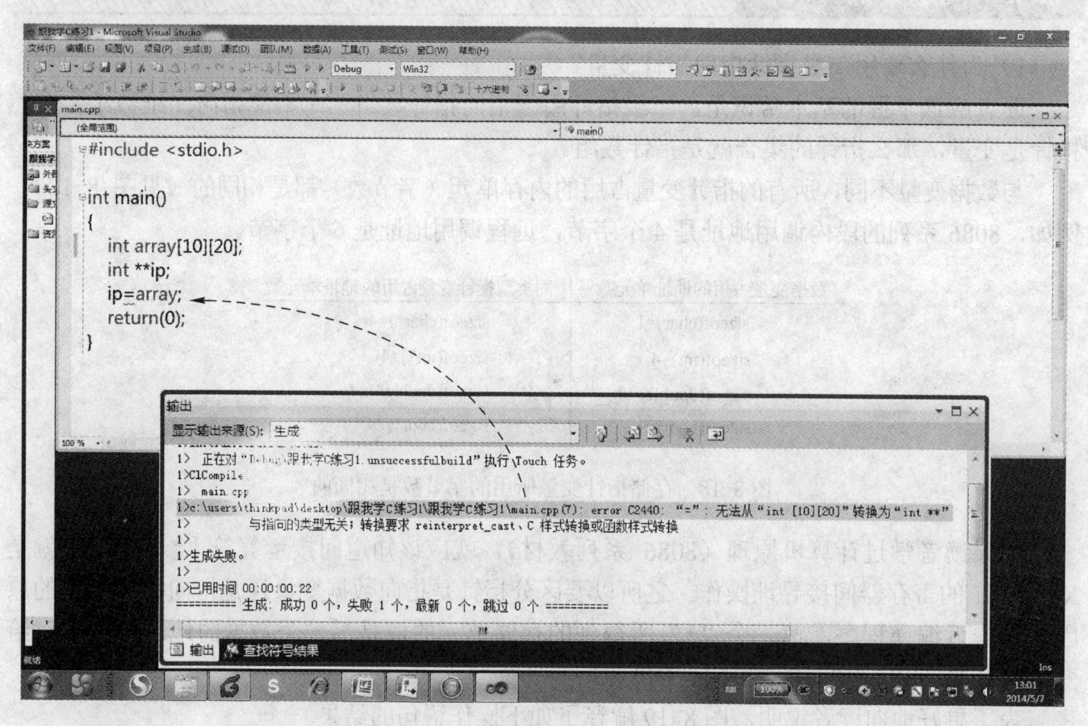

图 8-20　二级指针不等于二维数组名

array 是一个有着 N 个矢量元素（矢量维数为 M）的矢量数组的首地址（见图 8-21），而 ip 仅是一个整数型的二级指针，它不能指向这个矢量数组。

array

array [0]	array [0][0]	array [0][1]	…	array [0][M]
array [1]	array [1][0]	array [1][1]	…	array [1][M]
⋮	⋮	⋮	⋮	⋮
array [N]	array [N][0]	array [N][1]	…	array [N][M]

图 8-21　二维数组名是一个矢量数组的首地址

3）空指针问题。请读者阅读程序 8.5。

程序 8.5　使用空指针示例

```
#include <stdio.h>
int main(void)
{
    int a,*p,**q;
    p=&a;                    //给 p 赋值，指向 a
    *q=p;                    //给 q 赋值
    q=&p;
    printf(" q 地址=%#0x,q 值=%#0x, p 地址=%#0x, a 地址=%#0x\n\n", &q, q, &p,&a);
    printf("*q=%#0x\n\n ", *q);
    **q=20;
    printf("a=%d\n",**q);
    return (0);
}
```

单步运行程序 8.5，结果如图 8-22 所示。给 q 指向的变量赋值后，程序就“跑飞”了，由此可见使用空指针的后果！

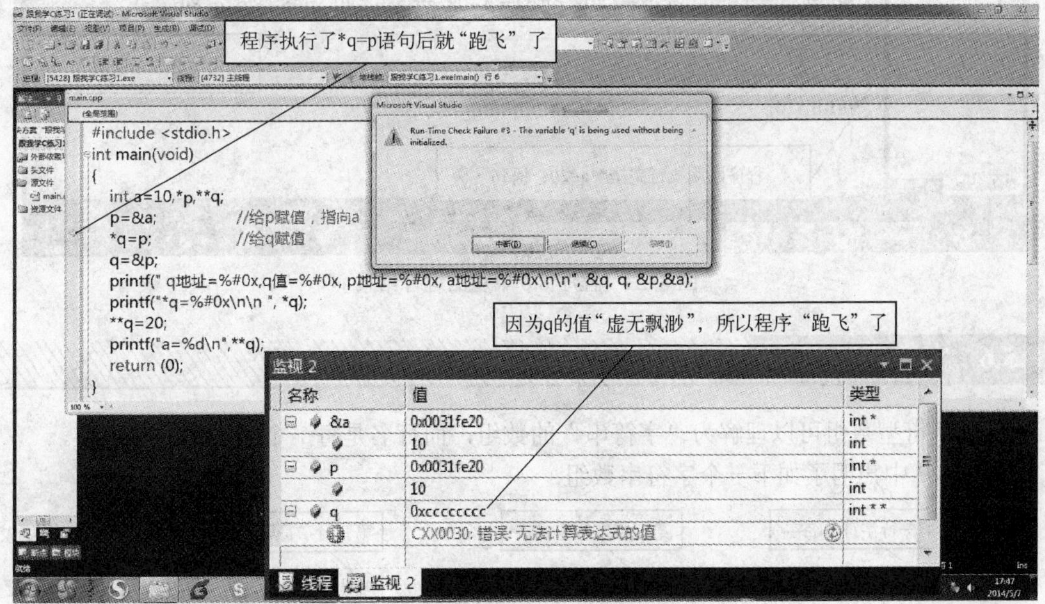

图 8-22　程序 8.5 单步的运行结果

请读者阅读程序 8.6，学习如何正确地使用指针。

程序 8.6　指针应用正确示例

```
#include <stdio.h>
int main(void)
{
   int a,*p,**q;
   p=&a;                 //给 p 赋值，指向确定的变量，使之非空！
   q=&p;                 //给 q 赋值，指向确定的变量，使之非空！
   printf(" q 地址=%#0x,q 值=%#0x, p 地址=%#0x, a 地址=%#0x\n\n", &q, q, &p,&a);
   printf("*q=%#0x\n\n ", *q);
   **q=20;
   printf("a=%d\n",**q);
   return (0);
}
```

单步运行程序 8.6，结果如图 8-23 所示。由此可知，使用指针前必须给它赋值，使其指向确定的变量。

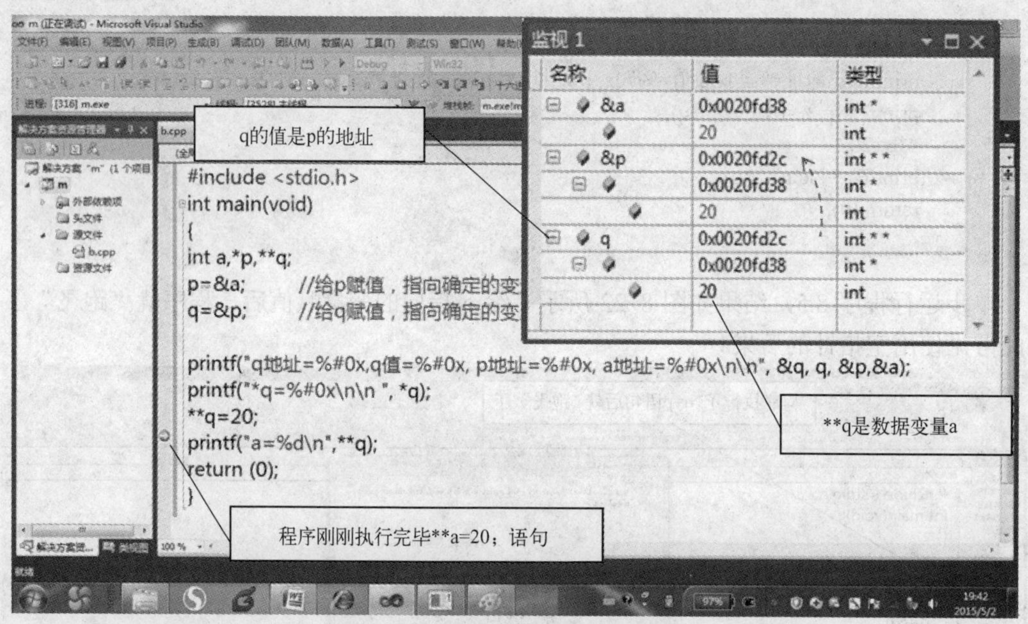

图 8-23　程序 8.6 单步的运行结果

8.5.6　字符串数组

二维字符型数组可以理解为“字符串”的数组，而行名是每一个字符串的首地址。程序 8.7 中声明了如下一个字符串数组：

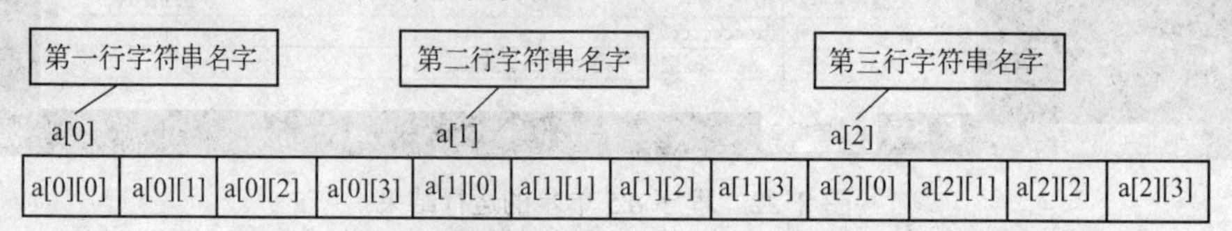

程序 8.7　字符串数组

```
#include <stdio.h>
void print(char a[3][12]);
void input(char a[3][12]);
int main(void)
{
     char a[3][12];
     input(a);                                    //实参是二维数组名
     print(a);
     return(0);
}
//------------
void print(char a[3][12])
{
  for(int i=0;i<3;i++)
     printf("\noutput of character string a[%d]=%s\n",i, a[i] );
}
//------------
void input(char a[3][12])
{
     for(int i=0;i<3;i++){
          printf("\ninput of character string %d:\n",i);
          gets(a[i]);
          }
}
```

a[i]是字符串数组的第 i 行的名字，也就是该字符串的首地址

行下标提供了简捷的操作字符串数组的方法

程序 8.7 的运行界面如图 8-24 所示。

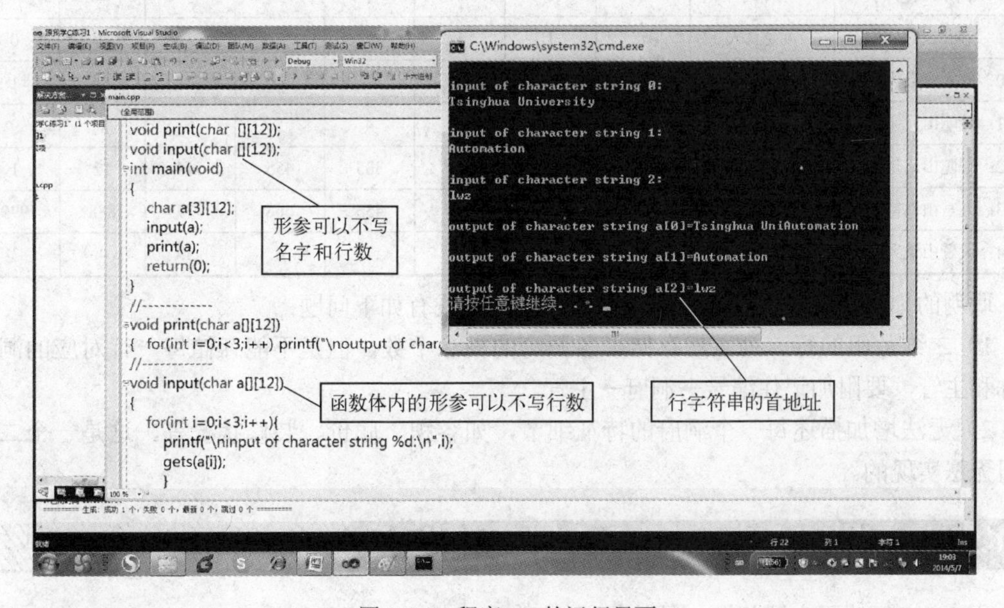

图 8-24　程序 8.7 的运行界面

8.5.7 二维数组的形参简写形式 

C 语言不检查数组的边界（但是不能因此占用不属于自己的内存单元）。读者如果理解了二维数组的本质是矢量的数组，那么，对于 C 语言来说，只要正确地声明了矢量的维数（行向量长度），那么它并不介意数组占用的实际长度。

请读者注意图 8-24，它简化了二维数组的形参书写，其本质是矢量数组写法。

8.6 再说糊涂表——破家值万贯 

8.6.1 简单变量的局限性——客观对象有多种属性 

首先重列表 8-1 如下：

洞号 \ 分舵主 \ 年糊涂数/个		2106	2107	2108	2109	2110	2111	2112	2113
1：黑风山黑风洞	黑熊精	15	18	21	21	7	6	6	2
2：盘丝山盘丝洞	盘丝精	22	33	44	56	76	11	12	4
3：陷空山无底洞	白骨精	0	9	9	99	6	14	11	12
4：花果山水帘洞	孙猴子	22	33	444	12	32	45	67	1
5：庐山仙人洞	猎八戒	123	12	212	223	443	556	12	12
6：翠云山芭蕉洞	铁扇公主	32	43	54	65	75	87	9	9
7：柳林坡清华洞	鹿精	150	180	210	210	70	40	60	25
8：太华山云霄洞	赤精子	0	0	0	1	2	3	4	7
9：二仙山麻姑洞	黄龙真人	1	1	1	2	2	3	3	0
10：乾元山金光洞	太乙真人	3	4	5	2	1	0	6	1
11：崆峒山元阳洞	灵宝法师	1	22	3	4	5	6	7	9
12：普陀山珞珈洞	观世音	99	87	666	333	455	544	12	1
13：九宫山白鹤洞	普贤真人	11	22	333	455	666	777	888	999
14：灵鹫山觉元洞	燃灯道人	1	9	8	7	6	5	4	3

聪明的你很快就发现用二维数组存储此表的方式有如下问题：

1）二维数组的行、列虽然存储了各洞府的糊涂个数，但是不能存储每一行对应的洞府名称和主管，要附加记住编号→洞府→主管。

2）无法增加描述每一个洞府的特征细节，如容积、底价、装修状况等，这是一个二维数组无法实现的。

8.6.2 打开你的胸襟——构建大千世界的结构

程序 8.8 解决了上述问题，具体代码如下：

程序 8.8　初见结构

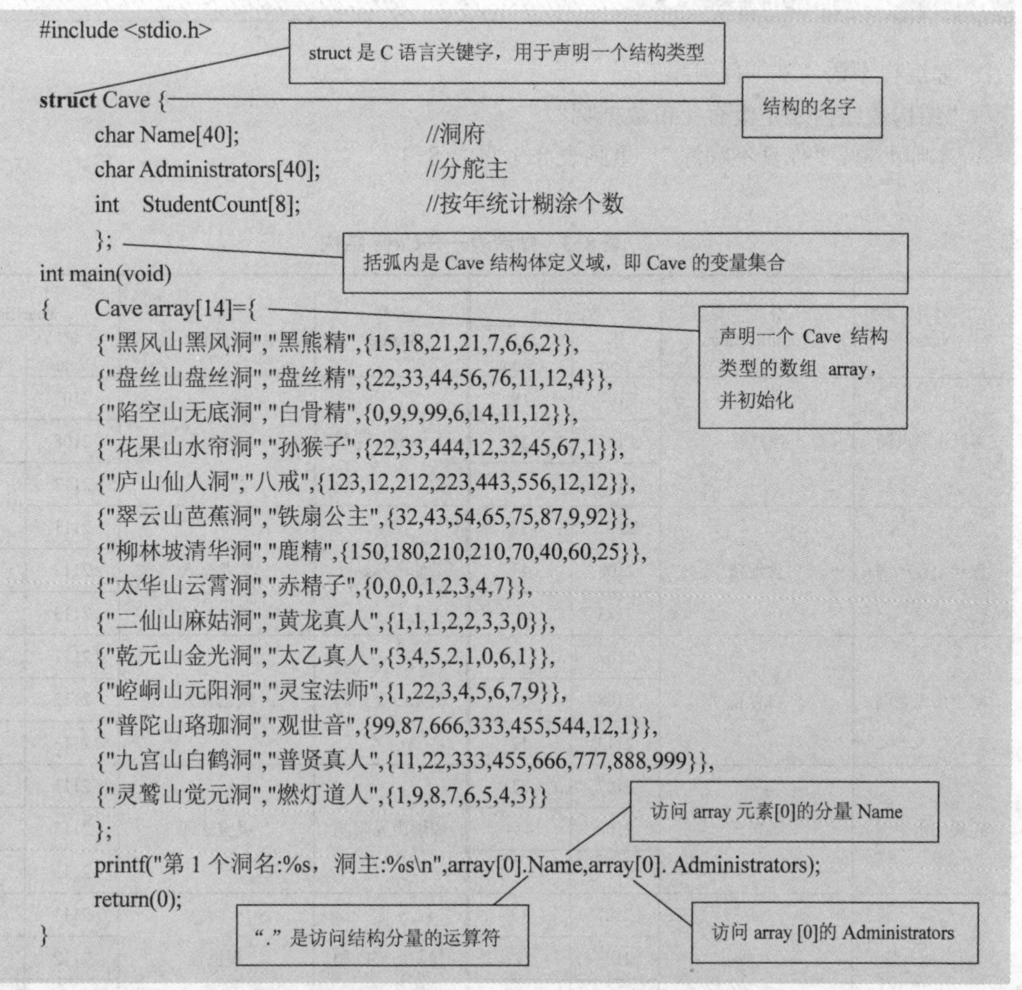

```
#include <stdio.h>

struct Cave {
        char Name[40];                        //洞府
        char Administrators[40];              //分舵主
        int   StudentCount[8];                //按年统计糊涂个数
        };
int main(void)
{       Cave array[14]={
        {"黑风山黑风洞","黑熊精",{15,18,21,21,7,6,6,2}},
        {"盘丝山盘丝洞","盘丝精",{22,33,44,56,76,11,12,4}},
        {"陷空山无底洞","白骨精",{0,9,9,99,6,14,11,12}},
        {"花果山水帘洞","孙猴子",{22,33,444,12,32,45,67,1}},
        {"庐山仙人洞","八戒",{123,12,212,223,443,556,12,12}},
        {"翠云山芭蕉洞","铁扇公主",{32,43,54,65,75,87,9,92}},
        {"柳林坡清华洞","鹿精",{150,180,210,210,70,40,60,25}},
        {"太华山云霄洞","赤精子",{0,0,0,1,2,3,4,7}},
        {"二仙山麻姑洞","黄龙真人",{1,1,1,2,2,3,3,0}},
        {"乾元山金光洞","太乙真人",{3,4,5,2,1,0,6,1}},
        {"崆峒山元阳洞","灵宝法师",{1,22,3,4,5,6,7,9}},
        {"普陀山珞珈洞","观世音",{99,87,666,333,455,544,12,1}},
        {"九宫山白鹤洞","普贤真人",{11,22,333,455,666,777,888,999}},
        {"灵鹫山觉元洞","燃灯道人",{1,9,8,7,6,5,4,3}}
        };
        printf("第 1 个洞名:%s，洞主:%s\n",array[0].Name,array[0]. Administrators);
        return(0);
}
```


程序 8.8 的运行结果如图 8-25 所示。

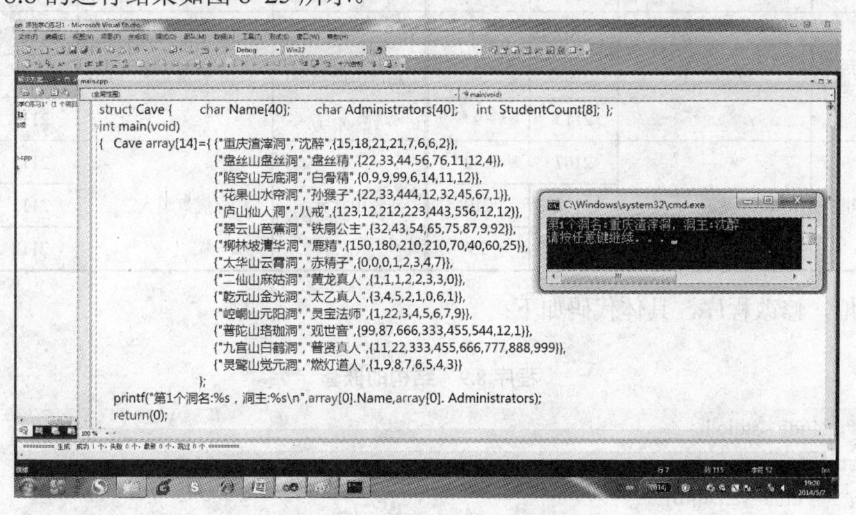

图 8-25　程序 8.8 的运行结果

8.6.3 结构体的嵌套

你沉吟不语，本师问何事？

“结构数组内还是没有年份数据啊？”

本师大喜：“你真不糊涂”！重画表 8-1 见表 8-3。

表 8-3 糊涂表——Cave 结构

洞号 Name	分舵主 Administrators	年表/个 YearList		洞号 Name	分舵主 Administrators	年表/个 YearList	
		年 Year	人数 Count			年 Year	人数 Count
黑风山黑风洞	黑熊精	2107	18	太华山云霄洞	赤精子	2107	0
		2108	21			2108	0
		2113	2			2113	7
盘丝山盘丝洞	盘丝精	2107	33	二仙山麻姑洞	黄龙真人	2111	3
		2108	44			2112	3
		2113	4			2113	0
陷空山无底洞	白骨精	2107	9	乾元山金光洞	太乙真人	2111	0
		2108	99			2112	6
		2113	12			2113	1
花果山水帘洞	孙猴子	2107	33	崆峒山元阳洞	灵宝法师	2111	6
		2108	444			2112	7
		2113	1			2113	9
庐山仙人洞	八戒	2107	12	普陀山珞珈洞	观世音	2111	544
		2108	212			2112	12
		2113	12			2113	1
翠云山芭蕉洞	铁扇公主	2107	43	九宫山白鹤洞	普贤真人	2107	22
		2108	54			2112	888
		2113	9			2113	999
柳林坡清华洞	鹿精	2107	180	灵鹫山觉元洞	燃灯道人	2111	5
		2108	210			2112	4
		2113	25			2113	3

相应地，修改程序，具体代码如下：

程序 8.9 结构的嵌套

```
#include <stdio.h>
struct Cave{
    char Name[40];
    char Administrators[40];
```

```
        struct YearList{
                int    Count;
                char Year[10];
            }Year[4];
        };
int main(void)
{
Cave array[14]={
        {"黑风山黑风洞","黑熊精",{{18,"2107"},{21,"2108"},{2,"2113"}}},
        {"盘丝山盘丝洞","盘丝精",{{33,"2107"},{44,"2108"},{4,"2113"}}},
        {"陷空山无底洞","白骨精",{{9,"2107"},{99,"2108"},{12,"2113"}}},
        {"花果山水帘洞","孙猴子",{{33,"2107"},{444,"2108"},{1,"2113"}}},
        {"庐山仙人洞","八戒",{{12,"2107"},{212,"2108"},{12,"2113"}}},
        {"翠云山芭蕉洞","铁扇公主",{{43,"2107"},{54,"2108"},{92,"2113"}}},
        {"柳林坡清华洞","鹿精",{{180,"2107"},{210,"2108"},{25,"2113"}}},
        {"太华山云霄洞","赤精子",{{0,"2107"},{0,"2108"},{7,"2113"}}},
        {"二仙山麻姑洞","黄龙真人",{{3,"2111"},{3,"2112"},{0,"2113"}}},
        {"乾元山金光洞","太乙真人",{{0,"2111"},{6,"2112"},{1,"2113"}}},
        {"崆峒山元阳洞","灵宝法师",{{6,"2111"},{7,"2112"},{9,"2113"}}},
        {"普陀山珞珈洞","观世音",{{544,"2111"},{12,"2112"},{1,"2113"}}},
        {"九宫山白鹤洞","普贤真人",{{22,"2107"},{888,"2112"},{999,"2113"}}},
        {"灵鹫山觉元洞","燃灯道人",{{5,"2111"},{4,"2112"},{3,"2113"}}},
        };
for(int i=0;i<14;i++){
        printf("第%d 个洞名:%s， 洞主:%s: ",i,array[i].Name,array[i].Administrators);
        for(int j=0;j<3;j++){
                printf(",%s,糊涂:%d",array[i].Year[j].Year,array[i].Year[j].Count);
                }
        printf("\n");
        }
return(0);
}
```

结构体允许嵌套

声明结构的同时，可声明该结构类型的变量

初始化，对每一个分量用“{...}”描述

访问 array [i]的分量 Year[j]的分量 Year

访问 array [i]的分量 Year[j]的分量 Count

程序 8.9 的运行结果如图 8-26 所示。

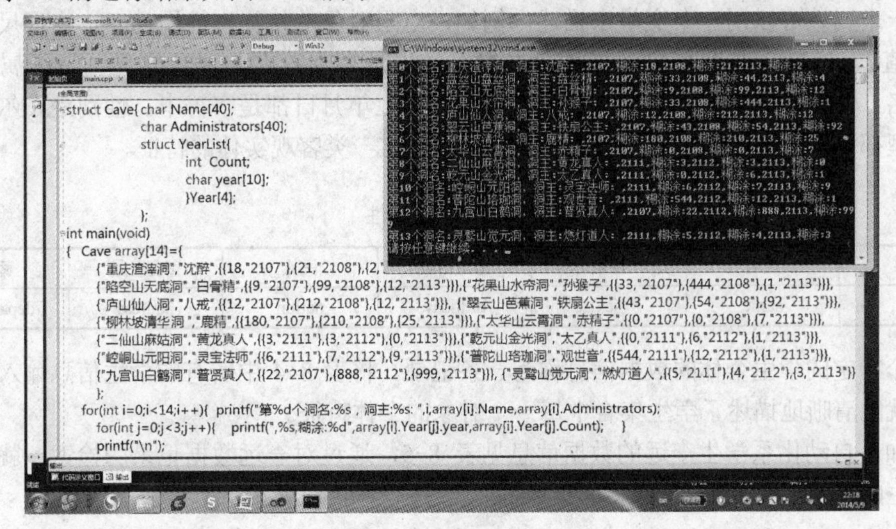

图 8-26　程序 8.9 的运行结果

请读者记住：声明结构，就是构建自己所需的变量类型！

8.7 结构——变量的组合 

一个程序应该包括两方面的内容：

1）数据的描述。

2）操作步骤（即动作）的描述。

数据是操作的对象，操作的结果会改变数据的状况。例如，厨师做菜肴需要有菜谱，菜谱上应该包括：

1）配料，指出应使用哪些原料。

2）操作步骤，指出如何使用这些原料并按规定的步骤加工成所需的菜肴。

没有原料是无法加工的，面对同一些原料可以加工成不同风味的菜肴。作为程序设计人员，必须认真考虑和设计数据结构和操作步骤，即算法。

8.7.1 基本数据类型与构造数据类型

基本数据类型就是 C 语言支持的基本数据定义能力，除此之外，C 语言不再支持其他类型的数据变量的定义。例如，学生的出生年月日，C 语言不能直接定义一个日期型数据变量，只能通过定义一个字符类型数组的变量来描述它。

构造类型是指可以通过 C 语言支持的数据结构定义能力，将所需的基本型数据汇集到一起，成为一个新的数据类型，这个新数据类型定义后，可以直接在读者设计的程序中引用，如同使用基本数据类型一样。

8.7.2 数据是客观事物属性的描述

计算机用变量来描述客观事物的属性，数据就是变量的取值。一个客观事物具有多种属性，每一个属性可以用一个变量来描述。例如，电阻对象的特征属性用功率、物理尺寸、色标（阻值）、材料、温度系数等描述。显然，学生是客观存在的对象实体，特征属性有学号、姓名、性别、出生年月日等。学号、姓名和出生年月日都是字符串，性别是布尔变量或字符类型都可以。因此，可以用表 8-4 来描述学生这一类客观实体的特征。

表 8-4 学生属性

学号	姓名	性别	出生日期	民族	家庭住址	系别
ID	name	sex	birthday	nation	address	department

一个特定的学生个体的数据信息称为一条记录。将表 8-4 中所有的学生信息输入到计算机中，就能清晰地描述了学生集合中每一个对象的个体特征。

例如，自动化系学生李远的数据信息见表 8-5，通过对李远数据记录的检索，就可以得知该学生的基本情况。

表 8-5　李远数据信息

ID	name	sex	birthday	nation	address	department
2003100005	李远	男	1985 年 11 月	汉	杭州黄龙洞	自动化系

要想让计算机描述各种客观事物，就必须使其具有多种类型变量的定义能力，也就是计算机语言的数据类型问题。

C 语言之所以能广泛地应用于各个领域，除了它的编程效率以外，基本数据类型丰富以及自定义复合数据类型（数据结构）的能力，是一个非常重要的原因。

8.7.3　结构变量——打包数据

C 语言支持的数据结构定义能力，读者可以将所需的基本型数据汇集到一起，作为一个新的数据类型来使用，称为结构体。新数据类型定义后，可以直接在程序中引用，如同使用基本数据类型一样。

以表 8-4 描述的学生实体为例，不能直接引用学生变量类型，因为 C 语言不支持这种形式的变量。

C 语言的结构体给读者提供了构造任意一种复合数据类型的能力：

```
struct student{
        char ID[20];
        char name[20];
        char sex;
        char birthday[8];
        char nation;
        char address[40];
        char department[20];
};
```

关键字 struct 说明了一个新的数据类型 student，它就是学生变量，由花括弧里的基本类型变量组成。于是，读者可以直接在程序中使用自己定义的、新的学生数据类型，如下述语句：

```
struct student record;    //定义一个学生变量 record
student array[40];        //定义一个学生类型的数组 array
```

定义了一个学生数据类型（student 类型）的学生结构变量 record 和结构体数组 array。

C 语言构造结构体的能力，也称为数据结构的节点定义方法。它和指针类型变量的结合，是数据结构设计中使用 C 语言的根本原因，因此几乎所有的关系数据库以及操作系统的内核都用 C 语言编写。

8.7.4　结构体的概念——打包的方法

C 语言结构体的含义是不同数据类型的变量的集合。

结构体中的变量组合关系由编程者自行定义。因此，结构的根本意义在于，它给编程者提供了封装任意一个对象的属性数据在一个节点（变量）内的能力。在说明和使用结构变量之前必须先定义它，也就是构造它。这如同在说明和调用函数之前要先定义函数一样。定义一个结构体的一般形式为：

```
struct 结构名{
            成员列表
            };
```

成员表列由若干个成员组成，每个成员都是该结构的一个组成部分，对每个成员都必须进行类型说明，其形式为：

```
类型说明符 成员名;
```

图 8-27 所示的是一个结构体类型的定义实例。

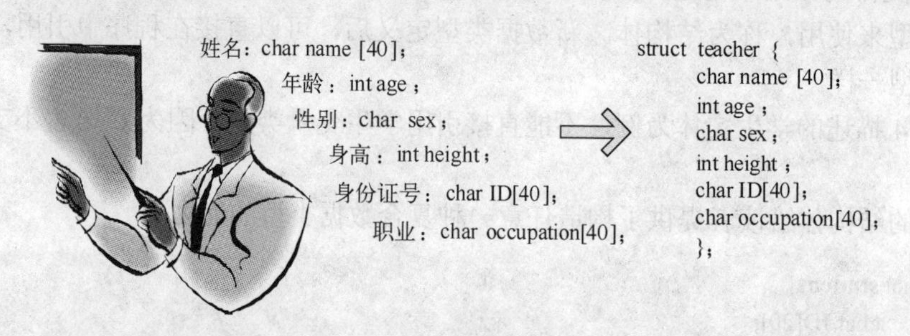

图 8-27　用结构封装对象的属性

8.7.5　数据封装的概念

图 8-28 举例说明了数据封装的概念。

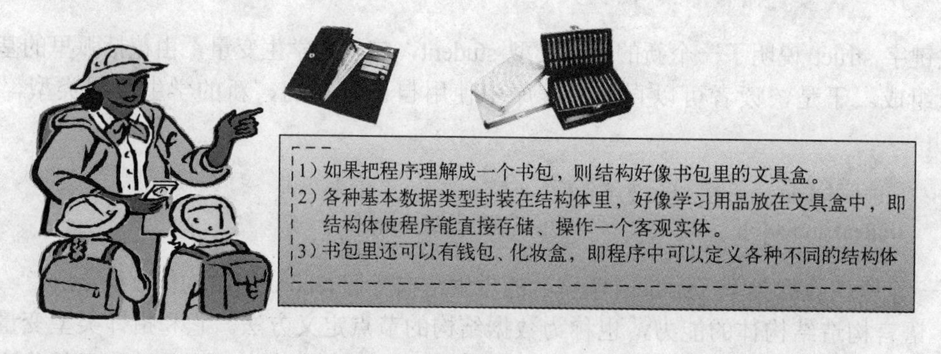

图 8-28　结构用于封装对象

8.7.6　结构数组——线性表

表 8-6 是学生信息记录表，每一条记录都是表的数据结构元素。

表 8-6　学生信息记录表

学号 ID	姓名 name	班级 class	性别 sex	生年月日 birthday	联系电话 tel
030094	李肖肖	土木工程系	男	1984.12.1	55241234
030101	金花	土木工程系	女	1984.11.12	55244567
031499	冯雅喆	自动化系	女	1984.2.1	55248910
031501	戎珂	自动化系	男	1984.5.7	55241122
03W101	全朱姬	自动化系	女	1984.11.30	55241213

定义结构体如下：

```
struct      student{
            char ID[20];
            char name[40];
            char class[40];
            int   sex;
            char birthday[20];
            char tel[20];
            }array[10];
```

图 8-29 描述了结构数组 array 存储表 8-6 的逻辑意义。

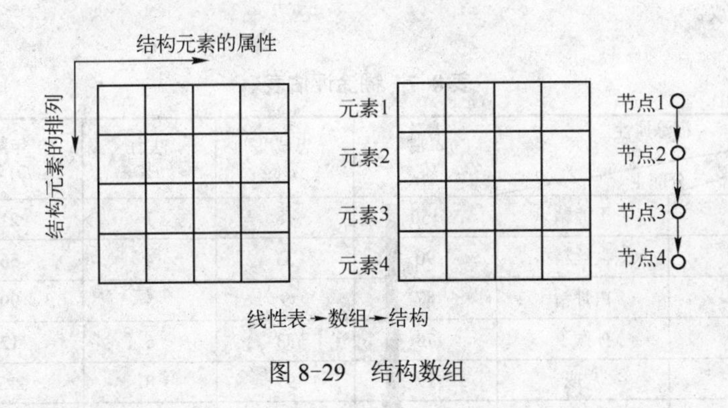

图 8-29　结构数组

表结构表达的记录之间的关系是<a_i，a_{i+1}>，所以称表结构是线性的，用数组变量 array 存储它，初始化设置为：

```
array[0]={"030094","李肖肖","土木工程系",0,"1984.12.1","55241234"};
array [1]={"030101","金花","土木工程系",1,"1984.11.12","55244567"};
array [2]={"031499","冯雅喆","自动化系",1,"1984.2.1","55248910"};
array [3]={"031501","戎珂","自动化系",0,"1984.5.7","55241122"};
array [4]={"03W101","全朱姬","自动化系",1,"1984.11.30","55241213"};
```

现在请读者看图 8-30，回顾一下 C 语言的数据类型，体会构造数据类型的意义。

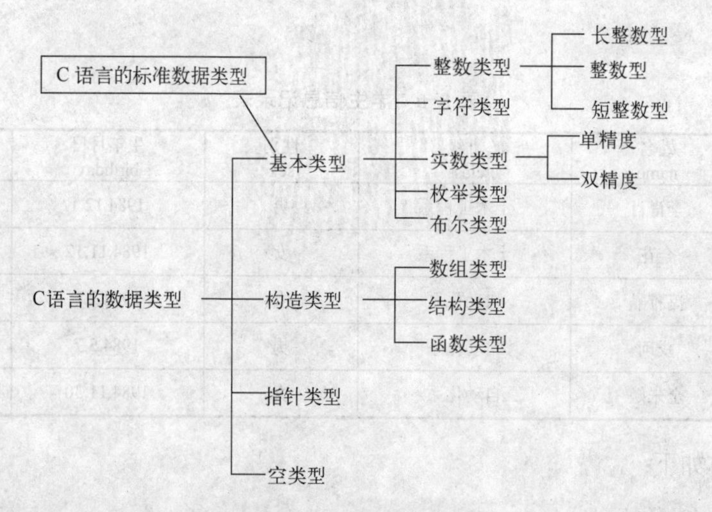

图 8-30 C语言的数据类型

8.8 索引未来——指针数组

8.8.1 索引举例 1——糊涂掌门

功力尚欠火候的你继承了掌门人后，心态不稳而寝食难安，为防微杜渐，故做表 8-7 考核众人的经营绩效。

表 8-7 糊涂评估表

洞号 \ 分舵主 \ 糊涂属性		品牌/亿	忠诚度/%	法力/%	年龄/万年	糊涂数/个
黑风山黑风洞	黑熊精	150	18	1	21	7
盘丝山盘丝洞	盘丝精	90	33	4	56	76
陷空山无底洞	白骨精	87	9	5	99	6
花果山水帘洞	孙猴子	78	33	6	12	32
庐山仙人洞	八戒	19	99	8	223	443
翠云山芭蕉洞	铁扇公主	14	43	9	65	75
太华山云霄洞	赤精子	10	0	11	1	2
二仙山麻姑洞	黄龙真人	9	1	12	2	2
乾元山金光洞	太乙真人	8	4	15	2	1
崆峒山元阳洞	灵宝法师	5	22	17	4	5
普陀山珞珈洞	观世音	3	0	23	333	455
九宫山白鹤洞	普贤真人	2	22	81	455	666
灵鹫山觉元洞	燃灯道人	0	9	88	7	6
柳林坡清华洞	鹿精	-0.01	11	100	210	70

1）经济基础决定上层建筑，品牌价值最重要，是发展前景的重要排序指标。

2）法力是撑门面所必须的，当然是竞争力的排序指标。

3）弟子数也不能忽略，是现金流的基础。

4）忠诚度也不可不察。

5）年轻者优先。

若按评估业绩降序排列表 8-7，则问题是：如果根据随机选取的某指标进行排序，那么需要就不断地前挪后移数组中的所有元素（各行），费时费力。

8.8.2 索引举例 2——傻瓜买车

除夕之夜你走夜路，天掉陨石砸晕你的脑袋，抓狂购名车豪宅，上网小搜一把，搜索条件如图 8-31 所示。

1）要尽显尊贵——欧洲土豪。

2）要尽显身价——马丁、玛莎或阿宝。

3）避免土豪品味——侯门风范。

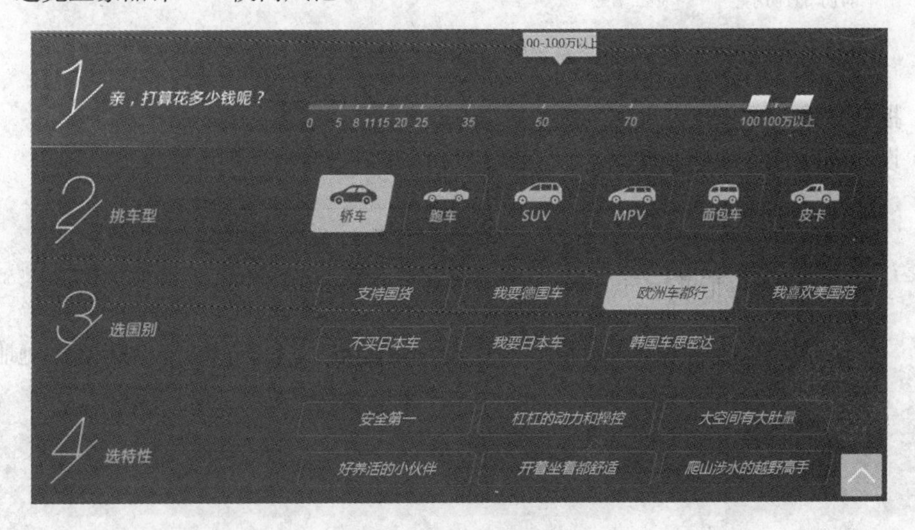

图 8-31 网购搜索条件

部分搜索结果如图 8-32 所示。

8.8.3 指针与索引

数组元素（记录）在硬盘中的存储位置与选择的搜索排序界面无关，原因有以下几点：

1）每条记录都存储在硬盘中，都有一个指针指向它——记录索引。

2）每一条记录的关键属性（如索引示例 2 中的车型、价格、产地等）都有一个指针指向它（指向记录关键属性的指针构成了指针数组）。

3）根据搜索条件对指针数组排序——依据指针所指内容，对指针数组中的元素排序（指针排序）。

读者又有疑问了吧？下面请看后面的程序 8.10 5 单词排序——指针数组应用，它可以解答读者的疑惑。

图 8-32　部分搜索结果

1．指针数组

1）设 main 函数体如下：

```
void main(void)
{
        char word[5][20],*p[5];
        int i;
        for(i=0;i<5;i++)*(p+i)=word[i];                //*(p+i)是指针，获得了第 i 个字符串的首地址
        input(p);
        comp(p);
        list(p);
}
```

指针数组 p 的元素是指针

它进行了如下操作：

① 声明了两个数组，即字符串数组 word 和指针数组 p。

② 把 word 各行的首地址（字符串变量名）赋给 p（见图 8-33）。

③ 调用 input 函数输入了 5 个字符串到 word。

④ 调用了运算函数 comp()和输出函数 list()。

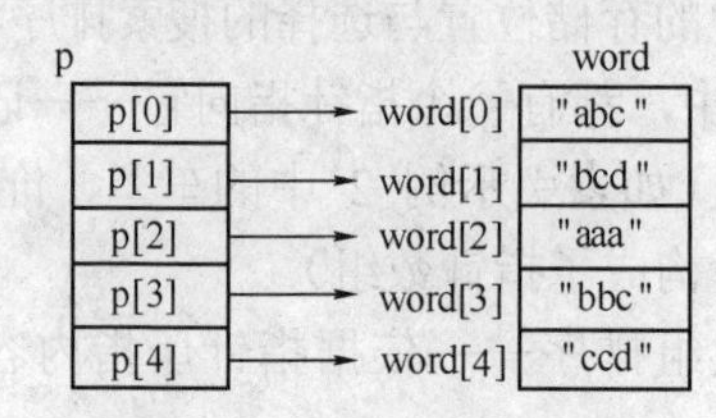

图 8-33　指针数组的赋值

2）假设对指针数组 p 按字典顺序排序，并生成一个新的有序数组 sp，如图 8-34 所示，则称 sp 是 p 的索引。

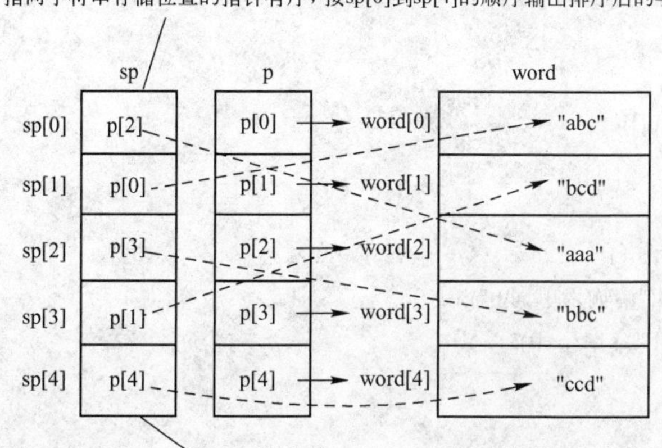

图 8-34　指针数组——索引排序

2．指针数组应用——5 单词排序

在下面的程序 8.10 中，函数 comp()的形参是指针数组 p 和 sp（数组 sp 称为索引），函数 comp()让 sp 的元素（指针）有序地指向了字符串数组，comp 函数的运行步骤如下：

1）让 p 指向 word（各行的字符串变量）。

2）置 sp 为空。

3）在外循环中（每次寻找最小字符串的初始），指针 sp[j]指向 word 的第一个字符串地址。

4）在内循环中找到当前剩余字符串中最小的字符串。

5）在第二个内循环将指向该字符串的指针 p[i]的值，指向常量（假设无穷大）。

6）当函数 comp()返回时，sp 的指向如图 8-35 所示。

程序 8.10　5 单词排序（指针数组应用）

```
#include <string.h>
#include <stdio.h>
void input(char *[]);                //形参是指针数组
void comp(char *[]);
void list(char *[]);
void main(void)
{
    char word[5][20],*p[5];
```

```
        int i;
        for(i=0;i<5;i++)*(p+i)=word[i];          //*(p+i)是指针，指向第 i 个字符串
        input(p);
        comp(p);
        list(p);
    }
    //----------
    void input(char *p[])
    {
        int i;
        for(i=0;i<5;i++){
            printf("请输入单词\n");
            scanf("%s",*(p+i));
            }
    }
    //排序函数，字符串按 p[0]到 p[4]的顺序排序
    void comp(char *p[5])
    {
        char *sp[5];
        for(int j=0;j<5;j++){
            *(sp+j)=*(p+0);
            for(int i=1;i<5;i++)strcmpi(*(sp+j),*(p+i))>0?*(sp+j)=*(p+i):*(sp+j);
            for(i=0;i<5;i++)strcmpi(*(sp+j),*(p+i))==0?*(p+i)="zzzzzzzzzzzzzz":*(p+i);
            }
        for(j=0;j<5;j++)*(p+j)=*(sp+j);          p+i 的值，指向了常量字符串
    }
    //-----------
    void list(char *sp[])
    {
        int i;
        for(i=0;i<5;i++)printf("sp(%d)=%s\n",i,*(sp+i));
    }
```

程序 8.10 的运行结果如图 8-35 所示。

程序 8.10 中的 comp 函数是对指向 word 的指针数组 p 按字典顺序进行了重排，但是没有改变 word 存储的字符串顺序。也许聪敏的读者会问函数 comp 的排序方法是否太傻了？为什么不用排序算法？

基于排序算法的指针数组的 5 单词排序问题，是留给读者的习题（跟我学 C 练习题八的第 1 题）。

程序 8.11 对一个整数数组做冒泡排序，请读者参考程序 8.11，写出对一个指向字符串数组的指针数组进行排序的程序（要求按字典顺序）。

```
void main(void)
{   char word[5][20],*p[5];   int i;
    for(i=0;i<5;i++)*(p+i)=word[i];        //*(p+i)是指针，指向第i个字符串
    input(p);  comp(p);  list(p);
}
void input(char *p[])
{   int i; for(i=0;i<5;i++){ printf("请输入单词\n");    scanf("%s",*(p+i));  }
}
void comp(char *p[5])// 排序函数，字符串按p[0]到p[4]的顺序排序
{       char *sp[5];int i,j;
        for(j=0;j<5;j++){
            *(sp+j)=*(p+0);
            for(i=1;i<5;i++)strcmpi(*(sp+j),*(p+i))>0?*(sp+j)=*(p+i):*(sp+j);
            for(i=0;i<5;i++)strcmpi(*(sp+j),*(p+i))==0?*(p+i)="zzzzzzzzzzzzzz":*(p+i);
            }
        for(j=0;j<5;j++)*(p+j)=*(sp+j);
}
void list(char *sp[])
{   int i; for(i=0;i<5;i++)printf("sp(%d)=%s\n",i,*(sp+i));
}
```

```
请输入单词
54321
请输入单词
43215
请输入单词
32154
请输入单词
21543
请输入单词
15432
sp(0)=15432
sp(1)=21543
sp(2)=32154
sp(3)=43215
sp(4)=54321
请按任意键继续. . .
```

图 8-35　程序 8.10 运行结果

程序 8.11　整数数组的冒泡排序函数

```
void bubbleSort(int *p,int n)                    //n 是数组元素的个数
{
int temp;
for(int i=0;i<n;i++){
      int flag=0;
      for(int j=n-1;j>i;j--)if(*(p+j)<*(p+j-1)){
                                    temp=*(p+j);
                                    *(p+j)=*(p+j-1);
                                    *(p+j-1)=temp;
                                    flag=1;
                                    }
            if(flag==0)break;
      }
}
```

8.9　本章要点

本章要点如下：

1）一维数组是一个矢量（不妨把字符串看成是一种特殊的矢量）。

2）二维数组是矢量的数组。

3）数组指针（矢量指针）可以指向和访问矢量数组（元素是矢量）。

4）二维数组与二级指针是完全不同的概念，不能让一个二级指针指向一个二维数组（不能把数组名赋给二级指针）。

5）结构体是封装 C 语言基本数据类型的方法，它是面向对象分析编程的基本手段，也是后续学习 C++类的基础。

8.10 跟我学 C 练习题七

1）递归编程。求 Fibonacci 数列：1，1，2，3，5，8，…的前 20 个数，即：

$$f(n)=\begin{cases}1 & n=1\\ 1 & n=2\\ f(n-1)+f(n-2) & n>=3\end{cases}$$

2）递归编程。在屏幕上反向输出一个整数 x（x 是整型变量），如 8341 的反向输出是 1438。

3）递归编程。在屏幕上显示如下 i 层的杨辉三角形：

```
          1
        1   1
      1   2   1
    1   3   3   1
  1   4   6   4   1
1   5   10  10  5   1
```

① 请列出递归表达式。

② 该递归结构的 C 语言实现。

4）程序调试练习。整型数组 a 定义如下，在表格第二列中说明第一列中的表示形式所表达的意义，并在第三列中写出它的数值（编写一个简短的程序用 DEBUG 单步跟踪）。

```
int  a[3][4];
```

表示形式	含　义	数　值
a	二维数组名，数组首地址	0xxxxx(根据实际地址填写)
a[0],*(a+0),*a		
a+1		
a[1],*(a+1)		
a[1]+2,*(a+1)+2,&a[1][2]		
(a[1]+2),(*(a+1)+2),a[1][2]		

5）二维数值型数组。编写一个程序，声明一个 3×5 的数组并初始化，数值自行定义。程序打印出数值，然后将所有元素的数值翻倍，再次打印新的数值。用函数 output()输出数组内容，用函数 double()实现数值翻倍功能。数组名和行数作为参数传递给各函数。

6）二维数值型数组。编写一个程序，用户输入 3 个数集，每个数集包括 5 个 double 值。要求程序实现下述功能：

① 调用函数 intput()，把输入信息存到一个 3×5 的数组中。

② 调用函数 average_row()，计算每个数集（包含 5 个 double 数值）的平均值。

③ 调用函数 averag_all()，计算所有数的平均值。

④ 调用函数 max()，找出这 15 个数中的最大值。

⑤ 调用函数 list()，打印各个功能结果。

注：对于功能②，需要编写计算并返回一维数组平均值的函数，循环 3 次实现功能②。对于其他功能，各函数应该把二维数组作为参数传递，并且完成功能③和④的函数应该向它的调用函数返回答案。

7)（选做题）递归计算矩阵。一个 n 阶矩阵表述为 n×n 的数组，如 $\begin{bmatrix}3\end{bmatrix}$ 是一个 1×1 矩阵，$\begin{bmatrix}1 & 3\\ -2 & 8\end{bmatrix}$ 是 2×2 矩阵，而 4×4 矩阵 M 如下：

$$M=\begin{bmatrix}1 & 3 & 4 & 6\\ 2 & -5 & 0 & 8\\ 3 & 7 & 6 & 4\\ 2 & 0 & 9 & -1\end{bmatrix}$$

定义：矩阵 x 的子式为删除 x 所在的行和列之后得到的子矩阵，如 M 矩阵中，元素 7 的子式为 3×3 的矩阵：

$$\begin{bmatrix}1 & 4 & 6\\ 2 & 0 & 8\\ 2 & 9 & -1\end{bmatrix}$$

设元素 a[i，j]的子式描述为 minor[a[i，j]]，则计算 a 行列式 det(a)的递归定义如下：

① 若 a 是一个 1×1 矩阵（x），则 det(a)=x。

② 若 a 的阶数大于 1，则按以下方式计算 a 行列式。

方式一：任选一行或列，对该行或列的每一个元素 a[i，j]计算下式的积：

$$\text{pow}(-1, i+j)\times a[i,j]\times \det(\min\text{or}(a[i,j]))$$

其中，i 和 j 为被选元素的行号和列号，a[i,j]为被选元素，det(minor(a[i,j]))为 a[i,j]的子式的行列式，库函数 pow(m,n)为求 m 的 n 次方，头函数是#include <math.h>。

方式二：det(a)等于这些乘积之和，即 n 阶矩阵计算为：

$$\det(a)=\sum_{i}\text{pow}(-1, i+j)\times a[i,j]\times \det(\min\text{or}(a[i,j])) \qquad \text{（对任意的i）}$$

或：

$$\det(a)=\sum_{j}\text{pow}(-1, i+j)\times a[i,j]\times \det(\min\text{or}(a[i,j])) \qquad \text{（对任意的i）}$$

要求：

① 编写 input 函数，读入 n 阶矩阵 a。

② 编写 list 函数，打印 n 阶矩阵 a。

③ 计算 det(a)的值。

$$\det(a)=\begin{bmatrix}1 & 2 & 3 & 4\\ 2 & 3 & 4 & 1\\ 3 & 4 & 1 & 2\\ 4 & 1 & 2 & 3\end{bmatrix}=160，\det(b)=\begin{bmatrix}1 & 1 & 1 & 1\\ 3 & 1 & 2 & 4\\ 9 & 1 & 4 & 16\\ 27 & 1 & 8 & 64\end{bmatrix}=12$$

8.11 跟我学 C 练习题八 

1）指针数组排序。请把程序 8.10 中的函数 comp()的功能用冒泡算法实现（参考程序 8.11），要求如下：

① input 从键盘任意输入 5 个英文单词（设每个单词字符串的长度小于 20），返回到二维数组 word。

② 指针数组 p 指向 word。

③ 调用排序函数 bubbleSort()，直接对 p 排序。

④ bubbleSort 函数不能改变各个字符串在 word 中的位置。

⑤ 按字典顺序输出至屏幕。

2）开放式作业：八数码，图示如下。

2	8	3
1	6	4
7		5

① 背景。

八数码难题由 8 个编码（1～8）放在 3×3 的井字格上的将牌组成，将牌可移动。画面上总有一个格是空的，因此可移动空格周围带有数码的将牌走到空格里。现要求从初始状态，按照规则，每次移动一步，最终达到目标状态，见下图。

初始状态

2	8	3
1	6	4
7		5

→

目标状态

1	2	3
8		4
7	6	5

问题的解是一个合适的走步序列。例如，牌 6 向下移动（用箭头↓、↑、←、→代表移动方向），牌 8↑等。

八数码的三要素是问题状态，走步和目标状态。牌的每种结构就是问题的状态。所有可能的结构集合就构成了问题的状态空间（问题空间）。八将牌和一个空格一共有 9！种不同的结构（可以分离成对等的两个子空间，每个子空间是 181440 种状态）。问题描述是 3×3 矩阵。

移动一次把一个状态转化为另一状态，当有空格 4 种走步时（↓、↑、←、→），可以用一组规则来模仿这些走步。每个规则都有某一状态描述必须满足的先决条件，目的是使这些规则能应用于某个状态的描述，如“空格上移”有关这条规则的先决条件是从“空格不应处于顶处的行”的要求推导出来的。目标状态是从初始状态开始，经过一系列走步序列后，要达到的某一特殊状态。

控制策略：不可撤回控制策略、探索回溯控制策略和图形搜索策略。

由局部知识构造一个全局系列（知识）是爬山法：

爬山过程中，寻找函数的极大值，在最陡梯度（局部知识）的方向前进。具体来说，用所有“不在位”的将牌与其在目标状态位置的偏差距离之和的最小值的负数，作为状态函数的描述，称为启发性搜索。“距离”是指某个牌与其在目标状态的位置相比较后的偏差距离值。

下图中初始状态的函数值是-4，而对目标状态来说，函数值是 0。

从初始状态出发，上移空格（↑）可获得函数值的最大增加，图示如下：

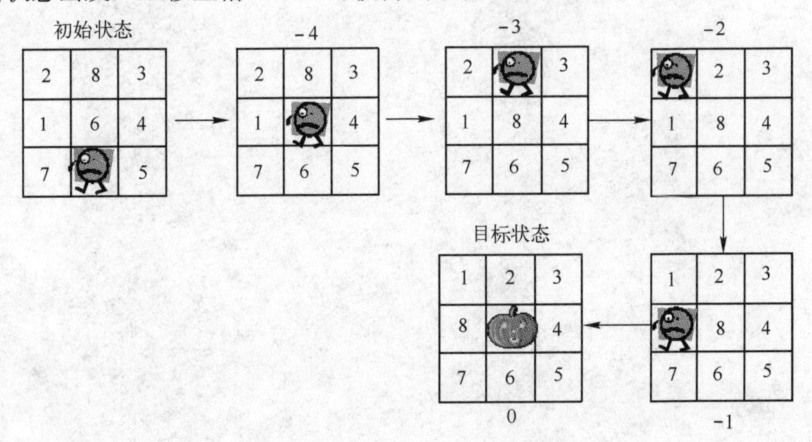

② 开放式作业。

可能有多个局部的极大值破坏爬山法，如下图将使搜索陷入“平顶”或“山脊线”。

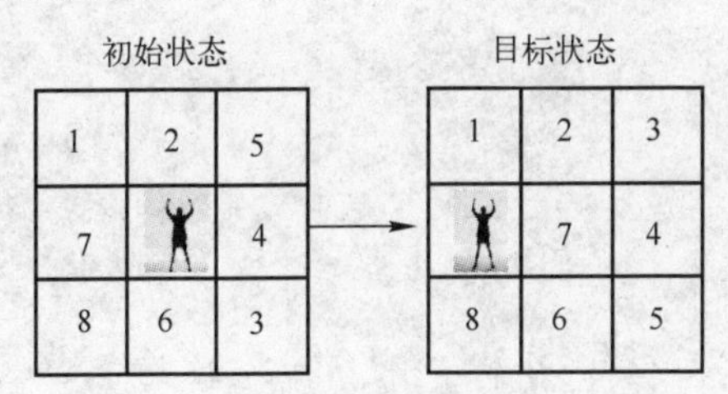

此时是否可以选择回溯？即选一条规则，如果无解，则放弃所有的参与搜索的各步，并选择另一条规则取代。

③ 要求如下：

用二维数组描述八数码。

完成启发式搜索过程。

编程：

使用函数 output()输出八数码状态。

状态函数 epistemic()返回将牌与目标的偏移距离的和的负数。

函数 move()在八数码中移动空格一步，使状态函数值最大（趋于零）。

④ 文献指引如下：

启发式搜索属于“人工智能”领域的基本问题，有关文献可以从该领域入门查找。

在搜索控制策略中，不可撤回控制策略是最简单的一种，仅需掌握基本的编程方法就能处理。

此外，还有探索回溯控制策略和图形、树形搜索策略，它们具备基本的数据结构基础，如堆栈和队列。

第 9 章

说文解字拆分 C 程序——指针与函数

9.1 指针概念一览 

请读者回顾图 8-15，至今，读者已经学过了各种类型的指针，还欠缺的是指针的应用，笔者称之为指针与函数的关系。

9.2 指针与函数 

9.2.1 函数是变量

重画图 8-30 如图 9-1 所示，在构造类型中新增了一个函数类型的变量。

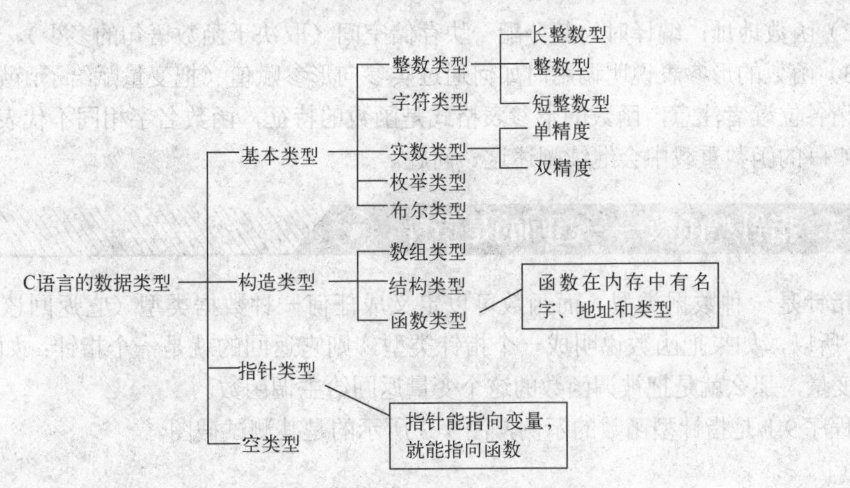

图 9-1　函数是变量

9.2.2 函数的存储方式——函数三代表

函数的本质与变量是完全相同的，它必须声明（变量名），且存储在内存（变量的地址）中，它有形参表和返回方式。

在 C++课程中，把变量与函数（方法）合并到“类”中。其实，读者现在也可以把它们合并到一个结构体中。

图 9-2 举例说明了函数的名字与类型、地址与形参表的概念。

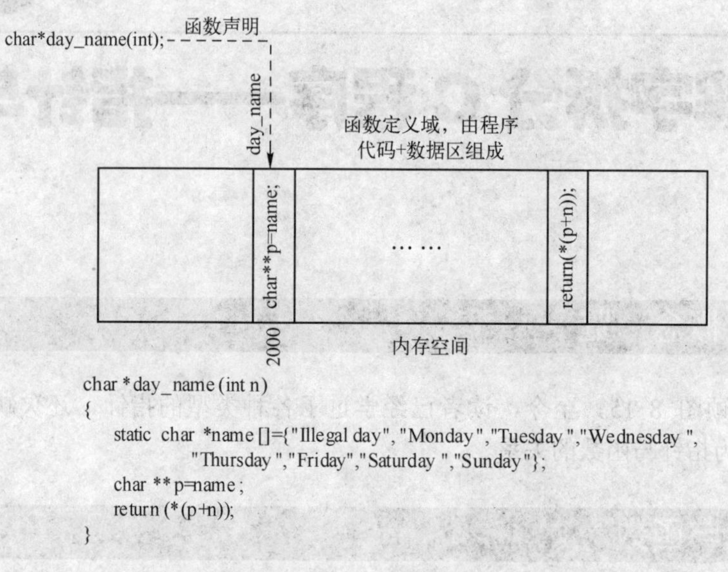

图 9-2　函数四项基本原则——名字与类型、地址与形参表

1）声明一个指针型函数，它返回的是一个字符类型的指针：

```
char *day_name(int );
```

2）函数地址：编译时为其分配一块存储空间（取决于函数语句的多少）。

3）函数的形参表说明调用时如何通过实参向形参赋值（把变量赋给了函数）。

请各位读者注意，函数的形参表格式是函数的特征，函数名字相同不代表函数相同，今后在 C++的函数重载中会继续阐述这一问题。

9.2.3　指针型函数——返回的是指针

指针是一种数据类型，而函数可以定义成任何一种数据类型（它返回该类型数据的变量），所以，如果把函数说明成一个指针类型，则它返回的就是一个指针；如果该指针指向某个变量，那么就是把被调函数的这个变量返回给主调函数。

程序 9.1 是指针型函数的示例，图 9-3 所示的是其测试截图。

程序 9.1　指针型函数示例

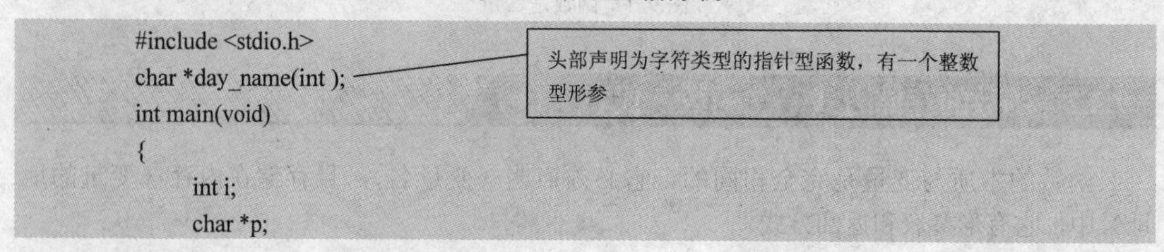

```
#include <stdio.h>
char *day_name(int );
int main(void)
{
    int i;
    char *p;
```

```
    printf("input Day No:\n");
    scanf("%d",&i);
    p=day_name(i);            // 输入 1~7 的数字，返回对应的星期几
    printf("Day No:%2d-->%s\n",i,p);
    return(0);
}
//------------
//函数 day_name( )返回指向常量字符串的指针
char *day_name(int n)
{                             // 指针数组，指向一组常量字符串
    char *name[]={ "Illegal day", "Monday","Tuesday","Wednesday",
                   "Thursday","Friday","Saturday","Sunday"};
    return((n<1||n>7)?  name[0]:  name[n]);   // 返回指向某个字符串的指针
}
```

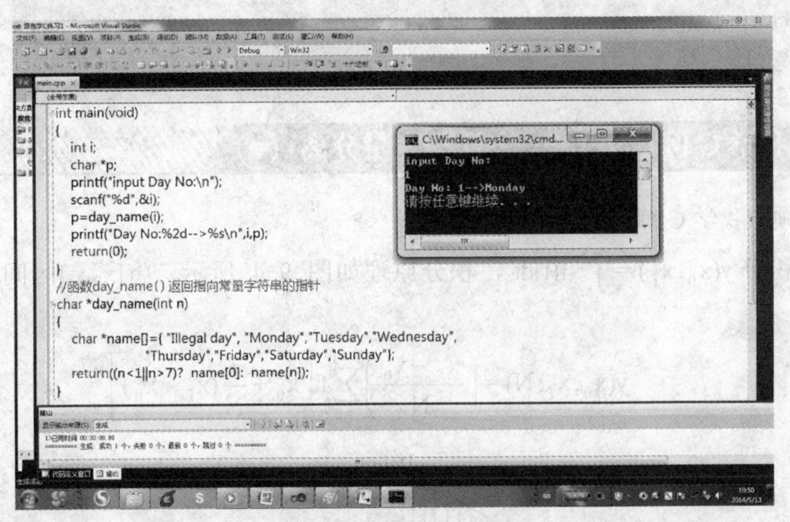

图 9-3　程序 9.1 运行截图

9.2.4　函数型指针——指向函数的指针

函数指针是与指向的函数同类型、同形参的指针，定义形式如下：

```
数据类型 (*指针变量名)();
```

例如：int(*p)(int, int);

指针赋值:　如 p=max;

调用形式:　c=max(a,b); ⇔ c=(*p)(a,b); ⇔ c=p (a,b);

下面请读者分析并运行程序 9.2。

程序 9.2　函数指针

```
#include<stdio.h>
int max(int ,int );
```

```
int main(void)
{
    int x,y,z;
    int (*fp)(int,int);            //定义一个函数指针，形参是两个整数类型
    fp=max;                        //指针 fp 获得函数 max 的地址
    printf("input two numbers:\n");
    scanf("%d%d",&x,&y);
    z=(*fp)(x,y);                  //调用 fp 所指向的函数
    printf("maxmum=%d\n",z);
    return(0);
}
//---------
int max(int a,int b)
{
  if(a>b)return(a);
  else return(b);
}
```

9.2.5 跟我学 C 例题 9-1——方法与变量分离

现在回顾跟我学 C 练习题五中的第 7 题：

计算定积分 $y(x_0,x_f)=\int_{x_0}^{x_f} f(t)dt$，积分原理如图 9-4 所示，将$[x_0,x_f]$区间平均分成 N 段，计算：

$$\tilde{y}(x_0,x_f;N)=\left(\frac{x_f-x_0}{N}\right)\sum_{i=0}^{N-1} f\left[x_0+\frac{i}{N}(x_f-x_0)\right]$$

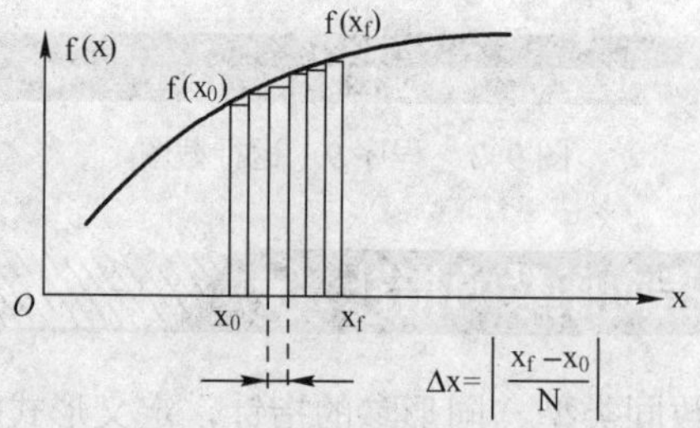

图 9-4 积分原理

令 $\tilde{y}_n=\tilde{y}(x_0,x_f;10n)$，n 为自然数，误差约束$\varepsilon=10^{-6}$。编程要求如下：

1）设积分区间为[0，5]，f(x)分别是：

$f(x)=e^{-x^2}$，　　$f(x)=1-\sin x\cdot e^{-2x}$

n 从 2 开始到$\left|\dfrac{y_n-y_{n-1}}{y_n}\right|<\varepsilon$结束，分别输出各 f(x)的积分值和 n。

2）调整积分区间为[2，5]，其他条件不变，分别输出各 f(x)的积分值和 n。

这道题实际提出了两个问题：

① 求解积分过程的算法，它与被积函数的形式无关。

② 不同被积函数的调用形式—— e^{-x^2} 或 $1-\sin x \cdot e^{-2x}$ 。

第一个问题读者应该在习题中做了解答。现在，把积分函数 integral()写在下面，代码如下：

```
struct node integral(double xf,double x0,double (*pf)(double))      形参是函数指针
{
    int i,n=1;
    double y0=0,y1=0,x,step;
    struct node value;
    step=(xf-x0)/10.;
    for(i=0;i<10;i++){
                x=step*i;
                y0+=pf(x0+x);
                }
    y0=y0*step;                                                被积函数由来自实参的赋值指定
    do{
                n++; y1=0;
                step=(xf-x0)/(10.*n);
                for(i=0;i<10*n;i++){
                        x=step*i;
                        y1+=pf(x0+x);

                y1=y1*step;
                x=(y1>y0)?(y1-y0):(y0-y1);
                x/=y1;
                y0=y1;
              }while(x>=0.000001);
    value.y=y1; value.n=n;
    return(value);
}
```

而第二个问题就反映在 integral 的形参表中声明了一个函数指针：

```
double (*pf)(double);
```

主函数把被积函数（其地址）作为实参赋给 integral 的形参函数指针 pf，则 integral 就对该函数做积分求解。

通过函数指针 pf 将积分过程与被积函数分离，极大地简化了程序设计方法。否则，需要为 e^{-x^2} 和 $1-\sin x \cdot e^{-2x}$ 分别设计各自的积分函数，具体见程序 9.3。

程序 9.3　方法与变量分离

```
#include<stdio.h>
struct node integral(double ,double ,double (*)(double));
double exp_function(double);
```

```
double sin_exp(double);
int main(void)
{
        struct node value;
        double xf=END,x0=0;
        value=integral(xf,x0, exp_function);                //函数地址是实参
        printf("n=%d,y=%f\n",value.n,value.y);
        return（0）;
}
//------------------------------------------------------------------
double sin_exp(double x)
{           return(1-(sin(x)*exp(-2*x)));}
//------------------------------------------------------------------
double exp_function(double x)
{           return(exp(-(x*x)));     }
```

9.2.6 类型说明符 typedef——变量的 Facebook

1. 绰号——脸谱

我们能为任何一个对象起绰号，它形象地刻画了对象——入木三分，请看图 9-5～图 9-8（引自网络）。

一言堂

图 9-5 洲哥——笔者本人

萌萌地笑

图 9-6 糊涂——本门弟子

恒古的梦

图 9-7 老劳——劳斯莱斯幻影

鸡肋

图 9-8 小 S——奥拓

C 语言允许用户自定义类型说明符，相当于用户为数据类型起“绰号”，也就是字号。

2．为变量起绰号——类型代言人

C 语言的类型定义符 typedef 用来完成此功能。以下类型说明符声明了整型量 a 和 b:

```
int a,b;
```

用 typedef 定义整型说明符为：

```
typedef  int INTEGER          //仅限举例而已
```

程序可用 INTEGER 代替 int 作为整型变量的类型说明，例如：

```
INTEGER a,b;      <==>      int a,b;
```

用 typedef 定义数组、指针、结构等类型可以使程序书写变得简单且意义更为明确，例如：

```
typedef char NAME[20];
```

表示 NAME 是字符数组类型，数组长度为 20。程序可以用 NAME 说明变量，例如：

```
NAME a1,a2,s1,s2;      <==>      char a1[20],a2[20],s1[20],s2[20];
```

下面请读者阅读程序 9.4，函数指针实现了 switch 语句的功能。

程序 9.4　函数指针与 switch 语句

```
#include<stdio.h>
int menu();
int process(int (*fp)());
int enter();
int del();
int review();
int quit();
typedef   int (*array)(); //说明 array 是 int 函数型指针的类型，无形参
void main(void)
{
      array fp[4] ={enter,del,review,quit};        //声明 array 类型指针数组，初始化为各函数地址
      while(process(fp[menu() - 1])!=4);          // menu 返回指向数组元素的偏移量 i
      cout<<"程序退出"<<endl;
}
//-------------------
int process(   int ( *fp)()   )
```

fp 获得的指针作为实参，赋给 process 的形参

```
{        return( fp() );   }                  //调用该指针所指向的函数，返回值是 int 类型
//-------------------
int menu()
{     int i;
      cout<<"1.Enter;2.Del;3.Reiew;4.Quit;"<<endl;
      scanf("%d",& i );                        //从键盘输入 i 的值，选择功能 1~4
      return(i);
}
//-------------------
int enter(){ printf("is enter()\n"); return(1);}

//-------------------
int del(){ printf("is del()\n"); return(2);}

//-------------------
int review(){ printf("is review()\n"); return(3);}

//-------------------
int quit(){ printf("is quit()\n"); return(4);}
```

程序 9.4 的测试结果如图 9-9 所示。

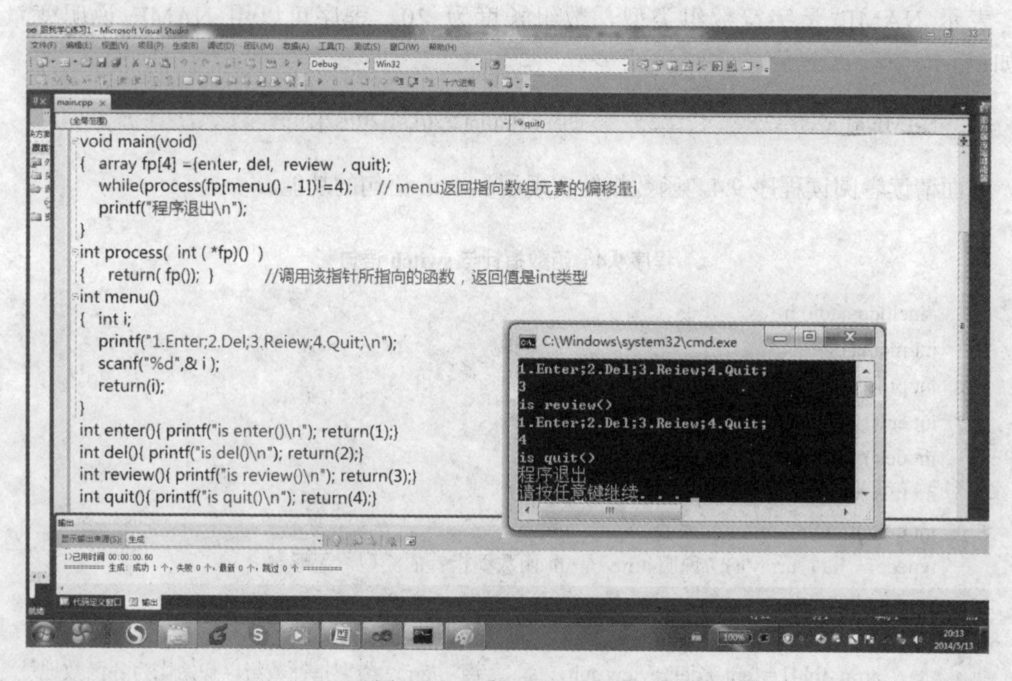

图 9-9　程序 9.4 测试结果

9.3　按需申请内存空间——动态内存分配

下面介绍如何在 C 语言世界中实现按需提取内存空间。

C 语言不允许定义动态数组类型，例如：

```
int i=15;
int data[i];                    // 不能用变量定义数组的大小
```

但是 C++可以，通过函数 new()动态申请数组长度，例如：

```
int size;
cin>>size;
int *p=new int[size];           // 用 i 值定义数组当前长度
```

在实际的编程中，所需的内存空间取决于实际输入的数据量多少，无法预先确定。为此，C 语言提供了内存管理函数，可以按需、动态地申请内存空间，也可以把不再使用的空间送回给操作系统，为有效地利用内存资源提供了手段。

9.3.1 标准 C 语言的动态内存申请函数——malloc( )

malloc 函数的调用形式如下：

```
(类型说明符*)malloc(size)
```

① 功能：在内存的动态存储区中分配一块长度为“size”字节的连续区域。函数的返回值为该区域的首地址。

② “类型说明符”表示把该区域用于何种数据类型，而（类型说明符*）表示把返回值强制转换为该类型的指针。

③ “size”是一个无符号数。

④ 头部函数为#include <malloc.h>。

例如，cp=(char *)malloc(100); 表示分配 100 个字节的内存空间，并强制转换为字符数组类型，函数的返回值为该字符数组的首地址，并赋给指针变量 cp。内存可能申请失败，此时返回的 cp 为空指针。

下面请读者阅读程序 9.5。

程序 9.5　动态内存申请

```
#include<stdio.h>
#include <malloc.h>
int main()
{
    int n;
    char *cp;                       //定义一个字符型指针
    printf("输入字符串长度：");
    scanf("%d",&n);                 //输入当前需要的字符串长度

    cp=(char *)malloc(n);           向操作系统申请 n 个字节（字符类型）的内存，首地址返回给指针 cp
    if(!cp){
```

```
        printf("申请失败!\n");
        exit (NULL);                          //如果申请失败，则退出程序
        }
    printf("输入字符串\n");
    scanf("%s",cp);
    printf("\n 你的输入是：%s\n",cp);
    return(0);
}
```

把字符串输入到首地址是 p 指向的、长度为 n 的内存

9.3.2 动态内存申请的存储空间生存期

变量作用域是 C 语言编程的一个重要概念，使用 malloc 函数在函数内部申请的内存空间，在返回主调函数后，该区域存储的数据（变量）是否还能继续使用？请读者阅读程序 9.6。

程序 9.6 动态内存申请的变量作用域

```
#include<stdio.h>
#include <malloc.h>            //malloc 函数的头函数
char *input();
int main()
{
    char *cp;
    cp=input();
    printf("输入字符串\n");
    scanf("%s",cp);
    printf("\n 你的输入是：%s\n",cp);
    return(0);
}
//-----------------
char *input()
{
    int n;
    char *p;
    printf("输入字符串长度：");
    scanf("%d",&n);
    p=(char *)malloc(n);
    if(!p)return(NULL);
    return(p);
}
```

程序 9.6 的运行结果如图 9-10 所示。

读者或许注意到图 9-10 中输入的字符串实际长度远大于申请的单元数，这说明 C 语言不检查数组的边界。但是，可以这样用并不能说明是正确的，一旦程序越界操作了其他变量正在使用的内存，那么运行结果就不是确定的了。

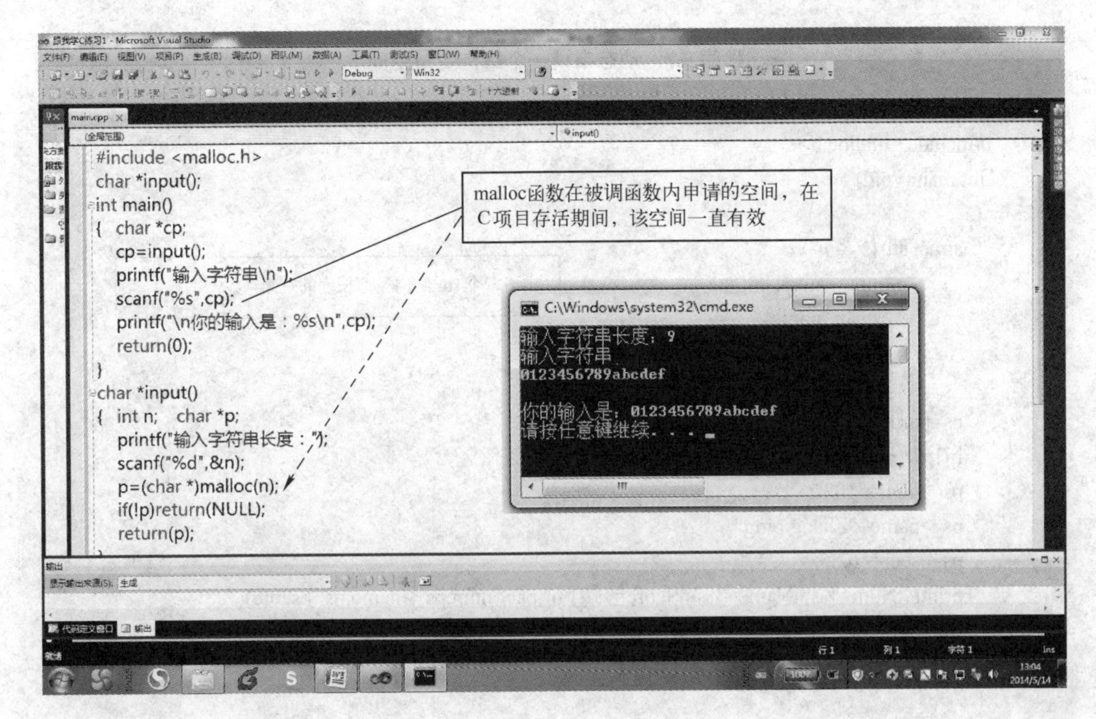

图 9-10　程序 9.6 运行结果

9.3.3　释放内存空间函数 free( )

系统是从一个内存池分配当前内存空间的。原则上说，程序使用完毕后要把申请的空间释放掉，还给操作系统。

1）free 函数的调用形式如下：

```
free(void*ptr);
```

① 功能：释放 ptr 所指向的一块内存空间。

② ptr 是一个任意类型的指针变量，它指向被释放区域的首地址。

③ 被释放区应是由 malloc 函数分配的区域。

④ 头部函数为#include <malloc.h>。

2）free 函数范例：

```
cp=(char *)malloc(100);    //申请 100 个字节的内存空间
.......
free(cp);
```

free 函数释放 cp 指向的内存空间。

9.3.4　动态内存申请——结构变量的长度

现在介绍如何为一个结构体变量申请内存空间，请读者阅读程序 9.7。

程序 9.7　动态申请一个结构变量空间

```
#include<stdio.h>
#include <malloc.h>
int main(void)
{
   struct stu{
            char *num;
            char *name;
            float score;
            }*ps;
   ps=(struct stu*)malloc(sizeof(struct stu));
   if(!ps){printf("memorizer over\n");exit(-1);}
   ps->num="102";
   ps->name="Zhang ping";
   ps->score=62.5;
   printf("Num=%s\nName=%s\nScore=%.2f\n",ps->num,ps->name,ps->score);
   free(ps);
   return(0);
}
```

申请一个 stu 结构类型长度的空间

释放 ps 指向的空间

9.4　魅力指针——链表

读者需要通过C语言的后续课程——数据结构的编程练习，才能透彻地掌握指针。以下简单地讨论了链表的概念。链表是“数据结构”课程中的基础内容，它描述了如何使用指针来存储一张线性表的方法，借此，作为读者的指针实战训练。

9.4.1　指针与数据结构

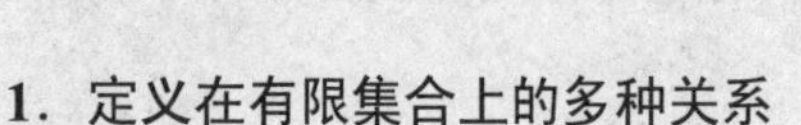

1．定义在有限集合上的多种关系

如下一段文字，描述了一个非常有限的元素集合上存在着多种关系（见图9-11）。

“我和一个带着成年女儿的寡妇结婚。我父亲常到我们家来，他爱上了我的继女并和她结了婚，所以，我父亲成了我的女婿，而我的继女成了我的母亲。几个月之后，我妻子生了一个儿子，他成了我父亲的内弟，也就是我的舅舅。我父亲的妻子，也就是我的继女也有了一个儿子，于是我有了个弟弟，同时也有了一个外孙。因为我的妻子是我母亲的母亲，所以成了我的外祖母。于是，我是我妻子的丈夫，同时又是她的继外孙，换句话说，我是我自己的外祖父。”（引自 N.沃思. 算法+数据结构=程

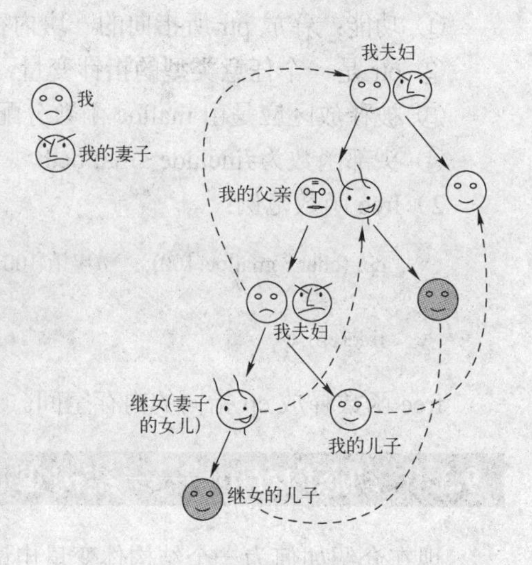

图 9-11　有限集合上的多种关系

序[M]. 北京：科学出版社，1984.）

2．有限元素集合中的元素之间的关系——数据结构

指针代表数据节点的物理地址，它指向一个节点的内存位置。

一个有限元素集合中有多个元素节点（简称节点，后同），它们之间的关系有多种，数组可以存储具有单一线性关系的节点集合，即表格。但是，数组无法存储图 9-12 所示的关系。因此，指针是计算机中存储节点的数据结构的物理实现。

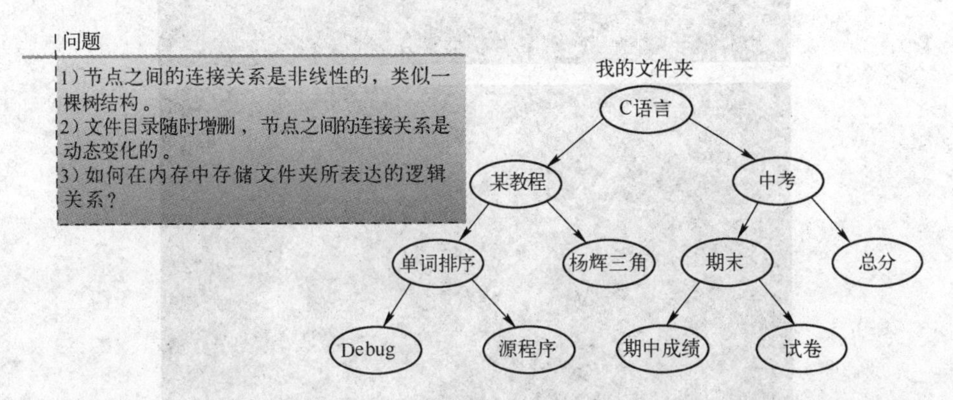

图 9-12　目录是节点，文件夹的节点集合是一种动态的、树状的非线性逻辑关系

3．指针可以描述动态的数据结构

1）如果一个节点内有一个指针指向了其后续节点（地址），则程序可以根据指针找到其后续节点。

2）所有指针指向的集合就是节点的集合，就是要存储的对象（如文件夹）所表达的逻辑结构。

3）假设要删除图 9-12 中的中考节点，则仅需修改“C 语言”节点的指针的指向，即可动态地改变集合的逻辑关系，如图 9-13 所示。

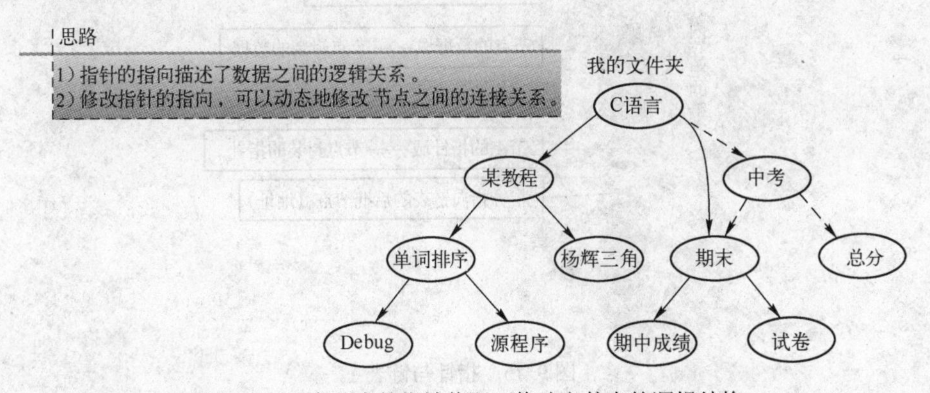

图 9-13　改变节点的指针值即可修改文件夹的逻辑结构

9.4.2　美丽的链——指针实战

1．美丽的链——玉如美人

图 9-14 所示的手链让人赏心悦目——玉如美人，读者可以想象内存中的链与之相似。

图 9-14　美丽的手链（引自网络）

2．指针与链

图 9-15 说明了如何在内存中存储链表。

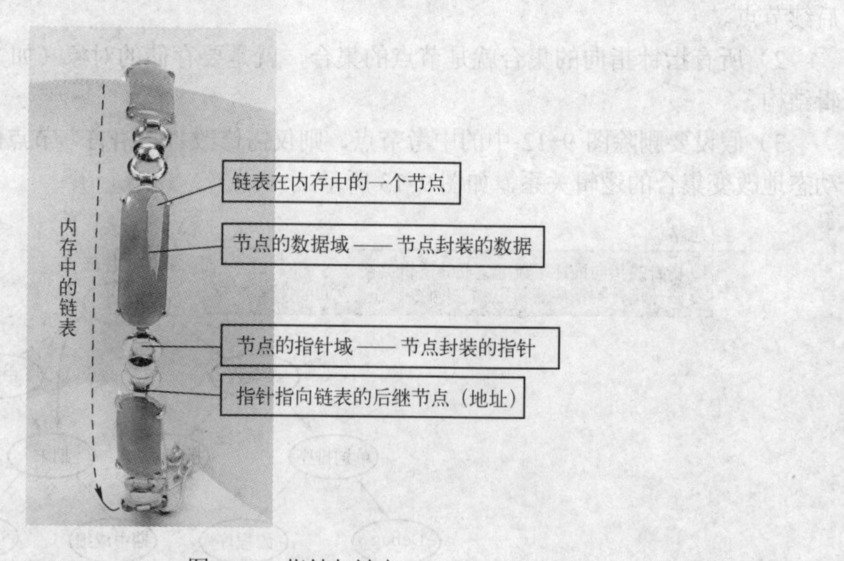

图 9-15　指针与链表

3．指针表达的抽象逻辑关系

节点之间用指针串成一条链，表明节点之间具有线性逻辑关系：

1）指针在数据结构中起到关联节点的作用（见图 9-16）。

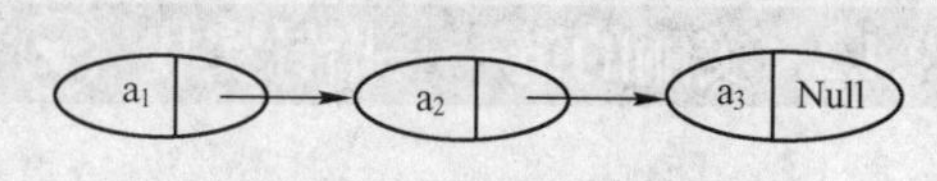

图 9-16　用指针关联后继节点

2）让指针从一个节点元素内指向另一个节点元素，通过指针连接节点元素之间的存储位置，从而将它们关联在一起，进而表达了它们之间的逻辑关系。

3）指针能从一个节点指向另一（或多个）节点，它必须在节点内部，在结构定义中加入指针变量，指向下一个节点。

4）程序找到了当前节点位置，就能根据指针找到后续节点所在，这称为节点关联。

5）链尾的指针为空（非循环链表），如同字符串结尾。

图 9-17 说明了一个学生链表节点的定义。student 结构分为两部分，数据域描述学生属性的基本信息，该节点的指针域是指针变量 next。用 next 指向学生集合中的其他节点，可以表达集合中节点之间的关系，使它们关联在一起。

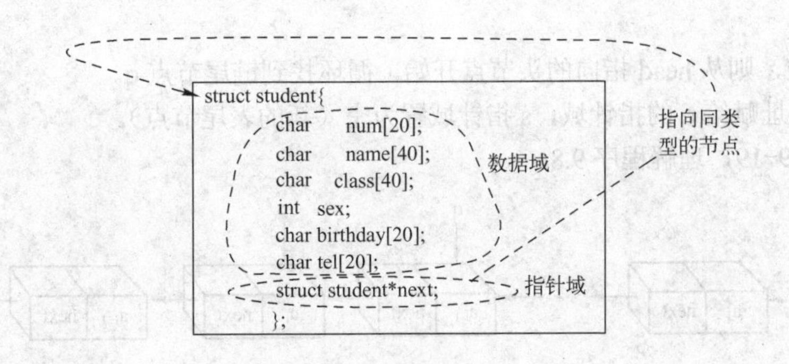

图 9-17　链表节点结构

4. 生成一个简单单链表的方法

图 9-18 说明了一个由 4 个节点组成的链表的指针设置方法。

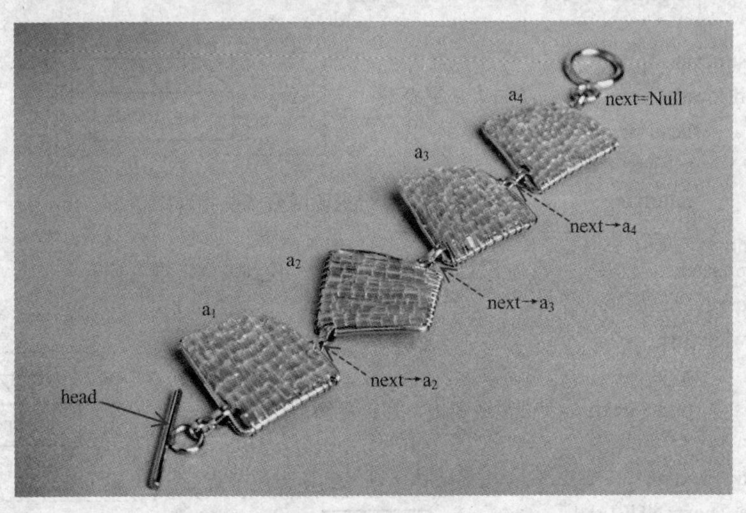

图 9-18　单链表

1）初始化链表头指针 head，让它指向头节点 a_1。

2）每次输入记录 a_i（i=1，2，…，n）时，把 a_i 的地址赋给其前驱节点 a_{i-1} 所含的指针 next，就可以让 a_{i-1} 指向 a_i，即：

```
a(i-1)->next=a(i)
```

它描述了$<a_i,a_{i+1}>$的逻辑关系。

3）如此串连下去，直到最后一个节点 a_n，其后继为空，所以 a_n 指针域赋为 0（即 Null，用“^”表示）。

4）线性表的链式存储结构特点，是用指针描述元素$<a_i,a_{i+1}>$之间的线性相邻关系。

5）所有节点指针的指向形成了一条节点链表。

5．跟我学 C 例题 9-2——非循环单链表程序

简单单链表是指按节点的插入顺序生成的单链表（与关键码无关）。每次节点的插入过程如下：

1）如果是空链表，则当前节点 s 就是头节点，指针置为空，返回 s 的地址赋给主调函数的 head。

2）若非空，则从 head 指向的头节点开始，循环找到链尾节点 q。

3）把 s 地址赋给 q 的指针域，s 指针域置为空（新的表尾节点）。

请结合图 9-19，理解程序 9.8。

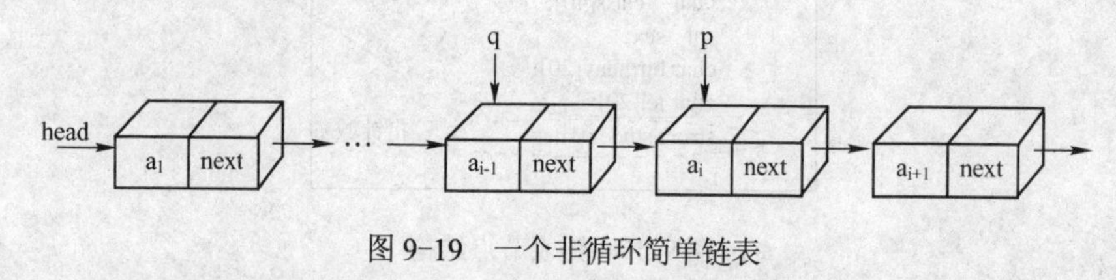

图 9-19　一个非循环简单链表

程序 9.8　非循环简单链表的生成函数

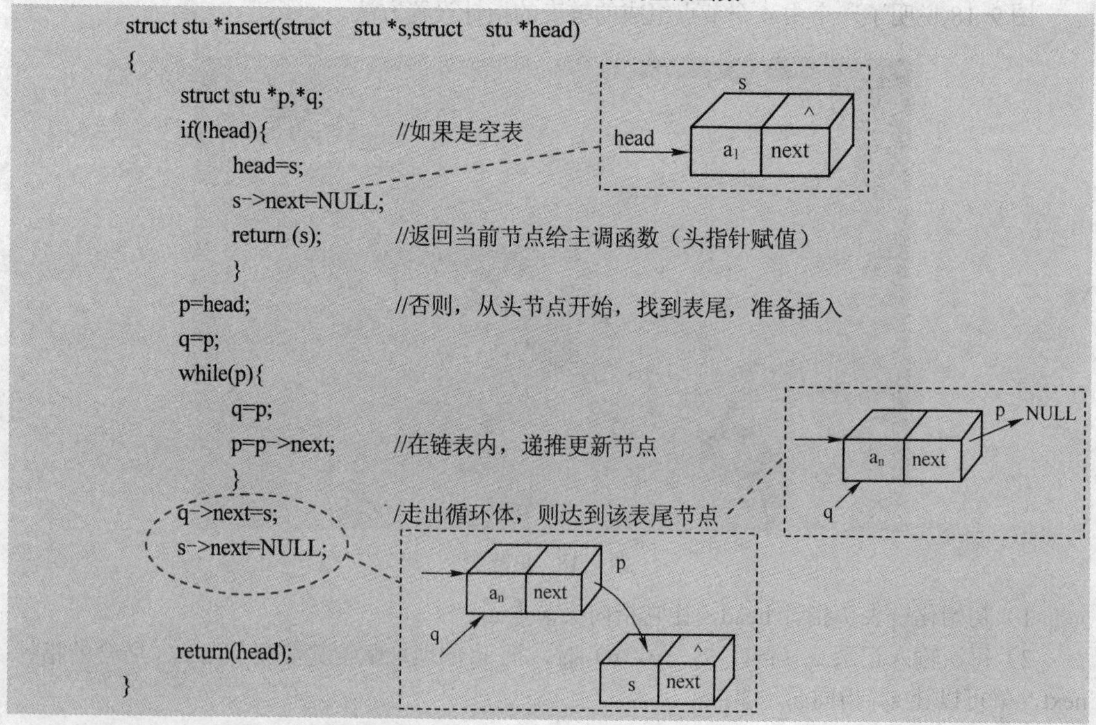

```
struct stu *insert(struct   stu *s,struct   stu *head)
{
      struct stu *p,*q;
      if(!head){                //如果是空表
            head=s;
            s->next=NULL;
            return (s);         //返回当前节点给主调函数（头指针赋值）
            }
      p=head;                   //否则，从头节点开始，找到表尾，准备插入
      q=p;
      while(p){
            q=p;
            p=p->next;          //在链表内，递推更新节点
            }
      q->next=s;                //走出循环体，则达到该表尾节点
      s->next=NULL;

      return(head);
}
```


完整的程序见程序 9.9，运行界面如图 9-20 所示。

程序 9.9　简单非循环单链表

```
#include<stdio.h>
#include <malloc.h>
#include<conio.h>
#include<string.h>
struct stu {
        char ID[40];                    //学生学号
        struct stu *next;               //指针域
        };
struct stu *insert(struct   stu *,struct   stu *);
void enter(struct stu *);
struct stu *Newenter();
void list(struct stu *);
int main(void)
{     struct stu *head=NULL,*s;   char x;
      do{   s=Newenter();
                if(s){ head=insert(s,head);     //节点插入
                        list(head);             //遍历链表
                        }
                printf("\n 结束：'e'，否则输入任意字符：\n");
                x=getch();                      //字符无回显
                }while(x!='e');
      return(0);
}
//------------------------简单非循环链表的插入程序
struct stu *insert(struct   stu *s,struct   stu *head)
{     struct stu *p,*q;
      if(!head){
                head=s;
                s->next=NULL;
                return (s);
                }
      p=head;
      q=p;
      while(p){
                q=p;
                p=p->next;
                }
      q->next=s;
      s->next=NULL;
      return(head);
}
//-------------------
struct stu *Newenter()
{
```

```
        struct stu *s;
        s=(struct stu *)malloc(sizeof(stu));          //向内存申请一个节点
        if(!s){
        printf("申请失败！ \n");
        return(NULL);
            }
        printf("输入学号：");
        scanf("%s",s->ID);                            //输入关键字值
        return(s);
}
//--------列表输出-------
void list(struct stu *head)
{
        int i=1;
        while(head){
            printf("序号%d   学号：%s\n",i, head->ID);
            i++;
            head = head ->next;
            }
}
```

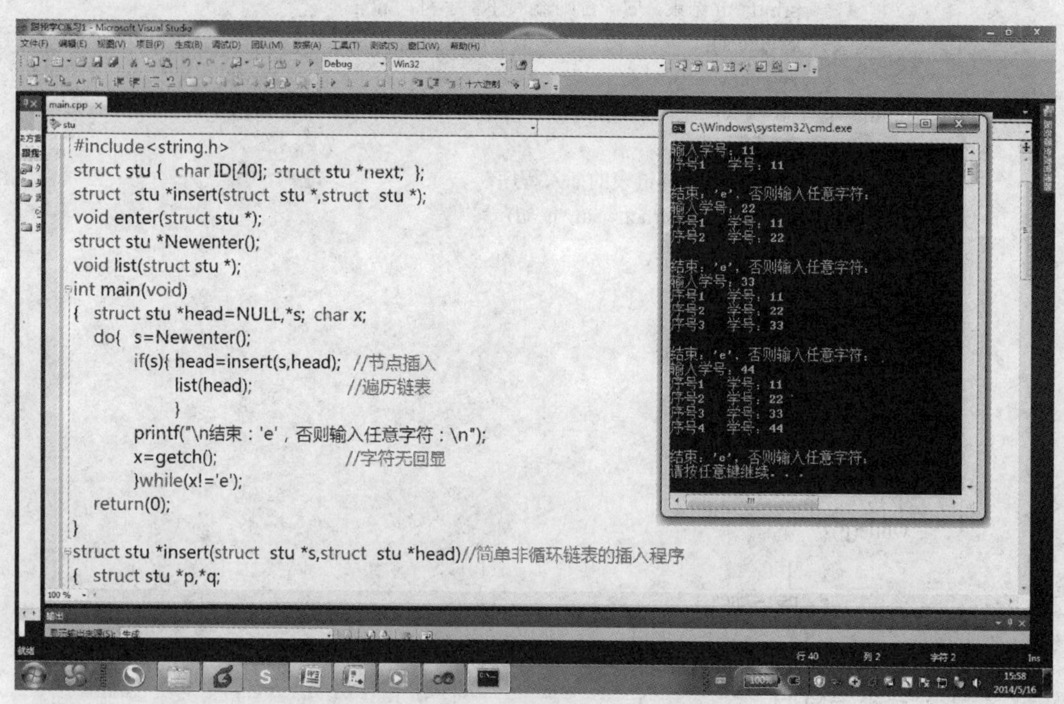

图 9-20　程序 9.9 运行界面

6. 循环单链表程序设计

图 9-21 形象地说明了循环链的特点是链表的头尾节点相接（或者说没有头尾节点）。

图 9-21　头尾相接的循环单链表

设简单循环链逻辑结构如图 9-22 所示，待插入链表的新节点为 s，程序 9.10 给出了 s 节点插入到链表表尾的方法。

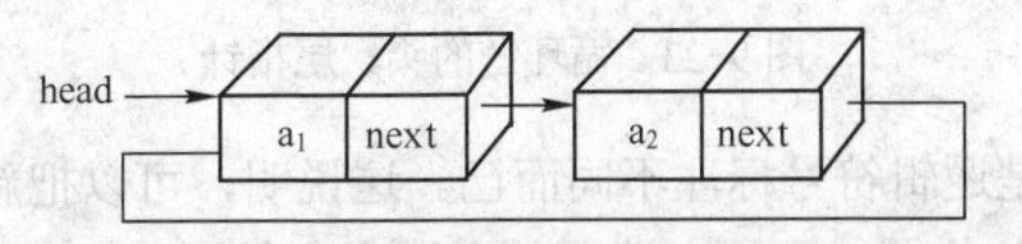

图 9-22　由两个节点组成的循环单链表

程序 9.10　一个简单循环链表的生成函数

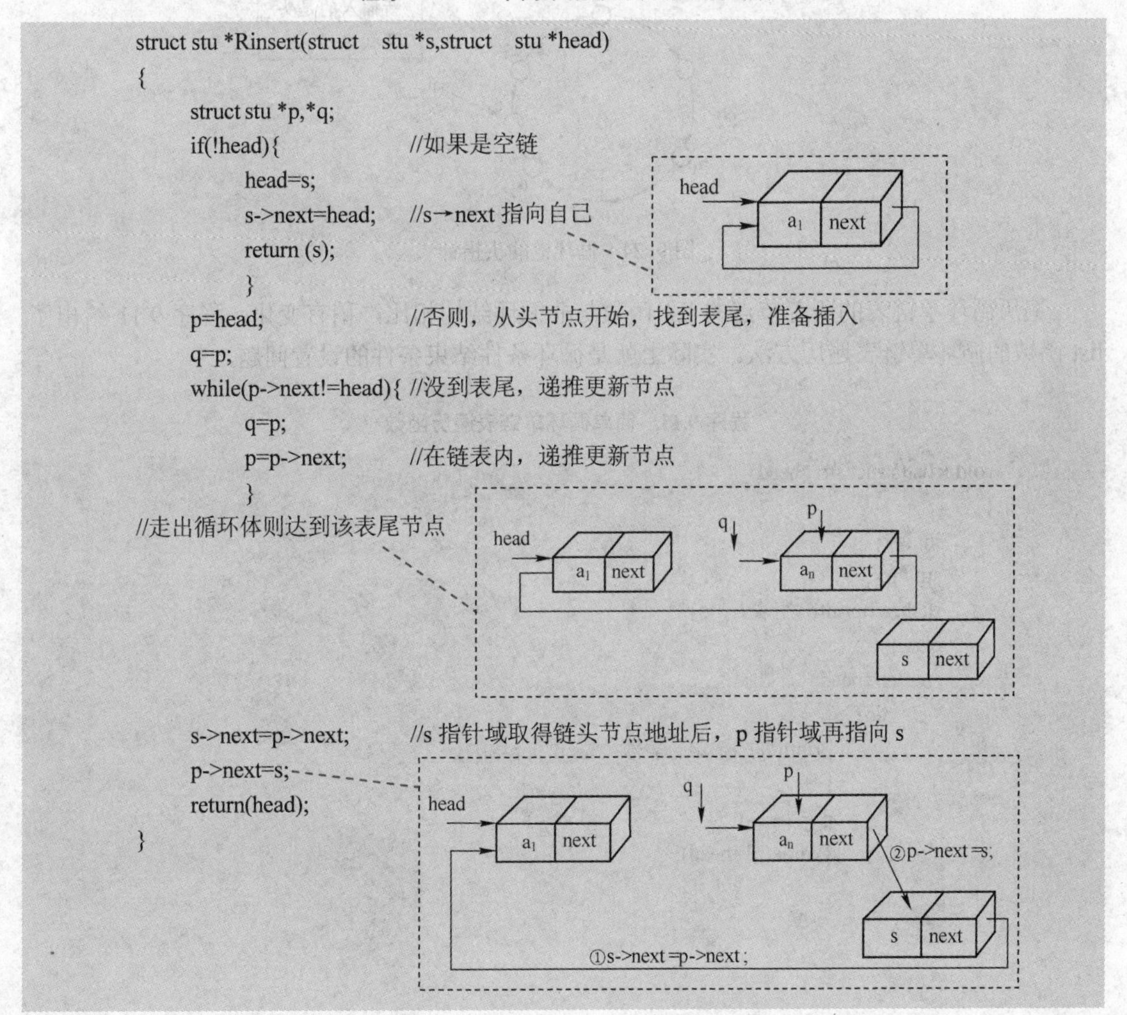

```
struct stu *Rinsert(struct    stu *s,struct    stu *head)
{
        struct stu *p,*q;
        if(!head){                    //如果是空链
                head=s;
                s->next=head;         //s→next 指向自己
                return (s);
                }
        p=head;                       //否则，从头节点开始，找到表尾，准备插入
        q=p;
        while(p->next!=head){ //没到表尾，递推更新节点
                q=p;
                p=p->next;            //在链表内，递推更新节点
                }
//走出循环体则达到该表尾节点

        s->next=p->next;              //s 指针域取得链头节点地址后，p 指针域再指向 s
        p->next=s;
        return(head);
}
```

程序 9.10 每次都遍历整个链表，到达链尾后才能插入一个新节点，这似乎有些傻。请读者看图 9-23，图中的两个循环链结构是否相同？

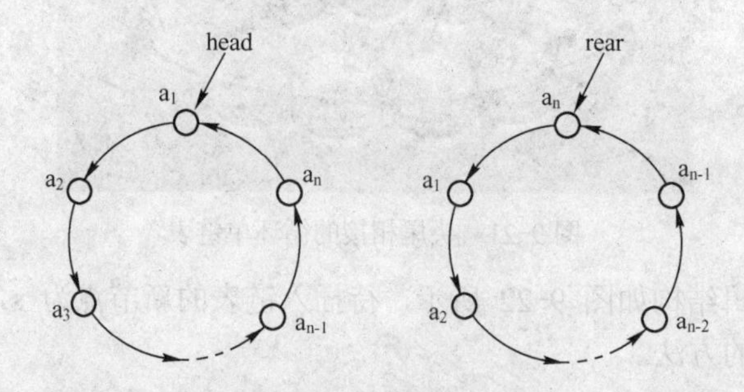

图 9-23　循环链的头、尾指针

当然相同，它们仅是逻辑符号标注不同而已。这说明，可以把新节点插入到 rear 指向的链尾的下一个（新的 a_1）位置，而不必遍历整个链表（见图 9-24）。至于程序，还是请读者自己动手试试看。

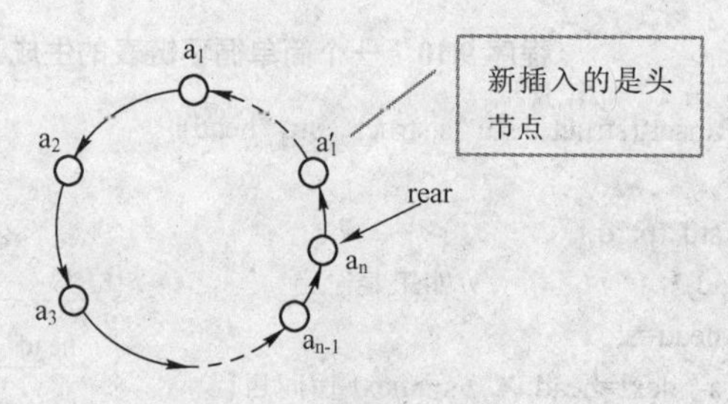

图 9-24　循环链的头指针

遍历循环单链表的所有节点的 list 函数与非循环结构相比，稍有变化，程序 9.11 给出了 list 函数的循环单链表遍历方法。实际上就是循环条件结束条件的设置问题。

程序 9.11　简单循环单链表遍历函数

```
void Rlist(struct stu *head)
{
    int i=1;
    stu *p;
    if(!head)printf("空表！");
    else {
        p=head;
        do{
            printf("序号%d  学号：%s\n",i, p->ID);
            i++;
            p=p->next;
            }while(p!=head);
        }
}
```

*9.5 指针与引用 

本节是课外内容。

9.5.1 递归倒序单链表——二级指针

在指针的概念中，读者一定对二级指针有不少疑问，因为它实在是令人难以琢磨，程序9.12也许再一次让读者感到了这种困惑。

程序 9.12 非循环单链表的递归倒序函数

```
//----------递归倒序----------
//第一次调用时，主函数将 head（实参）赋给二级指针 pt（链表头指针）
//逐层递归中，head 地址赋给 pt，指向当前节点（同时修改了主函数中的 head 值）
//递归到最后一层时，pt 指向链尾，使得主函数的 head 也指向链尾节点
//所以，当递归倒序后退出时，主函数的 head 已经获得了倒序后的头节点
//退出返回时，s 指向原头节点 a1，将其置空为新链尾
//------------------------------------------
struct stu *Ptfv(struct  stu *head,struct stu **pt)
{
        struct stu *s;
        *pt=head;                       //修改主调函数中的 head 值
        if(!head->next)return(head);
        s=Ptfv(head->next,pt);          //递归当前层的节点地址返回给 s
        s->next=head;                   //s→next 指向递归过程中的前驱 head，倒序
        return(head);                   //返回当前层指针，赋值给 s
}
```

调用形式为：

```
s=Ptfv(head,&head);             //实参&head 对应于 Ptfv 的形参是二级指针 p
s->next=NULL;                   //退出返回时，原头节点 a1 现为链尾，置空
```

图 9-25 显示了递归的初始状态，二级指针 p 的值（*p）是 head 指向的节点 a_1。图 9-26 是递归第二层的状态，二级指针 p 的值（*p）是 head→next 指向的节点 a_2。

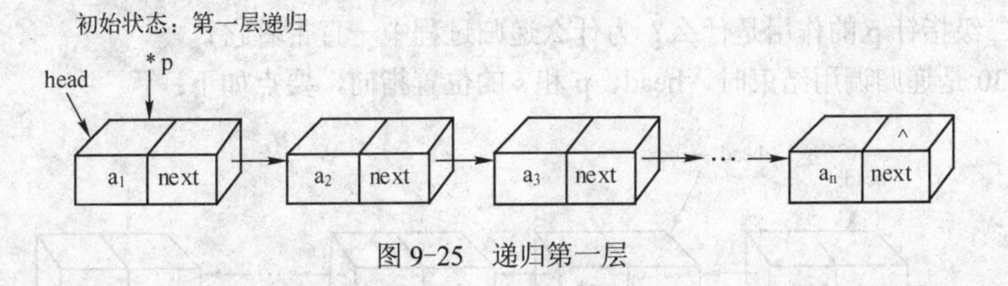

图 9-25 递归第一层

当达到递归出口条件时，程序已经找到了链尾 a_n（见图 9-27），于是 s→next 指向前驱 head（即 a_{n-1}）就是所需要的倒序操作（见图 9-28）。

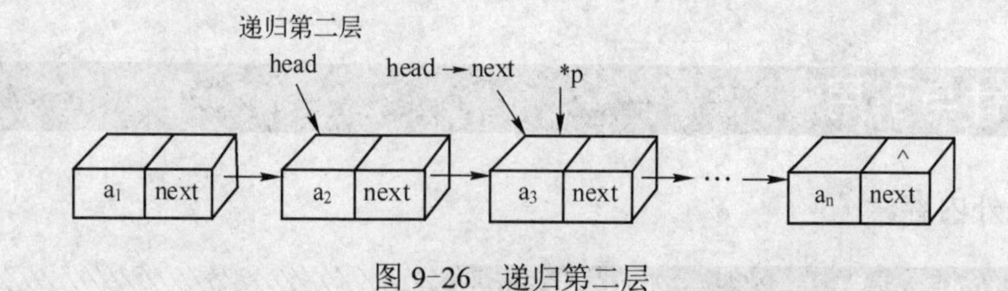

图 9-26　递归第二层

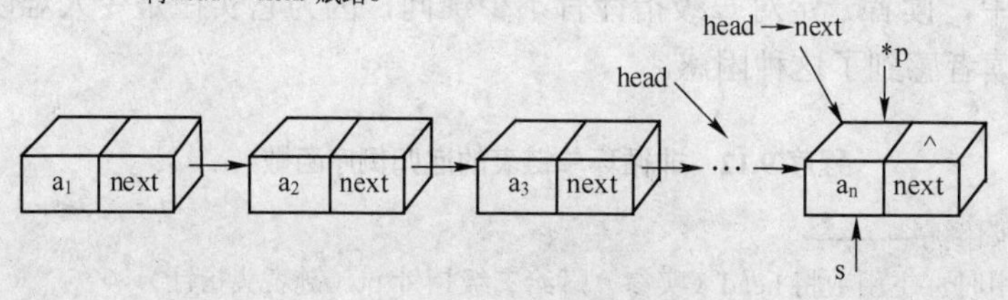

图 9-27　递归最后一层

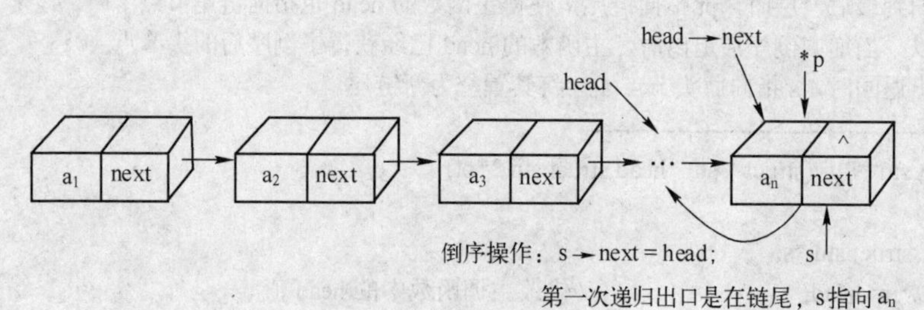

图 9-28　递归达到链尾后

而每次从递归出口返回都让 head 继续返回指向前一层的节点 a_{i-1}，而 head→nest 赋给 s，则让 s 始终跟随当前节点 a_i，于是，s→next 指向前驱 head 就是倒序的过程（见图 9-29）。

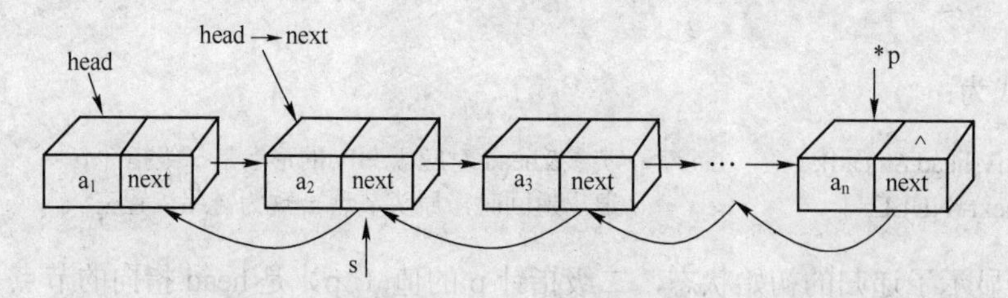

图 9-29　递归逐层退出时，s 始终指向当前节点 a_i

那么二级指针 p 的作用是什么？为什么递归过程中一直带着它？

图 9-30 是递归调用结束时，head、p 和 s 的位置指向，要点如下：

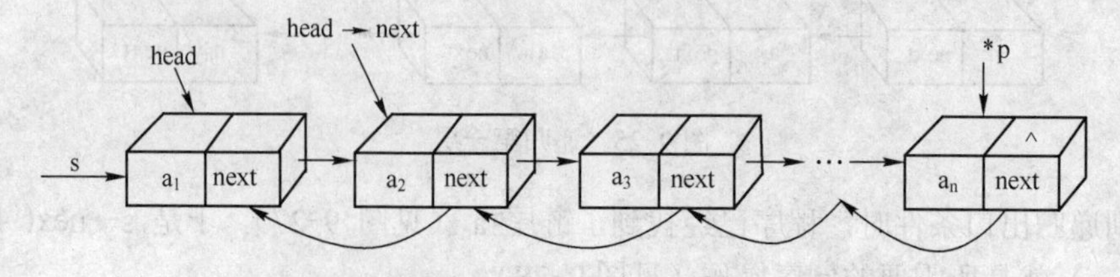

图 9-30　递归最后退出时，head、s 和 p 的指向

1）调用函数 Ptfv()时，实参&head 对应于 Ptfv 的形参是二级指针 p，把 head 地址赋给 p，并在递归中给 p 赋值，逐步地修改主函数中 head 的值（即头指针指向）。

2）递归过程达到 a_n 后，返回过程中 p 的值一直保持不变，也就是主函数的 head 的指向（值），始终是倒序后的链头节点。

3）新的链尾：s→next=NULL。

9.5.2 结构嵌套中的变量表达形式

结构嵌套是商业软件设计中一类变量的基本组合方式，它清晰地描述了各类属性的变量，同时也带了多层次的访问路径表达式问题，增加了程序复杂性。通过下面的一段语句，读者可以体会当多重结构嵌套时，访问路径表达式的晦涩难读。

```
for(int i=0;i<14;i++){
    printf("第%d 个洞名:%s，洞主:%s: ",i,array[i].Name,array[i].Administrators);
    for(int j=0;j<3;j++){        访问 array [i]的分量 Year[j]的分量 Year 的路径有 3 层
        printf(",%s,糊涂:%d",array[i].Year[j].Year,array[i].Year[j].Count);
        }
    printf("\n");                访问 array [i]的分量 Year[j]的分量 Count 的路径也是 3 层
    }
  return(0);
}
```

而在后续的 C++课程中，结构嵌套层次有可能更深，变量表达也更为复杂。

9.5.3 引用的定义

1. 引用的定义

引用是某个变量或对象的别名。建立引用时，要用某个变量名对其初始化，于是它就被绑定在初始化的那个变量上。使用时，请读者注意以下几点：

1）被引用变量的声明要先于引用。

2）对引用的赋值就是对与它绑定在一起的变量的赋值。

3）引用不是变量，不占内存空间，只能说明而不能定义，因为定义将会分配内存。

2. 定义引用

定义引用的方法如下：

```
<类型说明符>&<引用名>=<变量名或对象名>
```

例如：

```
int a=10;              //声明变量 a
int &ra=a;             //声明一个引用 ra，绑定变量 a
```

ra 是变量的“绰号”，不是变量，无需存储，具体图示如图 9-31 所示。

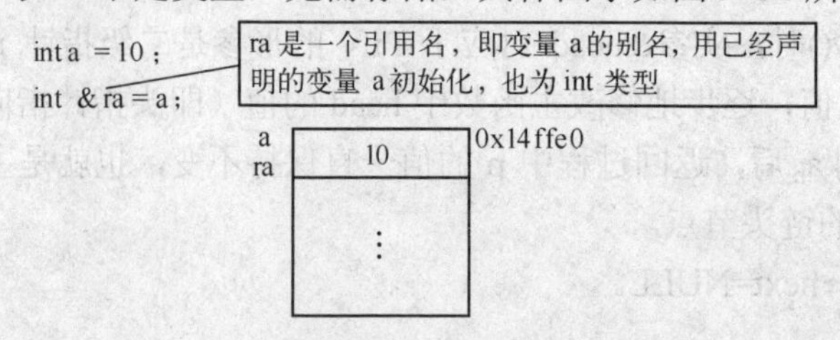

图 9-31　示例图示

3. 操作引用

图 9-32 说明了如下一段程序执行后，变量 a 的值。

```
int a=10;
int &ra=a;
a+=5;       //变量 a 的值加 5
ra+=5;      //引用 ra（绑定的变量）的值加 5
……
```

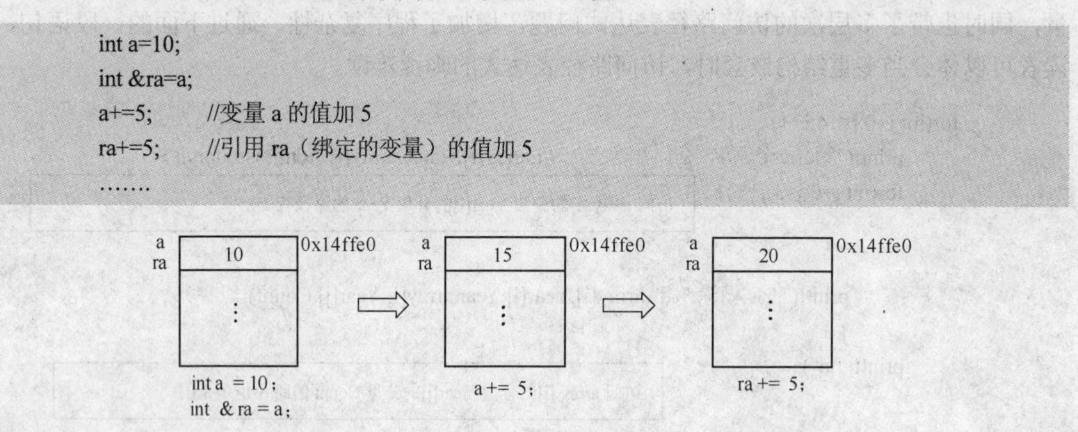

图 9-32　操作被引用的变量

9.5.4　引用的特色——伊人红妆

程序 9.13 通过一个读者熟悉的交换函数调用，说明了引用与指针的区别。

程序 9.13　形参是引用

```
#include<iostream>
using namespace std;
void swap(int &,int &);        // 形参是两个整数变量的引用
int main(void)
{
    int i_a,i_b;
    int &ra=i_a,&rb=i_b;                    //声明引用，绑定变量
    cout<<"请输入参数 a 和 b"<<endl;
    cin>>i_a>>i_b;
    cout<<"交换前：a="<<i_a<<"，b="<<i_b<<endl;
    swap(ra,rb);                            //实参就是变量 a 和 b 的地址
    cout<<"交换后：a="<<i_a<<"，b="<<i_b<<endl;
    return(0);
    }
//-----------------------------------------------
```

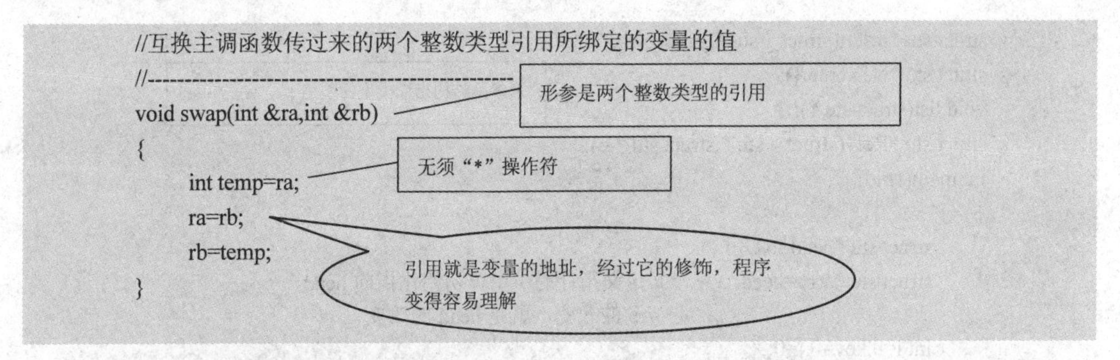

```
//互换主调函数传过来的两个整数类型引用所绑定的变量的值
//-----------------------------------------------
void swap(int &ra,int &rb)
{
    int temp=ra;
    ra=rb;
    rb=temp;
}
```


程序 9.13 的执行结果如图 9-33 所示。

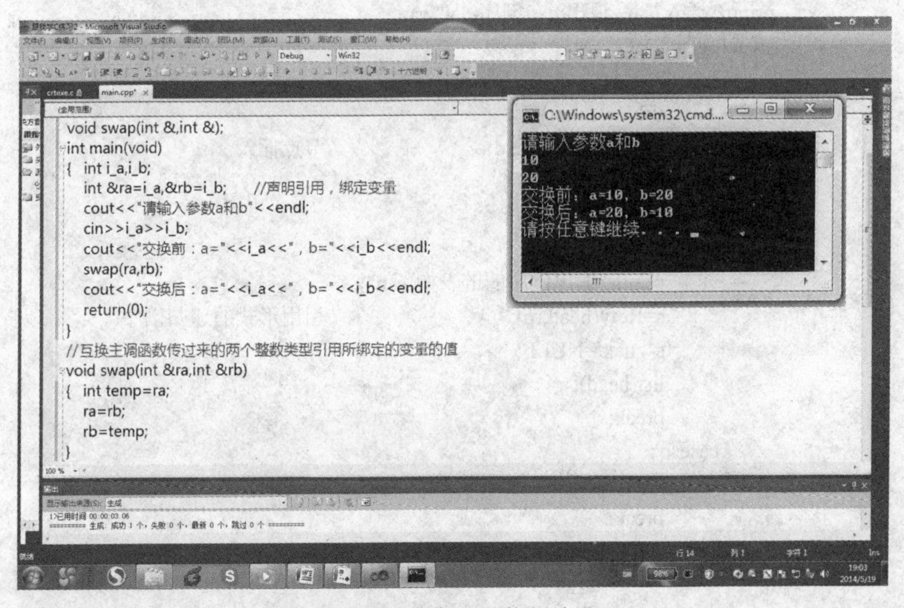

图 9-33　程序 9.13 执行结果

9.5.5　递归倒序中的引用——引用指针

指针是变量，当然也可以引用它。指针的引用实际上就是获取了指针的地址，从而在函数调用过程中，避免了二级指针带来的烦恼。程序 9.14 说明了引用指针的方法，建议读者自己动手在计算机上运行程序 9.14。

程序 9.14　引用指针

```
#include<stdio.h>
#include <malloc.h>
#include <stdlib.h>
#include<conio.h>
struct stu {
    char ID[20];              //学生学号
    struct stu *next;         //指针域
    };
```

```
struct stu *insert(struct    stu *,struct    stu *);
struct stu *Newenter();
void list(struct stu *);
struct stu *Refv(struct    stu *,struct stu *&);
int main(void)
{
        struct stu *head=NULL,*s;
        struct stu *&rp=head;              //定义指针的引用，初始化指向 head
                                           //rp 的改变，就是 head 的改变
        int i=0,key=0,j=0;
        while(i= =0){
                printf("插入：i；退出:q；倒序：v"\n);
                switch(getch()){
                        case 'i':
                                s=Newenter();
                                head=insert(s,head);                //节点插入
                                list(head);
                                break;
                        case 'v':
                                printf("输出倒序的链表如下\n");
                                s=Refv(head,rp);                    //引用形式的递归倒序
                                s->next=NULL;
                                list(head);
                                break;
                        case 'q':
                                i=1;
                                break;
                }
        }
        return(0);
}
//----输入节点---------
struct stu *Newenter()
{
        struct stu *s;
        s=(struct stu *)malloc(sizeof(stu));                //向内存申请一个节点
        printf("输入学号：");
        scanf("%s",s->ID);                                  //输入关键字值
        return(s);
}
//-----输出链表---------
void list(struct stu *head)
{
        int i=1;
        if(!head)exit(-1);
        while(head){
                printf("序号%d   学号：%s\n",i, head->ID);
                i++;
```

形参是结构指针类型的引用

```
            head = head ->next;
            }
}
//-----------简单非循环链表的插入程序
struct stu *insert(struct    stu *s,struct    stu *head)
{
        struct stu *p,*q;
        if(!head){
            head=s;
            s->next=NULL;
            return (s);
            }
        p=head;
        q=p;
        while(p){
            q=p;
            p=p->next;
            }
        q->next=s;
        s->next=NULL;
        return(head);
}
//------------------递归倒序——引用指针------------
struct stu *Refv(struct    stu *head,struct stu *&rp)
{
        struct stu *s;
        rp=head;                    //rp 不断地指向下一个节点，直至链尾节点
        if(!head->next)return(head);
        s=Refv(head->next,rp);
        s->next=head;
        return(head);
}
```

9.5.6 结构变量访问表达式

程序 9.15 以结构变量引用的方式重写了程序 8.9，读者可以自己上机测试体会其简便性。

程序 9.15 结构变量的引用

```
#include <stdio.h>
struct YearList{                              //结构变量
        int    Count;
        char Year[10];
        };
struct Cave{
        char Name[40];
        char Administrators[40];
        struct YearList Year[4];          //嵌套
        };
```

```
int main(void)
{
Cave array[14]={
    {"黑风山黑风洞","黑熊精",{{18,"2107"},{21,"2108"},{2,"2113"}}},
    {"盘丝山盘丝洞","盘丝精",{{33,"2107"},{44,"2108"},{4,"2113"}}},
    {"陷空山无底洞","白骨精",{{9,"2107"},{99,"2108"},{12,"2113"}}},
    {"花果山水帘洞","孙猴子",{{33,"2107"},{444,"2108"},{1,"2113"}}},
    {"庐山仙人洞","八戒",{{12,"2107"},{212,"2108"},{12,"2113"}}},
    {"翠云山芭蕉洞","铁扇公主",{{43,"2107"},{54,"2108"},{92,"2113"}}},
    {"柳林坡清华洞","鹿精",{{180,"2107"},{210,"2108"},{25,"2113"}}},
    {"太华山云霄洞","赤精子",{{0,"2107"},{0,"2108"},{7,"2113"}}},
    {"二仙山麻姑洞","黄龙真人",{{3,"2111"},{3,"2112"},{0,"2113"}}},
    {"乾元山金光洞","太乙真人",{{0,"2111"},{6,"2112"},{1,"2113"}}},
    {"崆峒山元阳洞","灵宝法师",{{6,"2111"},{7,"2112"},{9,"2113"}}},
    {"普陀山珞珈洞","观世音",{{544,"2111"},{12,"2112"},{1,"2113"}}},
    {"九宫山白鹤洞","普贤真人",{{22,"2107"},{88,"2112"},{99,"2113"}}},
    {"灵鹫山觉元洞","燃灯道人",{{5,"2111"},{4,"2112"},{3,"2113"}}},
    };
for(int i=0;i<14;i++){
    printf("第%d 个洞名:%s，洞主:%s: ",i,array[i].Name,array[i].Administrators);
    for(int j=0;j<3;j++){

          YearList &rp=array[i].Year[j];
          printf(",%s,糊涂:%d", rp.Year, rp.Count);
          }
    printf("\n");
    }
  return(0);
}
```

结构变量的路径表达式引用

引用访问 array [i]的分量 Year[j]的分量 Count

引用访问 array [i]的分量 Year[j]的分量 Year

9.6　本章要点 

1）函数是广义上的变量，在 C++的类定义中称其为“方法”（实际上读者完全可以在结构变量中定义函数）。

2）动态申请的内存变量在项目存活期间一直有效。因此，不用时应及时释放该变量的内存。

3）指针是描述动态数据结构的基本手段，本章所讲内容是为将来学习数据结构奠定基础。

9.7　跟我学 C 练习题九 

1）函数与结构应用。请定义一个描述学生基本信息的结构，包括姓名、学号、籍贯、身份证号、年龄、家庭住址、性别、联系方式等。编程实现：

① 调用输入函数 input()，函数类型和形参自定义，函数 input()每次输入一条学生记录（结构变量的值），并返回给主函数。

② 主函数循环输入学生记录数组（5 条以上）。

③ 检索函数 search()，函数类型和形参自定义，主函数调用它检索一个指定的学生信息（学号或姓名），记录存在则返回该记录在数组中的位置，检索失败则返回-1。

④ 函数 print()，函数类型和形参自定义，主函数调用它将检索到的学生记录输出至屏幕。

⑤ 函数 out()输出全体记录信息（结构数组）。

⑥ 主函数根据键盘输入命令循环运行：输入数据（包括把新的记录增加到结构数组中），检索、输出所有记录，退出。

2）函数指针与结构应用。题意同第 1 题，编程要求如下：

① 每个功能所对应的函数，有一个指向该函数的指针，主程序通过调用函数指针来实现各项功能。

② 以下的输入、检索、输出分别用函数指针来实现：

输入基本信息（3～5 条记录）。

检索一个指定的学生信息并输出至屏幕。

输出全体记录信息。

3）递归编程。主函数从键盘输入一个字符串 s，递归求 s 的长度（strlen 的功能）。

4）递归编程，要求如下：

① 调用输入函数 input()，函数类型和形参自定义，函数 input()每次输入一个长度为 N 的有序的数整型数组 array（20<N<100），并返回给主函数。

② 设计一个递归函数：int search(int *array, int key, int start, int end);，功能是在 array 数组中，检索是否至少存在一个元素与 key 相等，若存在则返回该元素的数组下标；否则返回-1。

③ 检索函数 search()，函数类型和形参自定义，主函数从键盘随机输入检索码 key，调用 search 函数，返回并输出检索结果（检索成果或失败信息）。

5）最接近点对问题。$\{x_1，x_2，\cdots，x_n\}$是随机输入的整数序列，现想要找出其中的一对点，它们在 n 个点组成的所有点对中的距离最小（序列中最接近点对仅限于一对）。编写递归结构的最接近点对算法 C 程序（不能使用排序算法）。程序输出最接近点对$<x_i，x_j>$的距离和点坐标（x_i，x_j）。

6）*函数指针。请读者阅读以下程序，要求如下：

① 运行此程序。

② 重写此程序，用函数指针来实现其功能。

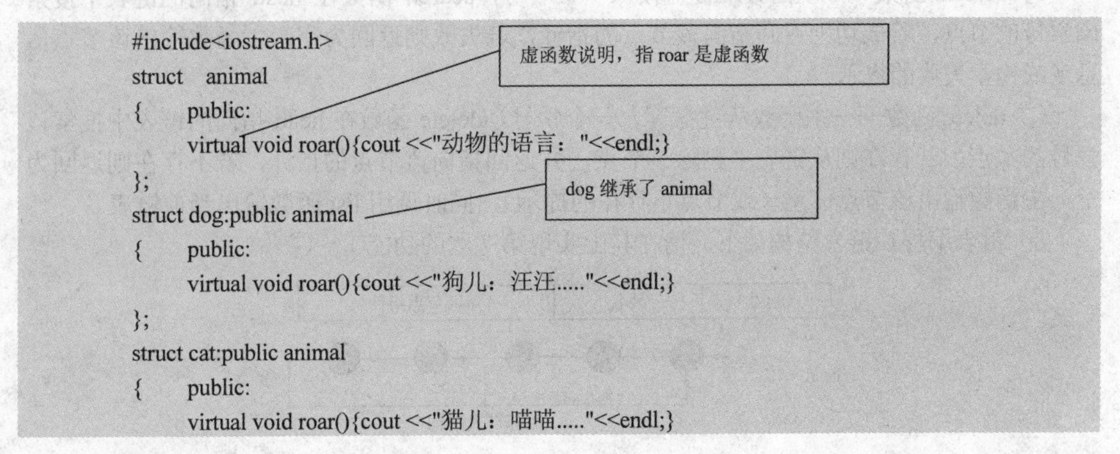


```
#include<iostream.h>
struct  animal
{     public:
      virtual void roar(){cout <<"动物的语言："<<endl;}
};
struct dog:public animal
{     public:
      virtual void roar(){cout <<"狗儿：汪汪....."<<endl;}
};
struct cat:public animal
{     public:
      virtual void roar(){cout <<"猫儿：喵喵....."<<endl;}
```

```
};
struct girl:public animal
{       public:
        virtual void roar(){cout <<"女孩：哈哈....."<<endl;}
};
int main()
{       animal a;
        dog g;
        cat c;
        girl gi;
        animal *pf[4]={&a,&g,&c,&gi};
        for(int i=0;i<4;i++)pf[i]->roar();
        return(0);
}
```

7）链表编程。链表节点结构如下：

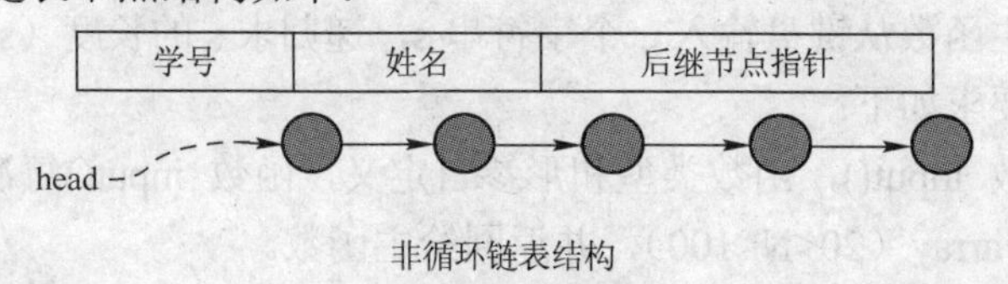

非循环链表结构

编程实现如下功能：

① Insert 函数——随机插入链表节点，构筑一个简单非循环无序链表 A，每插入一个节点后用 list 函数输出链表 A 至屏幕，链表长度在 7 个节点以上。

② 单链表复制——编写一个函数 copy( )，将单链表 A 复制到单链表 B，并用 list 函数输出 B 至屏幕。

③ SelectMax 函数——搜索链表，返回一个指向链表中具有最大关键字（学号）的节点的指针，主程序输出该节点关键字至屏幕。

④ list 函数——输出链表 A 至屏幕，同时返回链表中的节点总数（int 类型）。

⑤ bubble 函数——对 Insert 函数建立的链表按学号递升序列做冒泡排序（参考第 10 章的内容），只允许交换指针，不能交换数据域，主程序输出排序结果至屏幕。

⑥ search 函数——主函数从键盘读入一个学号，search 函数在 head 指向的链表中搜索该学号的节点，若成功则返回指向该节点的指针，若失败则返回为空，主函数输出该节点信息（或检索失败的提示）。

⑦ delete 函数——主函数从键盘读入一个学号，delete 函数在 head 指向的链表中搜索该学号的节点，若存在则从链表中删除该节点，并返回指向该节点的指针，若不存在则返回为空，主函数输出该节点信息（或节点不存在的提示），同时调用 list 函数输出当前链表。

8）链表编程。链表结构如下，请在其上实现第 7 题的功能①～⑦。

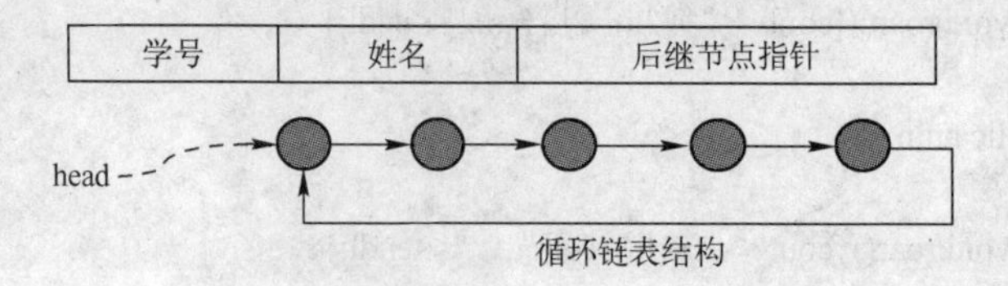

循环链表结构

算法初识——时间的概念

10.1 什么是算法

算法是一门非常深奥的计算机类专业课程。本章所讨论的内容，仅是概念和习题中常遇到的排序内容（最简单的排序算法）。

所谓算法，是要想办法把程序运行时间从指数数量级转换到代数多项式数量级（对数数量级最佳，如果能做到的话）的程序设计方法。

衡量算法优劣的一个基本标准，是处理一定规模的输入时，该算法所执行的基本操作的数量最少。

例如，计算机的中央处理单元（CPU）支持两个基本长度字节（64 位或 32 位）的变量之间的加减乘除的整数运算、定点和浮点数运算操作，但是不支持 n 个整数（数组）之间的累加操作（如大数求和、大数乘积等）。所以，从程序设计观点看，CPU 单次运算能力内的加减乘除等都是基本操作，因为它们所需的时间是相等的。

基本操作的性质是说明完成该操作所需的时间与操作数的具体值无关。两个变量之间的加减乘除的整数操作可以看成是基本操作，但是 n 个数累加所需的时间就要由 n 来决定，如 for 语句的循环次数。以下面的程序段为例：

```
int iargest(int *array,int n)
{
    int currlarge=0;
    for(int i=0;i<n;i++)if(array[i]>currlarge)crrrlarge=array[i];
    renturn(currlarge);
}
```

对于该程序段：

1）设基本操作时间是 c，则程序运行时间为 t=c×n，一般说该算法的时间代价是 T(n)，它与输入规模呈线性关系增长。

2）n 是任务规模，基本操作是比较和赋值，所需时间与其在数组中的位置 i 无关，也与元素数值的大小无关，影响程序运行时间的因素是规模 n。

再来看一段程序：

```
long add(int n)
```

```
{
    long sum=0;
    for(int i=1;i<=n;i++)for(j=1;j<=n;j++)sum++;
    renturn(sum);
}
```

该程序段的时间代价是输入规模 n 的双重循环，基本操作是加法，仍设基本操作时间为 c，则运行时间是 $c\times n^2$，其运行时间代价是 $T(n^2)$ 。

要定量确定某一算法所用的时间是比较困难的，只要确定它随规模 n 的增长率在某一数量级，确切地说是确定那些具有最大执行频度（规模）的语句。频度就是某一语句（基本操作）的循环执行次数，程序的频度是程序中具有最大频度的语句所具有的频度。

如果读者可以从表 10-1 中体会出不同的时间复杂度所代表的时间差异大小，那么也就明白了算法的意义。

表 10-1　几种时间复杂度随规模 n 的增长率比较

线性	对数形式的复杂度		多项式形式的复杂度		指数形式的复杂度
n	$\log_2 n$	$n\log_2 n$	n^2	n^3	2^n
1	0	0	1	1	2
2	1	2	4	8	4
4	2	8	16	64	16
8	3	24	64	512	256
16	4	64	256	4096	65536
32	5	160	1024	32768	483648

10.2　简单的排序算法 

本章讨论的最简单的排序算法，是属于交换排序一类的方法。

10.2.1　简单排序算法的概念

假定班上有 50 名学生，要求按照同学姓名的字典（拼音）顺序排列打印花名册。下面讨论了不同的程序设计（算法实现）所得到的不同检索效率。

1）直接将 50 个学生所有可能排列的表都打出来，然后从中挑选一张符合字典顺序的表。

2）50 个人的不同排列种类有 50！种，即这样的表有 50！张，大约为 3×10^{64}（这是一个天文数字，规模为 n 的全排列问题需要的运算时间量级约是 n!，当 n>25 时，$n!>10^n$ ）。

3）通过算法实现：随机地将 50 名同学的名字排列在一起，即初始无序。显然，可以假设第一位已经有序。取第二位同学的名字依字典顺序和第一位的名字比较一次，如果有序，则仍然放在第二位置，否则交换他们的位置，使之有序。接着比较第三位，第三位则需要和前两位的名字比较最多两次，交换也是最多两次。依次类推，第 k 位最多要比较 k-1 次，第 50 位最多需要比较 49 次，交换最多 49 次。因此，比较和交换次数最多也就是 1+2+…+49=49×50/2=1225 次，就完成了排序过程。此过程就是直接插入排序算法。对于规模为 n 的问题，需要的运算时间量级约是 n^2 次。

10.2.2 直接插入排序算法

在插入第 i 个元素时，假设序列的前 i-1 个元素是已排好序的，用元素的关键码 K_i 与 K_1，K_2，…，K_{i-1} 依次比较，找出 K_i 应插入的位置并将其插入。原位置上的元素顺序向后推移一位，存储结构采用顺序存储形式。为了在检索插入位置过程中避免数组下界溢出，设置了一个监视哨在 R[0]处。

（1）算法

设待排序的 n 个元素是整数型，存储在数组 ARRAY[1]，…，ARRAY[n+1]中，按递增有序对数组进行排序。

（2）程序

```
for(i=2;i<=n;i++){                          //第一个元素已经有序
    array[0]=array[i];                      //监视哨
    j=i-1;
    while(array[0]<array[j]){
        array[j+1]=array[j];                //顺序向后移动一位
        j--;
        }                                   //循环中止时 j+1 指向第 i 个元素应插入的位置
        array[j+1]=array[0];
    }
//调整排序元素位置，在数组的[0],…,[n-1]中
for(i=0;i<n;i++)*( array +i)=*( array +i+1);     //复习一下指针访问数组
```

程序本身并不复杂，要注意监视哨的作用，当 $R_i<R_1$ 时程序也能正常中止循环，把 R_i 插入到 R_1 位置。

图 10-1 描述了元素序列{2，9，4，7，6}的直接插入排序过程。

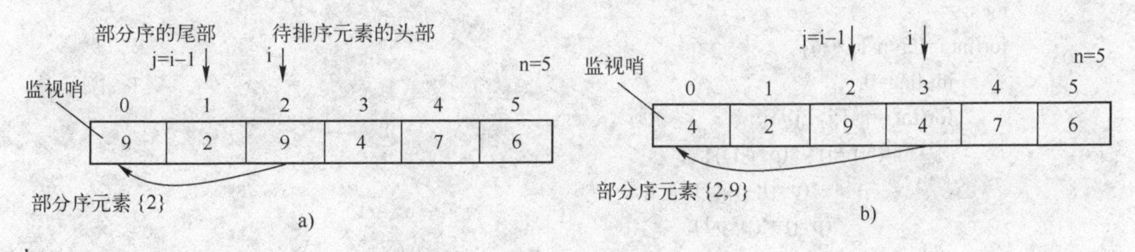

图 10-1　直接插入排序过程图解

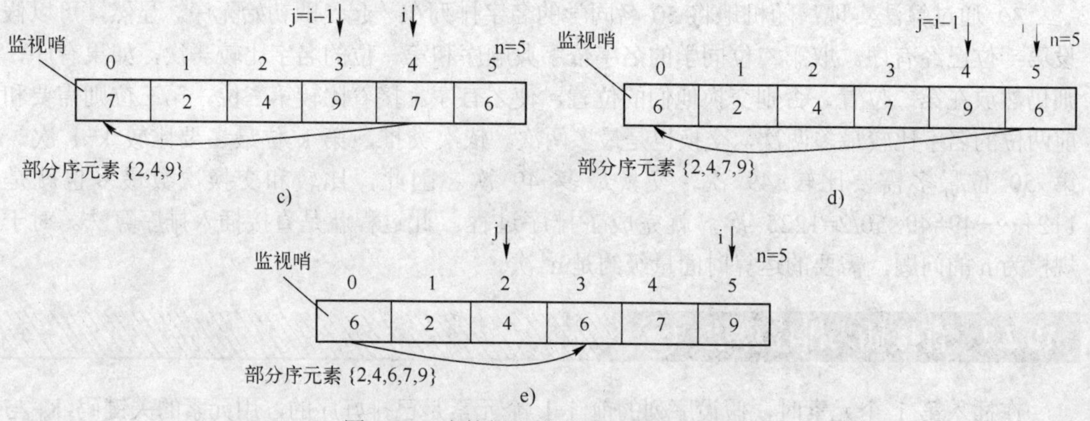

图 10-1　直接插入排序过程图解（续）

a) 初始设置　b) 一次排序结束，i++; j=i−1;　c) 第二次排序结束，i++; j=i−1;
d) 第三次排序结束，i++; j=i−1;　e) 第四次排序结束，i++; i=6；序列的排序结束

10.2.3　冒泡排序算法

冒泡（bubble sort）的意思是每一次排序将数组内具有最小关键码的元素像水底下的水泡一样，排出到数组顶部。

算法有一个双重循环，其中：

1）外循环遍历数组，内循环是从数组底部（末端）向前逐一比较相邻元素的大小：从数组底部开始比较相邻元素（关键码）大小，小者向上交换，并在内循环中通过两两交换，将最小元素者直接排出到顶部。

2）外循环减一，指向数组第二个元素（从顶部开始）减一的位置，然后：

① 若未达到数组末端，则返回到第 1）步，继续内循环过程，再次将数组内具有次最小关键码的元素排出至数组顶部减一的位置（每次循环长度比前次减一，最终结果是一个递增排序的数组）。

② 达到数组末端，排序（外循环）结束。

请读者阅读程序 10.1。

程序 10.1　冒泡排序函数

```
void bubsort(int *p,int n)
{
int s;
for(int i=0;i<n-1;i++){
        int flag=0;
        for(int j=n-1;j>i;j--){
                if(*(p+j)< *(p+j-1)){
                        s=*(p+j);
                        *(p+j)=*(p+j-1);
                        *(p+j-1)=s;
                        flag=1;
```

```
            }
        }
        if(flag==0)break;        //一次排序结束后若 flag 为零，则数组已全部有序
    }
}
```

图 10-2 所示的是每次冒泡排序过程中，冒泡上来的元素示意图。

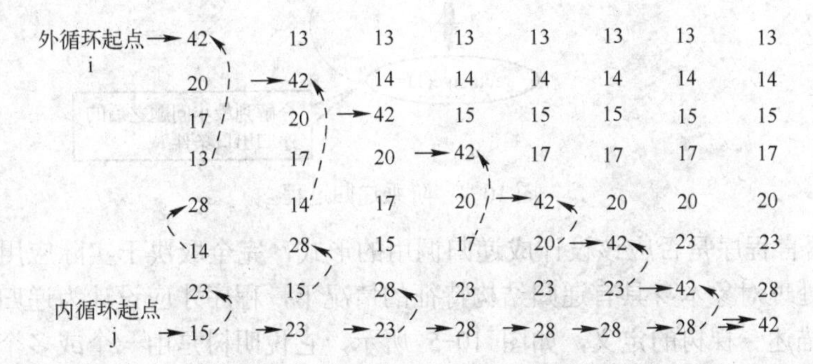

图 10-2　冒泡排序过程

10.3　递归函数与分治算法 

10.3.1　递归的概念

递归设计能简化程序结构，它似乎是算法设计内容，但实际上递归设计很费时间。

一个函数在它的函数体内调用它自身的过程，称为递归调用，该函数称为递归函数。

C 语言允许函数的递归调用。在递归调用过程中，函数将反复调用其自身（如同图 10-3 所示的摞盘子过程），每调用一次就进入新的一层，如果没有设定可以中止递归调用的出口条件，则递归过程会无限制地进行下去，最终会造成系统堆栈溢出错误。

图 10-3　递归过程如同摞盘子（引自网络）

图 10-4 显示了典型的阶乘递归过程。

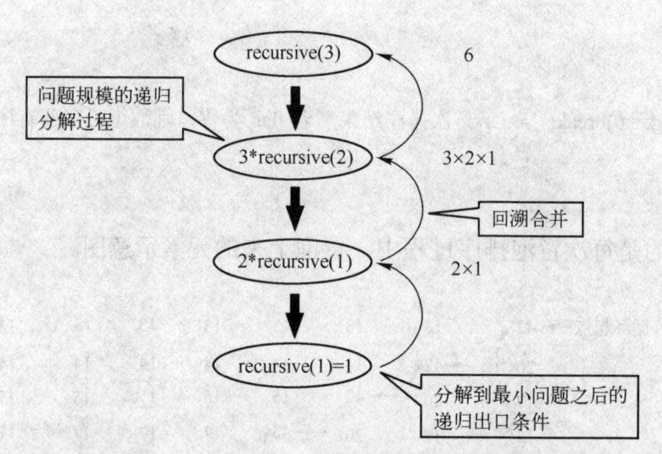

图 10-4　阶乘递归过程

一个 C 语言程序是否应该设计成递归调用的形式，完全取决于实际应用问题本身的特性，只有在待处理对象本身具有递归结构特征的情况下，程序才应设计为递归结构。例如，在现实世界中描述一棵树的定义，如图 10-5 所示，它说明树是由一个或多个节点组成的有限集合，其中：

1）必有且仅有一个特定的称为根（root）的节点。

2）剩下的节点被分成 m≥0 个互不相交的集合 T1，T2，…，Tm，而且其中的每一元素又都是一棵树，称为根的子树。

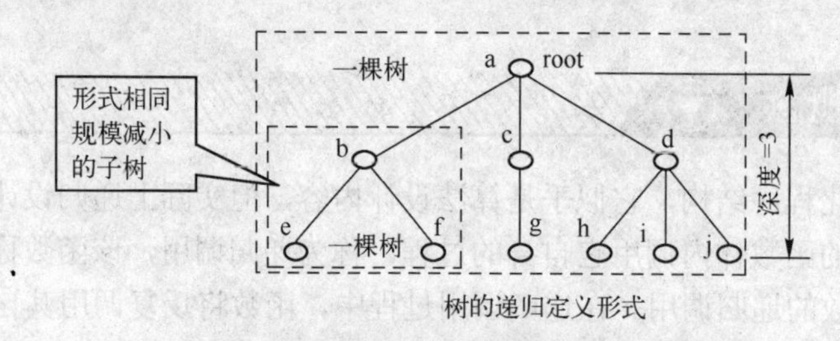

图 10-5　树是递归结构

树的定义是递归的，所以，有关树的函数结构都是递归形式的。

如果任务对象本身不具备递归性质，如计算一个高阶方程式，那么就不可能设计递归形式的程序。

对于一个规模为 n 的问题，若问题可以容易地解决（如规模 n 较小），那么可直接解决该问题，否则将其分解为 k 个规模较小的子问题，这些子问题互相独立且与原问题形式相同，那么可以递归地解这些子问题，然后将各子问题的解合并得到原问题的解。这种算法设计策略叫做分治法。

使用分治法处理问题的一个典型示例是求 n 的阶乘。一个循环结构求 n 的阶乘的程序代码见程序 10.2：

程序 10.2　求 n 阶乘的循环算法

```
#include<stdio.h>
int main(void)
{
```

```
        long i,n,sum=1;
        printf("请输入 n:\n");
        scanf("%d",&n);
        for(i=1;i<=n;i++)sum*=i;
        printf("n!=%d\n",sum);
        return(0);
    }
```

从减小 n 的规模考虑，n 的阶乘可以看成是 n(n−1)!，而求(n−1)!与求 n! 之间互相独立且问题形式相同，即(n−1)!=(n−1)(n−2)!。显然，这是一个递归求解，因为追求将问题的规模一直分解到它的原子形式，也就是 1! =1，这就是出口条件。从底层回头，再将各子问题的解合并得到原问题的解。请读者参考图 10-4 和程序 10.3。

程序 10.3　求 n 阶乘的递归算法

```
#include<stdio.h>
int recursive(int );
int read();
int main(void)
{
    long n,sum=1;
    n=read();
    if(n>0)sum= recursive(n);
    printf("n!=%d\n",sum);
    return(0);
}
//------阶乘的递归函数--------------
int recursive(int n)
{
    if(n==1)return(1);
    return(n* recursive(n-1));
}
//------从键盘读入一个整数并返回--------------
int read()
{
    int n;
    printf("请输入 n 值:\n");
    scanf("%d",&n);
    return(n);
}
```

下面介绍分治法的基本思想和基本步骤，通过实例讨论利用分治策略设计递归函数的途径。具体包括以下几点内容：

1）分治法的设计思想。

2）分治法的适用条件。

3）应用分治法的基本步骤。

10.3.2 分治法的基本思想 

分治法的设计思想是将一个难以直接解决的大问题，分割成一些规模较小的相同问题，以便各个击破，分而治之。

如果原问题可分割成 k 个子问题，1<k≤n，且这些子问题都可解，并可利用这些子问题的解求出原问题的解，那么这种分治法就是可行的。

由分治法产生的子问题往往是原问题的较小模式，这就为使用递归技术提供了方便。在这种情况下，反复应用分治手段，可以使子问题与原问题类型一致而其规模不断缩小，最终使子问题缩小到很容易直接求出其解，这自然导致递归过程的产生。

什么时候适用分治法？分治法所能解决的问题一般具有以下几个特征：

1）问题的规模缩小到一定程度就可以容易地解决。

2）问题可以分解为若干个规模较小的相同问题，即问题具有最优子结构性质。

3）利用该问题分解出的子问题的解可以合并为该问题的解。

4）问题所分解出的各个子问题相互独立，即子问题之间不包含公共的子子问题。

上述第一条特征是绝大多数问题都可以满足的，因为问题的计算复杂性一般是随着问题规模的增加而增加的；第二条特征是应用分治法的前提，它也是大多数问题可以满足的，此特征反映了递归思想的应用；第三条特征是关键，能否利用分治法完全取决于问题是否具有第三条特征，如果具备了第一条和第二条特征，而不具备第三条特征，则可以考虑贪心法或动态规划法；第四条特征涉及分治法的效率，如果各子问题是不独立的，则分治法要做许多不必要的工作，重复地解公共的子问题，此时虽然可用分治法，但一般用动态规划法较好。

分治法在每一层递归上都有以下 3 个步骤：

1）分解。将原问题分解为若干个规模较小、相互独立且与原问题形式相同的子问题。

2）解决。若子问题规模较小而容易被解决则直接求解，否则递归地解各个子问题。

3）合并。将各个子问题的解合并为原问题的解。

一般说来，将一个问题分成大小相等的 k 个子问题的处理方法是行之有效的。许多问题可以取 k=2。这种使子问题规模大致相等的做法是出自一种平衡子问题的思想。

分治法的合并步骤是算法的关键所在。有些问题的合并方法比较明显，如对半检索的例子。有些问题合并方法比较复杂，或有多种合并方案，或合并方案不明显。究竟应该怎样合并，没有统一的模式，需要具体问题具体分析，这也是递归程序设计无一定之规的原因。

10.3.3 对半检索（binary search）

在学生记录数据表（也称为线性表）的操作中，经常需要查找某一个学号在表中的位置。此问题的输入是待查学号元素 x 和线性表 L，输出为 x 在 L 中的位置或 x 不在 L 中的信息。程序 10.4 说明了循环（遍历）检索线性表的方法，它的时间规模与 n 成正比。

程序 10.4　线性检索

```
#include<stdio.h>
int search(int *,int);
int main(void)
{
    int i,key;
    int array[6]={3001,3456,3345,1234,2345,3012};
    scanf("%d",&key);
    i=search(array,key);
    printf("i=%d\n",i);
    return(0);
}
//-------------遍历线性表，逐一比较---------------
int search(int *array,int key)
{
    int i;
    for(i=0;i<6;i++)if(key==*(array+i))break;
    return(i);
}
```

比较自然的想法是使用 for 语句结构，从表头开始，逐一地扫描 L 的所有元素，直到找到 x 为止。这种方法对于有 n 个元素的线性表在最坏情况下需要进行 n 次比较，此时待查元素在线性表的末尾，最好情况下需要进行 1 次比较，此时待查元素就在表头，因此平均需要比较次数是 $\frac{n+1}{2}$。

现在考虑一种简单的情况，假设该线性表已经排好序了，不妨设它按照学号的递增顺序排列（即由小到大排列）。在这种情况下，是否有改进查找效率的可能呢？

如果线性表里只有一个元素，则只要比较这个元素和 x 就可以确定 x 是否在线性表中。因此，这个问题满足分治法的第一个适用条件。同时请注意，对于排好序的线性表 L 有以下性质：

1）比较 x 和 L 中任意一个元素 L[i]，若 x=L[i]，则 x 在 L 中的位置就是 i。

2）如果 x<L[i]，由于 L 是递增排序的，因此假如 x 在 L 中，则 x 必然排在 L[i]的前面，所以，只要在 L[i]的前面查找 x 即可。

3）如果 x>L[i]，同理只要在 L[i]的后面查找 x 即可。

无论是在 L[i]的前面还是后面查找 x，其方法都和在 L 中查找 x 一样，只不过是线性表的规模缩小了。这就说明了此问题满足分治法的第二个和第三个适用条件。很显然，此问题分解出的子问题相互独立，即在 L[i]的前面或后面查找 x 都是独立的子问题，因此满足分治法的第四个适用条件。

那么，每次在子问题处理的线性表中如何选取 i 的位置呢？前面指出，一般是采取将原问题规模分解成两个规模相等的子问题，即对半处理。于是，可以得到利用分治法在有序表中查找元素的算法，称为对半（或二分）检索（见图 10-6）。

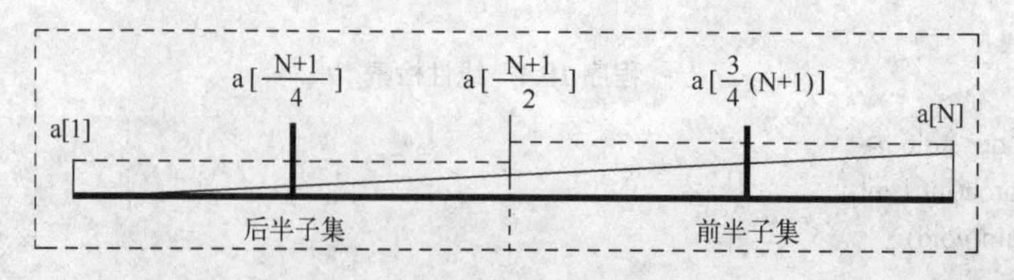

图 10-6　在有序数组 L 中对半检索

算法：设 L 为排好序的线性表，x 为需要查找的元素，high、low 分别为 x 的位置的上、下界，即如果 x 在 L 中，则 x 在 L[low…high]中。每次用 L 中间的元素 L[m]与 x 比较，从而确定 x 的位置范围。然后递归地缩小 x 的范围，直到找到 x。

下面请读者阅读程序 10.5，学习对半检索方法。

程序 10.5　对半检索方法

```
int Bin_Search(int *p,int low,int high,int key)
{
    int mid;
    if(low>high)return(-1);              //检索失败时的递归出口
    mid=(low+high)/2;
    if(key==*(p+mid))return(mid);        //检索成功
    else    {
        if(key<*(p+mid))Bin_Search(p,low,mid-1,key);       //前半子集递归搜索
        else    Bin_Search(p,mid+1,high,key);              //后半子集递归搜索
        }
}
```

可以证明，在最坏情况下对半检索算法的时间开销为 $\log_2 N$。

10.3.4　汉诺塔算法

本书通过汉诺塔问题的处理，给读者展现无法将原问题的规模分解成两个规模相同的子问题时，分治算法的处理思路。

下面先来看看什么是汉诺塔问题。

1）一个平面上有 3 根立柱 A、B、C（见图 10-7）。

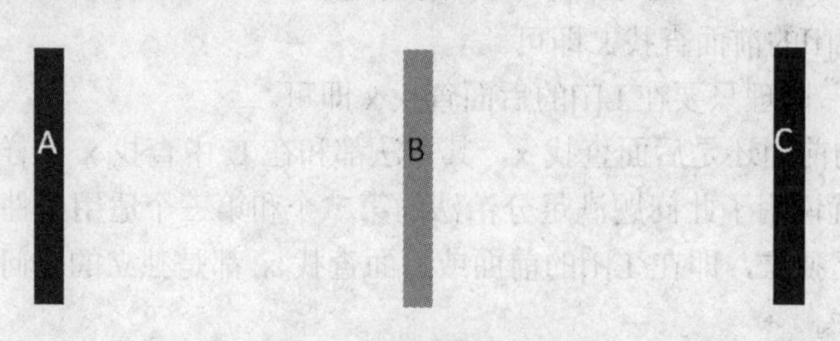

图 10-7　平面上的 3 根立柱

2）A 柱上套有 n 个大小不等的圆盘，大的在下，小的在上。

3）具体规则如下：

① 要把这 n 个圆盘从 A 柱移动到 C 柱上，每次只能移动一个圆盘。

② 移动可借助 B 柱，但任何时候，任何柱上的圆盘都必须保持大盘在下，小盘在上，如图 10-8 所示。

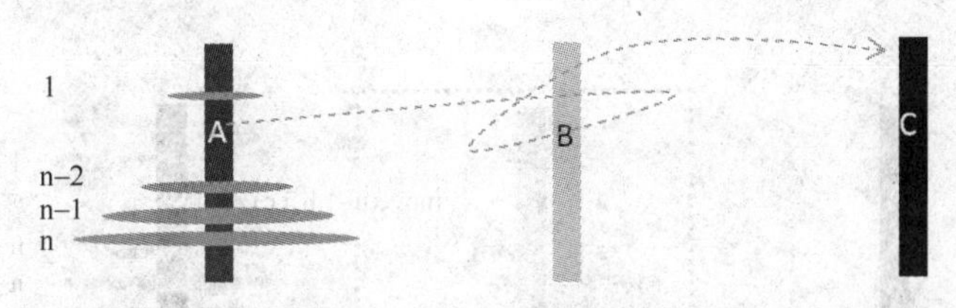

图 10-8　有序摆在 A 柱上的盘子经 B 柱移动到 C 柱

4）移动的步骤。

① 分析方法：

1°设盘子只有一个，则问题可简化为 a→c。

2°对于大于一个盘子的情况，按分治法思路，逻辑上可以分为以下两部分：

● 第 1 个盘子和其他 n-1 个盘子（分治）。

● 剩余的 n-1 个盘子的处理方式类似（规模递减）。

② 解决问题的递归步骤：

1°如果只有一个盘子，则直接移动到 C 柱（递归出口），如图 10-9 所示。

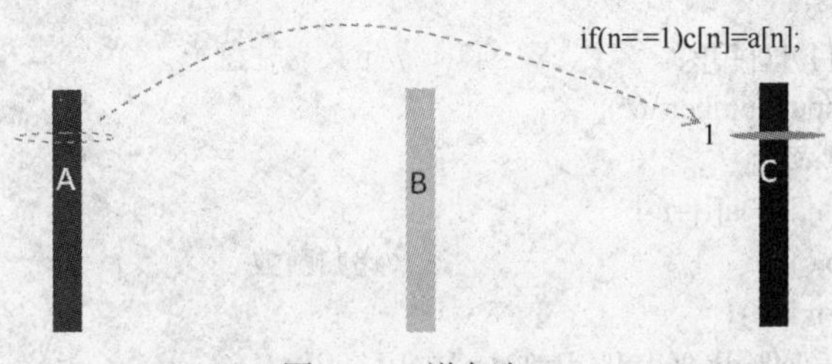

图 10-9　递归出口

2°否则，假设有一函数 move( )，能借助 C 柱，按规则将 A 柱上的 n-1 个盘子移动到 B 柱，如图 10-10 所示。

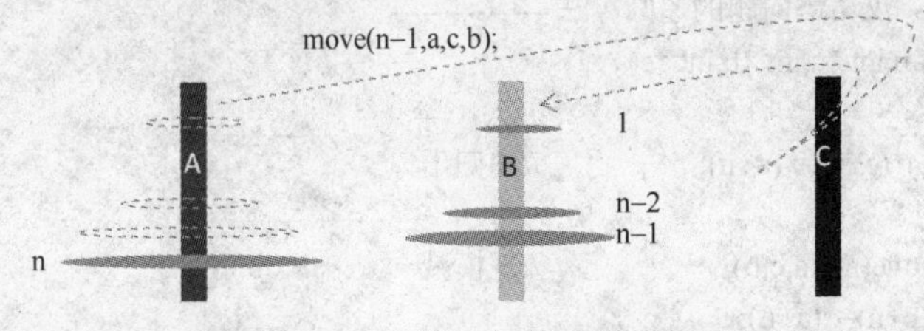

图 10-10　经 C 柱移动到 B 柱

3°A 杆上只剩下的第 n 个盘子，直接从 A 柱移到 C 柱，如图 10-11 所示，规模减一。

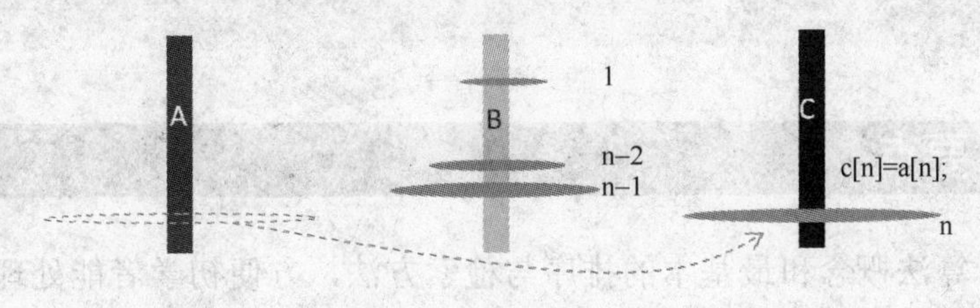

图 10-11　移动第 n 个盘子

4○将 B 柱上的 n-1 个盘子借助 A 柱移动到 C 柱（与原问题形式相同且相互独立的子问题，递归地解各个子问题，如图 10-12 所示。

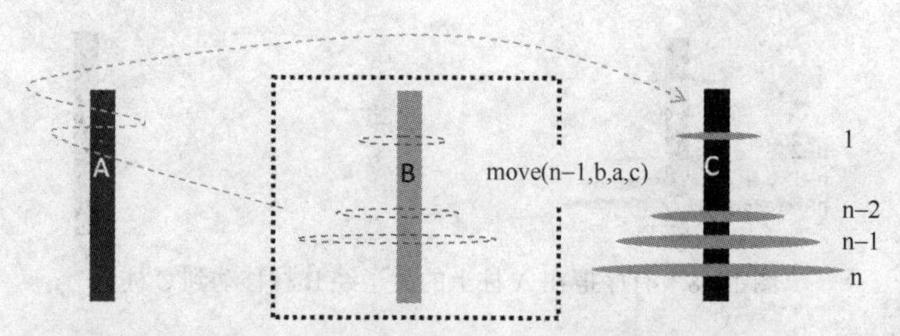

图 10-12　移动 B 柱上的 n-1 个盘子

程序 10.6 是汉诺塔的递归算法。

程序 10.6　汉诺塔的递归算法

```
#include<stdio.h>
void move(int ,int *,int *,int *);
int main(void)
{
    int n,i;
    int a[40],b[40],c[40];                    //定义立柱盘子
    printf("\ninput number:\n");
    scanf("%d",&n);
    for(i=1;i<=n;i++)a[i]=n-i;
    move(n,a,b,c);                            //递归函数
    for(i=1;i<=n;i++){
        printf("a[%d]=%d,c[%d]=%d\n",i,a[i],i,c[i]);
        }
    return(0);
}
//--------------- 汉诺塔问题的递归算法---------------
void move(int n,int *a,int *b,int *c)
{
    if(n==1)*(c+n)=*(a+n);               //递归出口
    else {
        move(n-1,a,c,b);                 //规模减一
        *(c+n)=*(a+n);
        move(n-1,b,a,c);                 //子问题
    }
}
```

10.4　本章要点 

本章介绍了算法概念和最基本的排序与检索方法，方便初学者能处理一些简单的排序与检索问题。图 10-13 所示的是排序方法一览，读者将在后续的“数据结构”课程中

进一步学习。

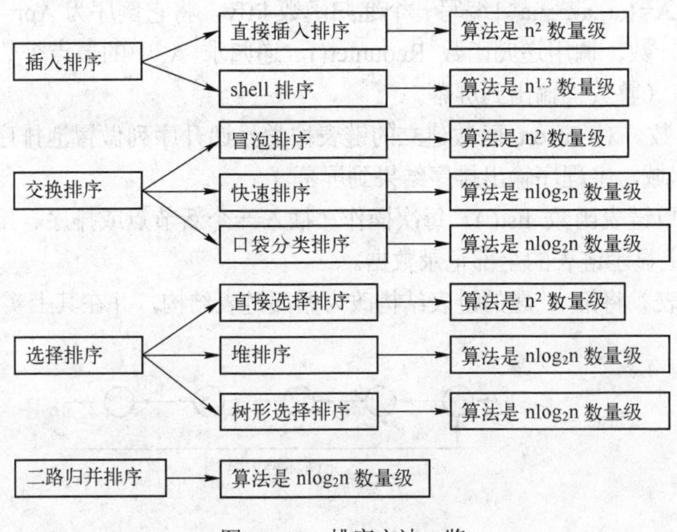

图 10-13　排序方法一览

有关算法更深一步的内容，读者可以参考专门的算法分析和人工智能导论书籍。

此外，与递归有关的经典问题很多，如快速排序算法和背包问题等，但是有时循环才是最好的解决问题的方法。

10.5　跟我学 C 练习题十

1）冒泡排序。请重新编写程序 10.1 的冒泡函数，让其返回排序过程中的总循环次数，并在主函数中输出。

2）程序分析。斐波纳契数列是：

$$F_N = F_{N-1}+F_{N-2} \qquad N \geqslant 2,\ 且F_0 = 0,\ F_1 = 1$$

① 求其递归实现函数。

② 分析递归程序是否存在问题，并说明原因。

③ 如果你认为它存在问题，请写出正确的求斐波纳契数列的程序。

3）集合求交。设选修“C 语言”课程的人数为 m、选修“数据结构”课程的人数为 n。现统计这两门课都选修了的人数（设学号是 10 位数字组成的字符串），请编程实现算法（测试程序运行的数据量大于 12 人）。

4）设链表节点结构如下：

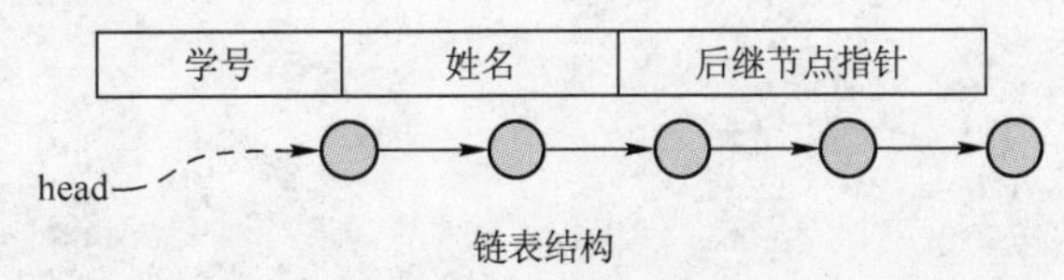

链表结构

编程实现如下功能。

① 链表生成函数 Insert()。从键盘输入学生信息，建立一个节点按学号（char 类型，下同）递增有序的单链表 $A=\{ a_1,a_2,\cdots,a_n \}$，如包含 5～10 条记录。

② 对单链表 A={ $a_1,a_2,\cdots,a_n$ }编写函数 fv，将它倒序为 Ar={$a_n,a_{n-1},\cdots,a_1$}。

③ 对单链表 A={ $a_1,a_2,\cdots,a_n$ }编写一个递归函数 Ptfv，将它倒序为 Apr={ $a_n,a_{n-1},\cdots,a_1$}。

④ 递归节点计数。调用递归函数 Rcounter()，递归求 A 中的节点个数，调用 Rcounter 函数后，其返回值（整数）输出到屏幕。

⑤ bubble 函数。对 Insert 函数建立的链表按学号递升序列做冒泡排序，只允许交换指针，不能交换数据域，主程序输出排序结果到屏幕。

⑥ 编写输出单链表函数 list( )。每次操作（插入一个新节点或排序、倒序）后，调用函数 list( )，在屏幕上显示链表的全部记录数据。

5）循环单链表。将第 4 题的链表结构改为循环链表结构，并在其上实现第 4 题的功能①～⑥。

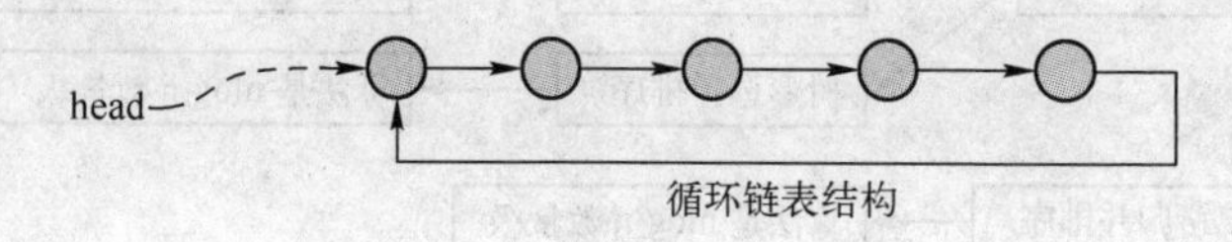

第11章

数据收藏——跟我学文件

11.1 文件的概念

学习本章，是让读者掌握在程序运行过程中存储数据的方法。

11.1.1 保存文件

假设读者费时费力输入的一段程序（见图 11-1），忽然计算机死机，此时才想起程序还没有存盘，十分懊悔。

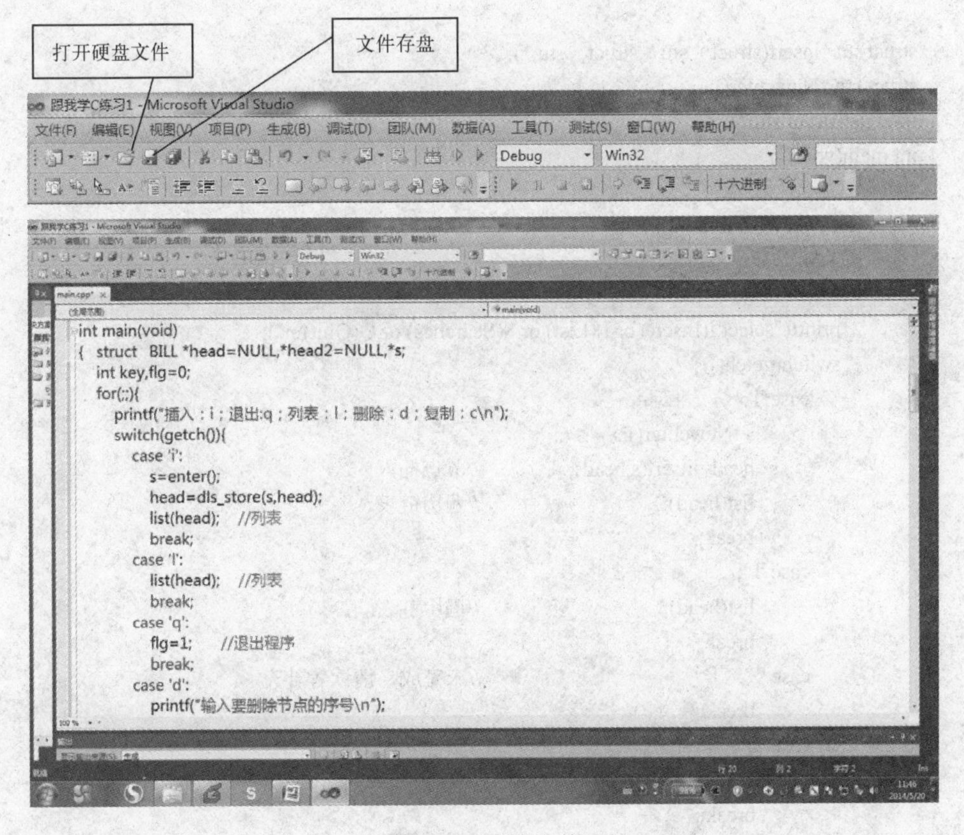

图 11-1 保存文件

老生常谈：写几行语句就 Ctrl+s 一次（反正不花钱），调试的时候更是有修改就存盘（就在写这几句话的过程中，笔者已经对书稿 Ctrl+s 了 n 次），字字珠玑。

11.1.2 保存数据——聪明的糊涂

为什么要保存数据（文件）呢？

在跟我学 C 练习题十的第 1 题中，链表节点结构是：

学号	姓名	后继节点指针

聪明的读者不费吹灰之力就搞定了程序，部分代码如程序 11.1 所示。

程序 11.1 简单链表

```
#include<stdio.h>
#include <malloc.h>
#include <stdlib.h>
#include<conio.h>
struct stu {
    char ID[20];                            //学生学号
    char name[40];
    struct stu *next;                       //指针域
    };
struct stu *insert(struct   stu *,struct   stu *);
struct stu *Newenter();
void list(struct stu *);
int main(void)
{
    struct stu *head=NULL,*s;
    int i=0;
    while(i==0){
      printf("select:I(Insert) or L(List) or S(Searches) or Q(Quit)\n");
      switch(getch()){
         case 'I':
              s=Newenter();
              head=insert(s,head);          //节点插入
              list(head);                   //遍历链表
              break;
         case 'L':
              list(head);                   //遍历链表
              break;
         case 'S':                          //未完成，请读者补充
              break;
         case 'Q':
              i=1;
              break;
         }
```

```
    }
    return(0);
}
//------------节点输入----------------------
struct stu *Newenter()
{
    struct stu *s;
    s=(struct stu *)malloc(sizeof(stu));            //向内存申请一个节点
    printf("输入学号：");
    scanf("%s",s->ID);                              //输入学号
    fflush(stdin);                                  //清空缓冲区
    printf("输入姓名：");
    scanf("%s",s->name);
    return(s);
}
//------------链表节点输出----------------------
void list(struct stu *head)
{
    int i=1;
    if(!head)exit(-1);
    while(head){
      printf("序号%d      学号:%s   姓名:%s\n",i, head->ID,head->name);
      i++;
      head = head ->next;
      }
}
//-----------------简单非循环链表的插入程序------------
struct stu *insert(struct  stu *s,struct  stu *head)
{
    struct stu *p,*q;
    if(!head){
            head=s;
            s->next=NULL;
            return (s);
            }
    p=head;
    q=p;
    while(p){
            q=p;
            p=p->next;
            }
    q->next=s;
    s->next=NULL;
    return(head);
}
```

运行后把全班 160 人的名单全部“塞进”链表（见图 11-2），检索完成后关机，可转念一想，这 160 人的链表关机后到哪儿去找呢？

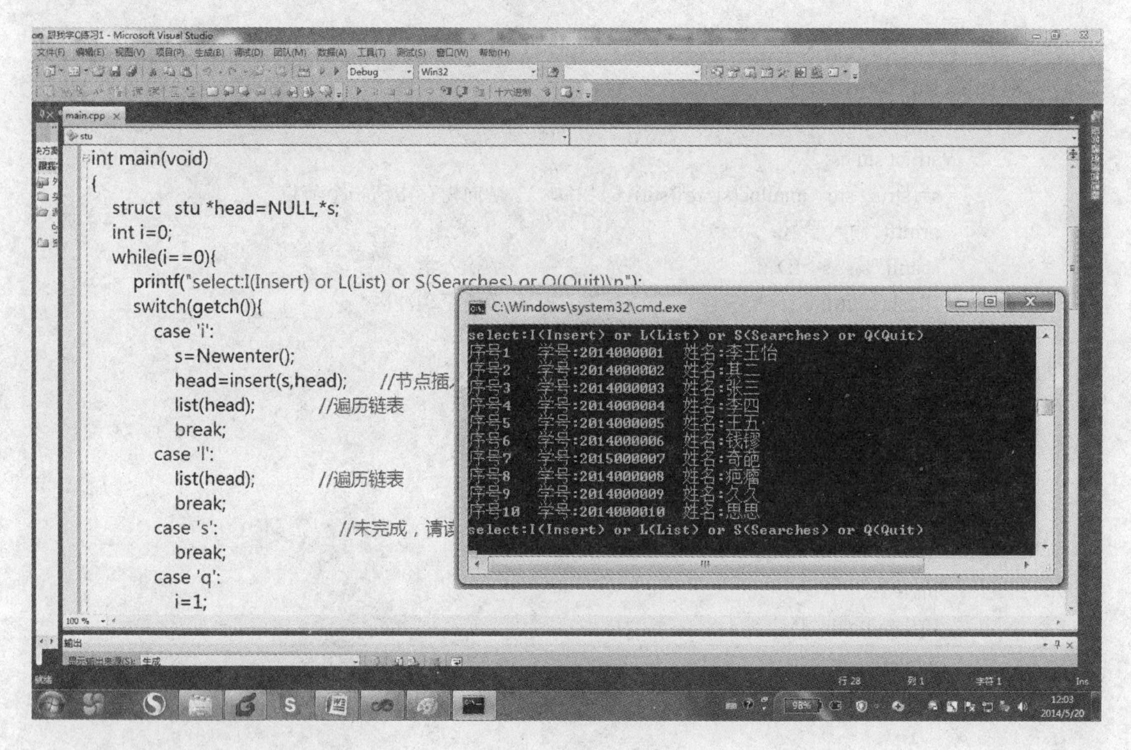

图 11-2　长长的链

请读者注意以下概念：

1）链表（数据）是程序运行时，由操作者输入到内存中的（数据）。

2）程序退出后，计算机的操作系统随即将该程序的内存空间收回，此内存空间内的数据全部消失（释放）。

3）如果想保留程序运行时产生的数据，就必须存储到硬盘，形成数据文件。

11.1.3　数据似水流

C 语言 I/O 系统在程序员和物理设备之间提供了一个转换接口，或说是一层抽象的界面，称其为“流”。而具体的物理实现（包括物理设备、物理存储）称为文件。

所有的流具有相同的行为（输入/输出数据）。用来进行磁盘文件写入的函数也可以进行键盘、显示器等的读写操作，逻辑上相同，仅是物理层驱动不同而已。

设备文件是指与主机相连的各种外部设备，如显示器、打印机、键盘等。在操作系统中，把外部设备也看作是一个文件来进行管理，把它们的输入、输出等同于对磁盘文件的读和写，如图 11-3 所示。

通常把显示器定义为标准输出文件，一般情况下在屏幕上显示有关信息就是向标准输出文件输出，如前面经常使用的 printf 和 putchar 函数就是这类输出。

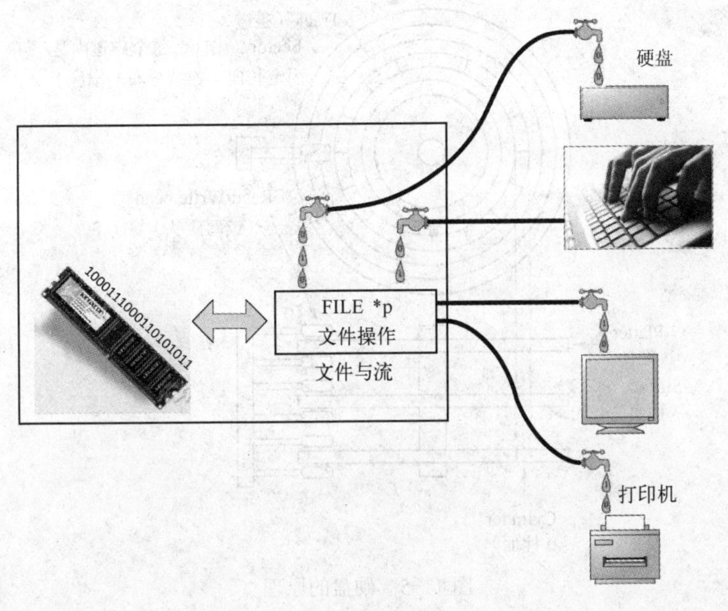

图 11-3　数据流

键盘通常被指定标准的输入文件，从键盘上输入就意味着从标准输入文件上输入数据，scanf 和 getchar 函数就属于这类输入。

从文件编码的方式来看，文件可分为 ASCII 码文件和二进制码文件两种（见图 11-4），即 C 语言中有两种类型的流。

1）文本流（text stream）：一个文本流由一行字符组成，换行符表示一行结束。

2）二进制流（binary stream）：一个二进制流对应写入文件的内容，由字节序列组成，没有字符翻译。

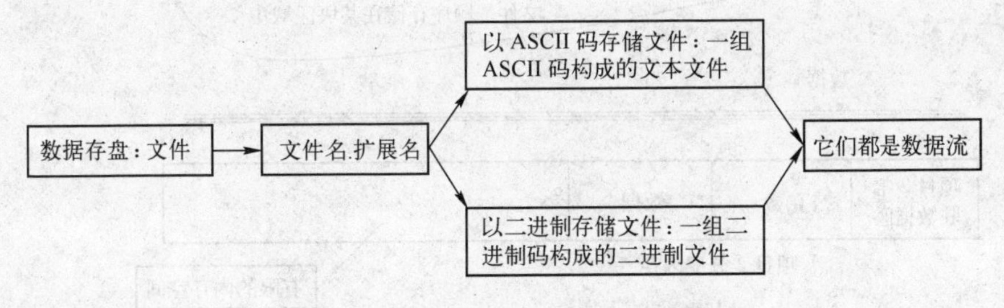

图 11-4　ASCII 码文件和二进制码文件

ASCII 文件也称为文本文件，这种文件在磁盘中存放时每个字符对应一个字节，用于存放对应的 ASCII 码。二进制文件是按二进制的编码方式来存放文件的。文件的扩展名用于分类。

11.1.4　硬盘的概念

图 11-5 所示的是硬盘原理，其展示了磁道、扇区以及它们与读写磁头的关系。

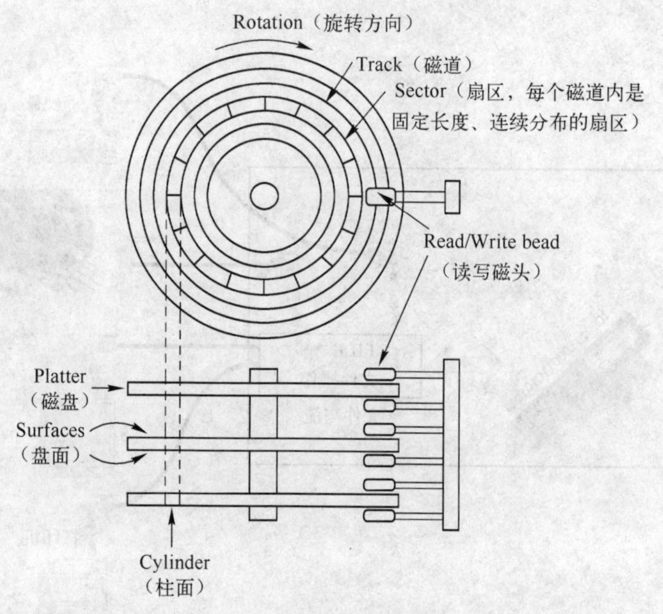

图 11-5　硬盘的原理

11.1.5　文件在硬盘的存放形式 

图 11-6 说明了硬盘存储文件类似于数组存储在内存中，是顺序存储方式。

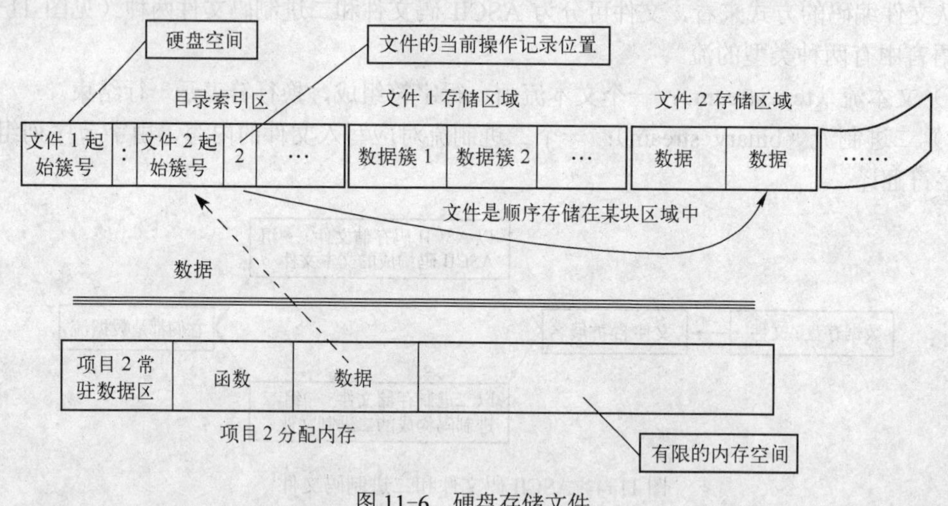

图 11-6　硬盘存储文件

11.2　文件操作方式

11.2.1　文件操作一览 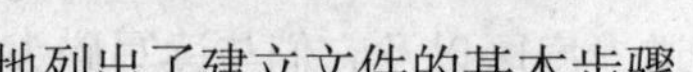

图 11-7 概要地列出了建立文件的基本步骤。

步骤

1）建立文件指针。C语言用一个指针指向一个文件，称为文件指针，通过文件指针对其所指的文件进行各种操作。
2）打开文件的同时，描述文件名及属性。
3）选择对应的读写函数。
4）操作完成后，打开的文件必须关闭。

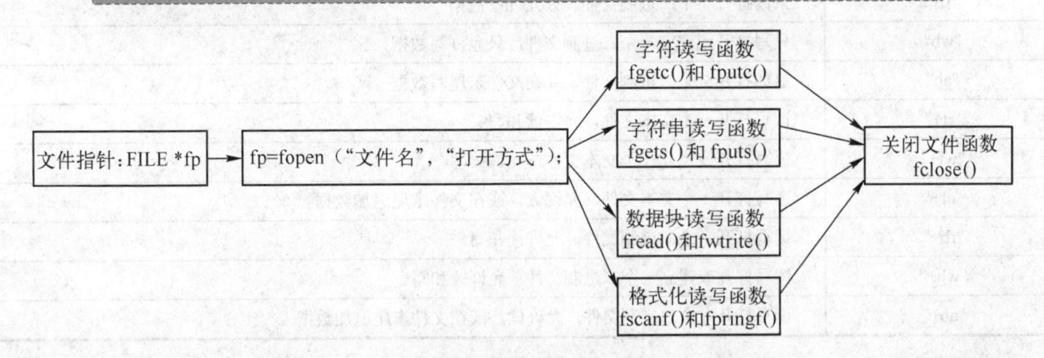

图 11-7　建立文件的基本步骤

11.2.2　文件内部的当前操作位置偏移

内存单元用地址标记，硬盘空间用扇区的簇号标记，没有地址的概念。每个文件和数组一样，是顺序存储于硬盘的某个区间的，文件内部有一个位置偏移量 i，指向文件当前记录在硬盘中的位置（当前读写字节）。每次读写文件后，该位置指针将向后移动相应的字节。

在文件打开时，该指针总是指向文件的第一个字节（见图 11-8）。应注意，文件指针和文件内部的位置指针不是一回事。文件指针指向文件，须在程序中定义说明，只要不重新赋值，文件指针的值不变。而文件内部的位置指针可以理解为一个偏移量，用以指示文件内部的当前读写位置，每读写一次，该指针均向后移动，它不需在程序中定义说明，而是由系统自动设置。

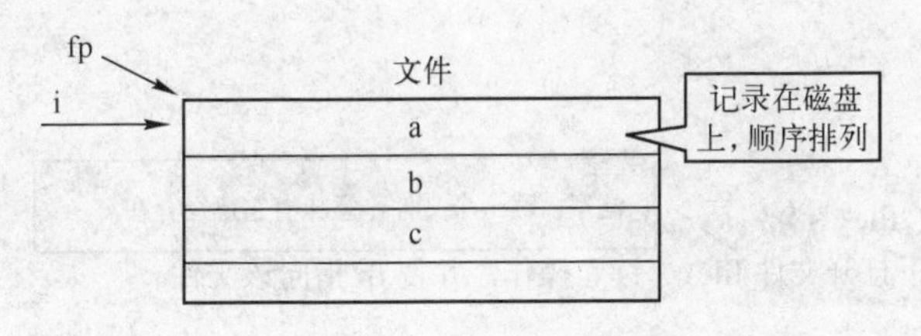

图 11-8　文件内部的位置指针

11.2.3　文件操作表

文件操作符一览见表 11-1。

表 11-1　文件操作符

文件打开方式	说　明
"rt"	只读打开一个文本文件，只允许读数据
"wt"	只写打开或建立一个文本文件，只允许写数据

（续）

文件打开方式	说　明
"at"	追加打开一个文本文件，并在文件末尾写数据
"rb"	只读打开一个二进制文件，只允许读数据
"wb"	只写打开或建立一个二进制文件，只允许写数据
"ab"	追加打开一个二进制文件，并在文件末尾写数据
"rt+"	读写打开一个文本文件，允许读和写
"wt+"	读写打开或建立一个文本文件，允许读写
"at+"	读写打开一个文本文件，允许读，或在文件末尾追加数据
"rb+"	读写打开一个二进制文件，允许读和写
"wb+"	读写打开或建立一个二进制文件，允许读和写
"ab+"	读写打开一个二进制文件，允许读，或在文件末尾追加数据

11.3　建立文件的步骤

11.3.1　文件打开函数 fopen()

fopen 函数用来打开一个文件，其调用的一般形式为：

```
文件指针名=fopen("文件名.扩展名","打开文件方式");
```

其中：

1）文件指针名必须是被说明为 FILE 类型的指针变量。

2）文件名是被打开文件的文件名，扩展名是文件类型说明，可以省略。

3）打开文件方式是指文件流的类型和读写操作，以及新建还是追加在文件尾部等要求。

例如：

```
FILE *fp;
fp=fopen("file","r");
//在当前目录下打开文件 file，"读"操作，并使 fp 指向该文件
```

注意，读一个文件，意味着它已经存在

又如：

```
FILE *fp;
fp=fopen("c:\\hzk16","wb+");
//打开 C 驱动器磁盘的根目录下的一个二进制文件 hzk16，按二进制方式进行读写操作。两个反斜线"\\"中的第一个表示转义字符，第二个表示根目录
```

思考：如何从键盘输入文件名（动态指定的目录下）？

11.3.2　跟我学 C 例题 11-1——建立一个文件

请读者阅读程序 11.2，学习建立文件。

程序 11.2　跟我学 C 例题 11-1

```
//-----------------------------------------
//程序功能：从键盘上输入一个字符串，存储到一个磁盘文件 lwz.dat 中
//使用格式：可执行文件名=要创建的磁盘文件名
//---------------------------------------
#include<stdio.h>
#include<conio.h>
#include<stdlib.h>
void   main(void)
{
    FILE *fp;      //定义一个文件指针
    char ch;
    if ((fp=fopen("lwz.dat","w"))==NULL){
        printf("can not open this file\n");
        getch();
        exit(-1);
        }
  //以下程序是输入字符并存储到指定文件中，以输入符号"@"作为文件结束标志
      printf("输入字符\n");
      for( ; (ch=getchar()) != '@' ; )fputc(ch,fp);        //输入字符并存储到 lwz.dat 文件中
      fclose(fp);
}
```

如果打开文件失败，则返回的指针为空

打开文件操作失败，则退出程序

退出循环，关闭 fp 指向的文件

11.3.3　跟我学 C 例题 11-2——从键盘输入文件名

一般说来，文件名是在存盘或读盘时，由操作者从键盘输入的。

下面请读者先阅读程序 11.3。

程序 11.3　跟我学 C 例题 11-2

```
#include<stdio.h>
#include<conio.h>
#include<stdlib.h>
void input(char *);
int main(void)
{
      FILE *fp;                    //定义一个文件指针
      char FileName[40];
      char ch;
      input(FileName);
      if ((fp=fopen(FileName,"w"))==NULL){
                  printf("can not open this file\n");
                  exit(-1);
                  }
      printf("输入字符\n");
      for( ; (ch=getchar()) != '@' ; )fputc(ch,fp);
```

按指定的文件名打开一个文件，进行写操作

输入字符并存储到打开的文件中

```
        fclose(fp);
        return(0);
}
//----------------输入的字符串是文件名-------
void input(char *p)
{       printf("输入要建立的文件名及路径：");
        scanf("%s",p);
}
```

文件名是来自键盘的字符串

程序 11.3 的运行界面如图 11-9 所示。

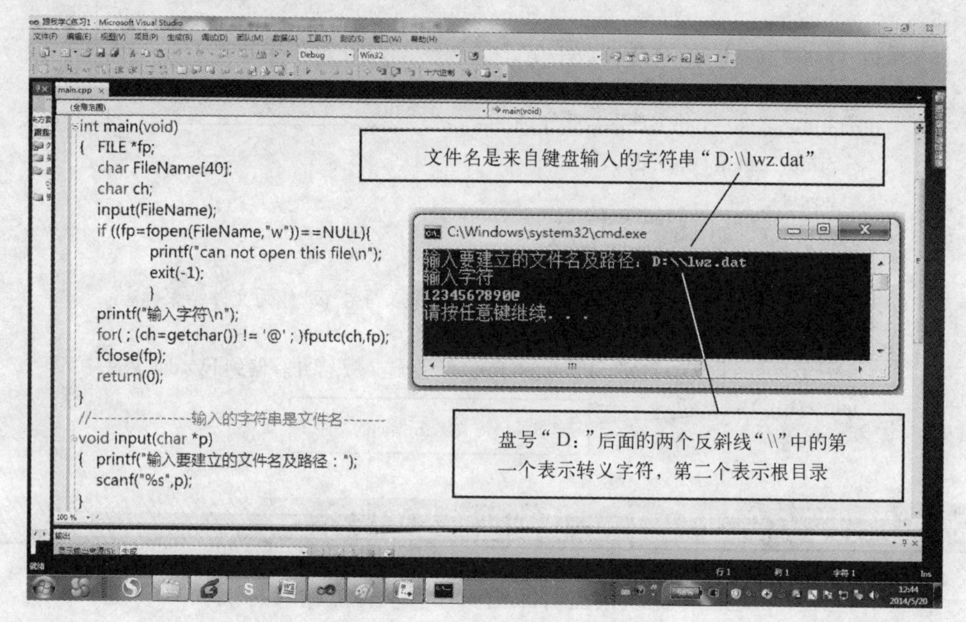

图 11-9　程序 11.3 的运行界面

现在请读者在自己的计算机上，输入图 11-9 所示的文件名（字符串）并运行。然后，打开计算机 D 盘（如果没有 D 盘，就请输入其他盘号）根目录，查看“lwz.dat”文件是否已经存在？

然后用记事本打开它，检查是否与自己的输入吻合（不妨尝试更改输入字符串的内容，多试几次）。

学到这里，恭喜读者，已经完成了自己的初次文件建立。

11.4　文件的读写

学会了建立文件之后，下面将学习如何存/取（读/写）两种不同格式的文件，也就是字符格式文件和二进制流文件。

11.4.1　格式化读写函数 fscanf()和 fprintf()

fscanf 函数和 fprintf 函数与 scanf 函数和 printf 函数功能相似，都是格式化读写函数。两者的区别在于 fscanf 函数和 fprintf 函数的读写对象不是键盘和显示器，而是磁盘文件，调用形式如下：

```
fscanf(文件指针,格式字符串,输入表列);
fprintf(文件指针,格式字符串,输出表列);
```

例如：

1）从 fp 指向的磁盘文件中读入一个整型数和字符串，代码如下。

```
fscanf(fp,"%d%s",&i,s);
```

2）向 fp 指向的磁盘文件写入一个整型数和字符，代码如下。

```
fprintf(fp,"%d%c",j,ch);
```

程序 11.4 通过硬盘把一个结构指针 p 指向的数组内容复制到另一结构指针 q 指向的数组（见图 11-10）。

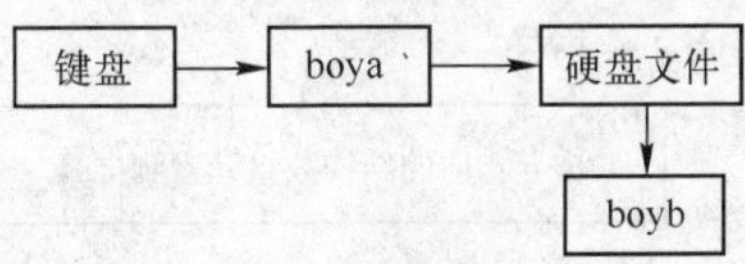

图 11-10　程序 11.4 图示

程序 11.4　格式读写示例

```
#include<stdio.h>
#include <stdlib.h>
#include <conio.h>
int main(void)
{
  struct stu{                       两个结构数组指针初始指向 boya 和 boyb
      char name[40];
      char num[40];
      }boya[2],boyb[2],*p=boya,*q=boyb;
  FILE *fp;
  char ch;                          当前目录下打开或建立一个文本文件，可读写
  int i;
  if((fp=fopen("stuList.dat","wt+"))==NULL){
      printf("Cannot open file strike any key exit!");
      getch();
      exit(-1);           打开失败时的处理方式
      }
  for(i=0;i<2;i++,p++){
      printf("\n 姓名\n");            //从键盘输入数据
      scanf("%s",p->name);
      printf("\n 学号\n");
      scanf("%s",p->num);
      }
  p=boya;                           //p 再次指向结构数组 boya 的首地址
```

```
    //下面是把 p 指向的数组记录写进 fp 指向的已打开的文件
    for(i=0;i<2;i++,p++){
            fprintf(fp,"%s\n",p->name);
            fprintf(fp,"%s\n",p->num);
            }
    rewind(fp);            //调整 fp，重新指向文件起始位置（让文件记录 i 回到原点 0）
    //下面是把 fp 指向的已打开的文件记录读出到 q 指向的数组
    for(i=0;i<2;i++,q++){
        fscanf(fp,"%s\n",q->name);
        fscanf(fp,"%s\n",q->num);
        }
    q=boyb;                //q 再次指向结构数组 boyb 的首地址
    printf("\n 打印 q 指向的数组\n");
    printf("\nname\tnumber\n");
    for(i=0;i<2;i++,q++)printf("%s\t%s\t\n",q->name,q->num);
    fclose(fp);            //关闭文件指针
    return(0);
}
```

输出 q 指向的结构数组元素到屏幕

程序 11.4 的运行结果如图 11-11 所示，可以看出，操作硬盘文件，如同操作内存。

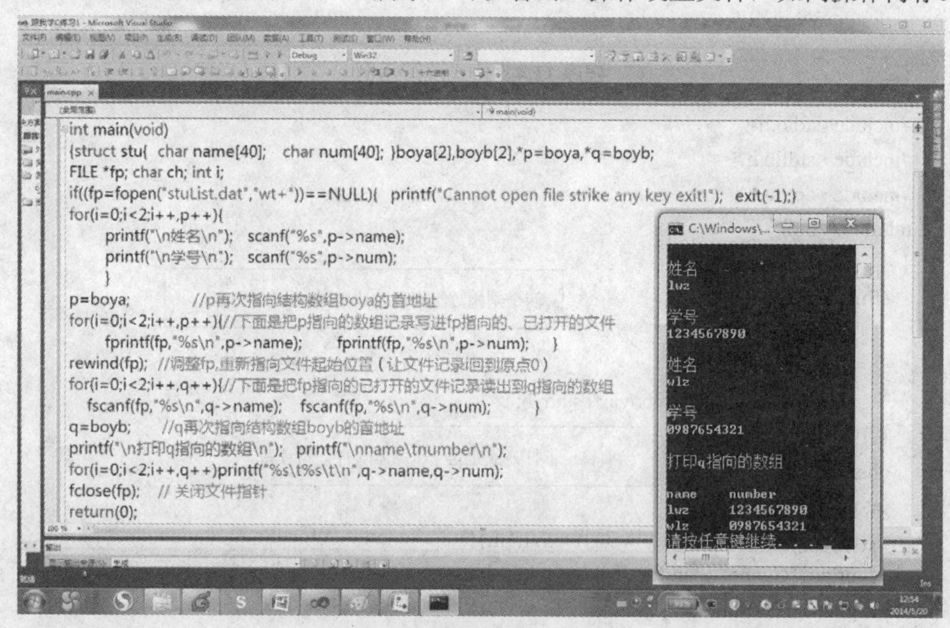

图 11-11　程序 11.4 运行结果

11.4.2　数据块读写函数 fread()和 fwrite()

fread 函数和 fwrite 函数都是二进制格式流文件。读数据块的函数调用形式为：

```
fread(buffer,size,count,fp);
```

写数据块函数调用的一般形式为：

```
fwrite(buffer,size,count,fp);
```

其中：

1）buffer 为一个指针。在 fread 函数中表示存放输入数据的首地址，在 fwrite 函数中表示存放输出数据的首地址。

2）size 表示数据块的字节数。

3）count 表示要读写的数据块块数。

例如：

```
fread(array,4,5,fp);
```

从 fp 所指的文件中每次读 4 个字节（一个实数）送入实数组 array 中，连续读 5 次，即读 5 个实数到 array 中。

程序 11.5 遵循了图 11-10 所示的示例，通过硬盘把一个结构指针 p 指向的数组内容复制到另一结构指针 q 指向的数组中，但是，现在使用的是随机读写方式，读者会发现，这样更为便捷，具体代码如下：

程序 11.5　随机读写示例

```
#include <stdlib.h>
#include <conio.h>
#include<stdio.h>
struct stu{
    char name[40];
    char num[40];
    };
int main(void)
{
  struct stu boya[2],boyb[2],*p,*q;        //两个结构数组指针初始指向 boya 和 boyb
  FILE *fp;
  char ch;
  int i;
  p=boya;
  q=boyb;
  if((fp=fopen("stuList.dat","wb+"))==NULL){
    printf("Cannot open file strike any key exit!");
    exit(-1);
  }
for(i=0;i<2;i++,p++){
    printf("\ninput data(%d)\n",i+1);
    scanf("%s%s",p->name,p->num);
    }
p=boya;

fwrite(p,sizeof(struct stu),2,fp);
rewind(fp);        //调整 fp，重新指向文件的起始位置（让文件记录 i 回到原点 0）
```

当前目录下打开或建立打开一个二进制文件，可读写

获得每次写入的字节数（结构元素的单位长度）

将 p 指向的结构数组元素，分两次写入 fp 指向的文件中，每次写入的长度是 stu 字节数

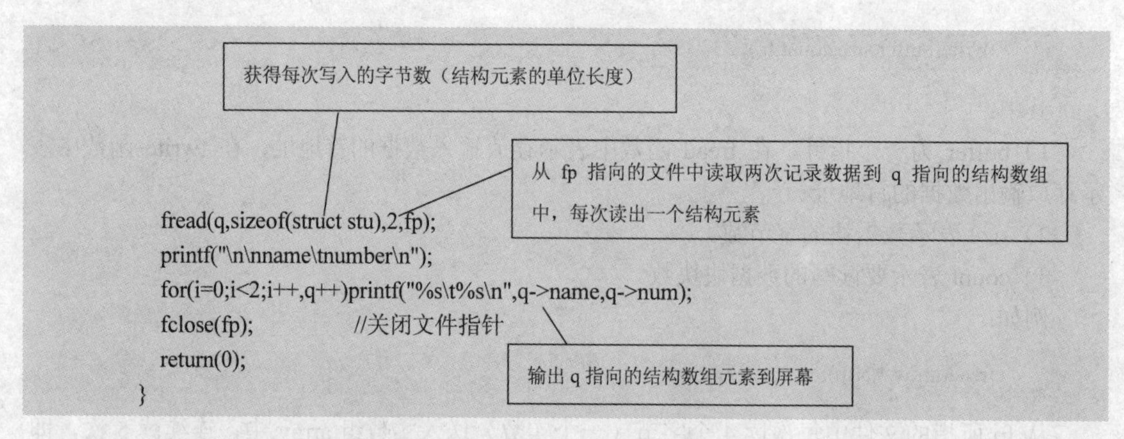

```
fread(q,sizeof(struct stu),2,fp);
printf("\n\nname\tnumber\n");
for(i=0;i<2;i++,q++)printf("%s\t%s\n",q->name,q->num);
fclose(fp);            //关闭文件指针
return(0);
}
```


数据块读写格式给成组数据操作提供了便利，首先通过 sizeof 函数获得每次读/写操作的字节数，再根据指定的读/写操作的次数，就可以完成一次文件的读/写操作。

图 11-12 显示了程序 11.5 的运行结果，可以看出，用随机文件读写方式操作硬盘文件更为便利。

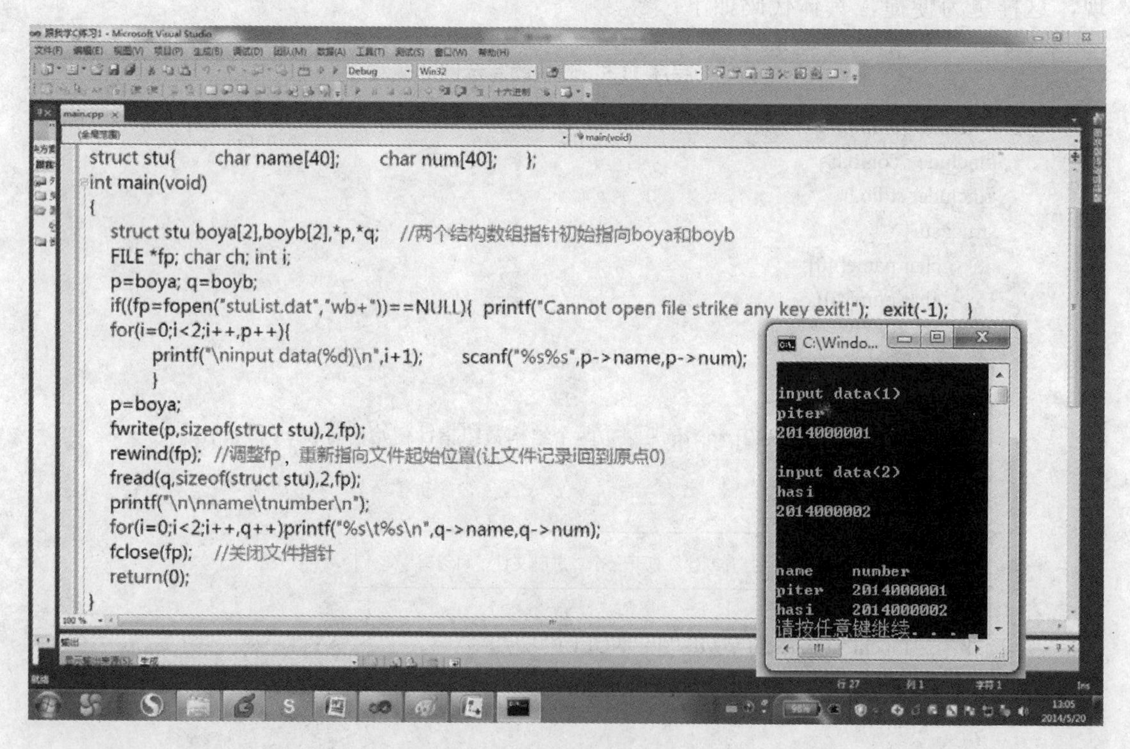

图 11-12　程序 11.5 运行结果

11.4.3　定位函数 rewind()和 fseek()

rewind 函数的调用形式如下：

```
rewind(文件指针);
```

其功能是把文件内部的位置指针移到文件首部，而 fseek 函数语句的功能则更为丰富一些，调用形式如下：

```
fseek(文件指针,位移量,起始点);
```

其中：

1）“文件指针”指向被移动的文件。

2）“位移量”表示移动的字节数，要求位移量是 long 型数据，以便在文件长度大于 64KB 时不会出错。当用常量表示位移量时，要求加后缀“L”。

3）“起始点”参考表 11-2，表示从何处开始计算位移量。起始点有 3 种，即文件首部、当前位置和文件末尾。

例如，把位置指针移到离文件首部 100 个字节处：

```
fseek(fp,100L,0);
```

fseek 函数一般用于二进制文件。在文本文件中由于要进行转换，因此很容易在计算位置时出现错误。

表 11-2　起始点

起 始 点	表 示 符 号	数 字 表 示
文件首	SEEK_SET	0
当前位置	SEEK_CUR	1
文件末尾	SEEK_END	2

下面请读者阅读程序 11.6。

程序 11.6　文件定位方式示例

```
#include <stdlib.h>
#include <conio.h>
#include<stdio.h>
struct stu{
      char name[40];
      char num[40];
      };
void FileRead(FILE *);
int main(void)
{
   FILE *fp;
   char ch;
   int i;
   if((fp=fopen("stuList.dat","rb"))==NULL){
      printf("Cannot open file strike any key exit!");getch();exit(-1);
      }
         FileRead(fp);          //注意，实参是指向打开文件的指针
         fclose(fp);
```

```
        return(0);
    }
    //-----------------------------------------------------------------------
    //实参是文件指针，从已经存在的文件中读出指定的记录
    //-----------------------------------------------------------------------
    void FileRead(FILE *fp)
    {
        struct stu boy,*q;   q=&boy;
        int i=1;                                     //i=0 从第一个数据块，i=1 从第二个数据块
        fseek(fp,i*sizeof(struct stu),0);            //从文件头部后移一个记录位置
        fread(q,sizeof(struct stu),1,fp);            //从文件的当前位置读出 1 条记录到 q 指向的变量
        printf("\n\nname\tnumber\n");
        printf("%s\t%s\n",q->name,q->num);           //输出 q 指向的结构元素到屏幕
    }
```

程序 11.5 的运行界面如图 11-13 所示。对比一下图 11-12，显然，程序 11.5 正确地读出了刚刚输入到 stuList.dat 文件中的第 2 条记录（假设这个文件还在当前的路径下，否则打开失败）。

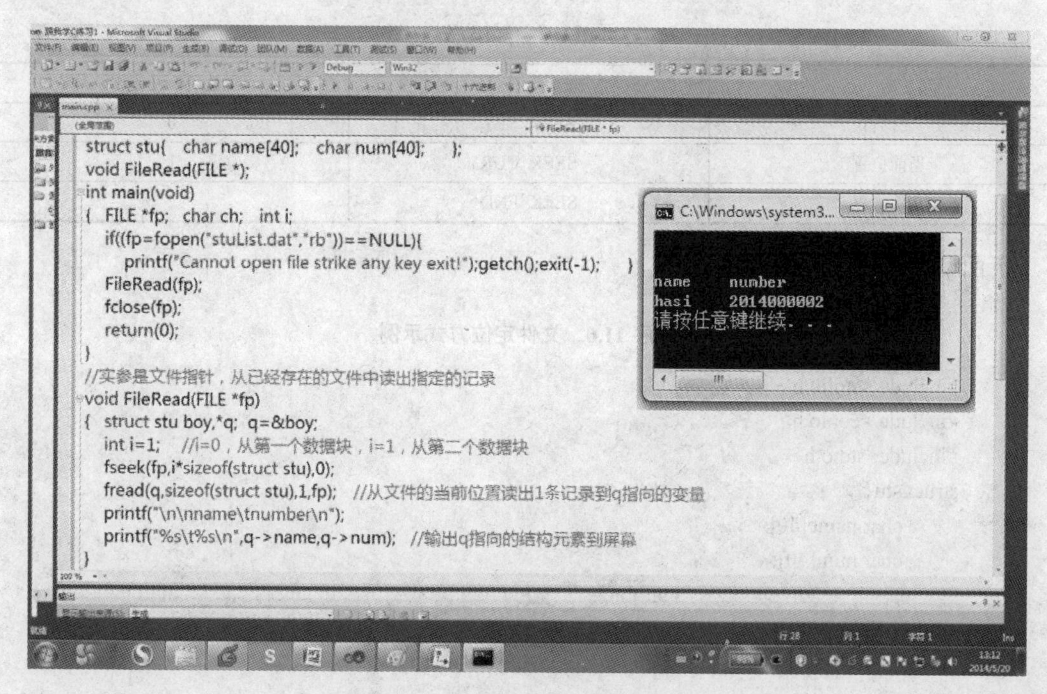

图 11-13　程序 11.5 运行界面

请读者上机运行程序 11.4～11.6，体验文件操作的乐趣。

11.5　保存链表——动态数据文件的存取 

现在，可以回答 11.1.2 节提出的动态链表保存问题了。首先，读者要清楚以下几个概念：

1）链表是动态生成的，它由指针的指向描述了节点的前驱与后继之间的逻辑关系<a_i,a_{i+1}>。

2）硬盘（文件）是顺序存储的（类似数组），它由记录的物理关系描述了记录的前驱与后继之间的逻辑关系<a_i,a_{i+1}>。

那么，从内存空间的链表映射到硬盘空间的文件的过程中，是否需要保存当前链表的指针？换句话说，将来从硬盘读出文件到内存时，如何恢复链表（节点之间的逻辑关系）？

图 11-14 解释了内存链表与硬盘文件的映射关系。

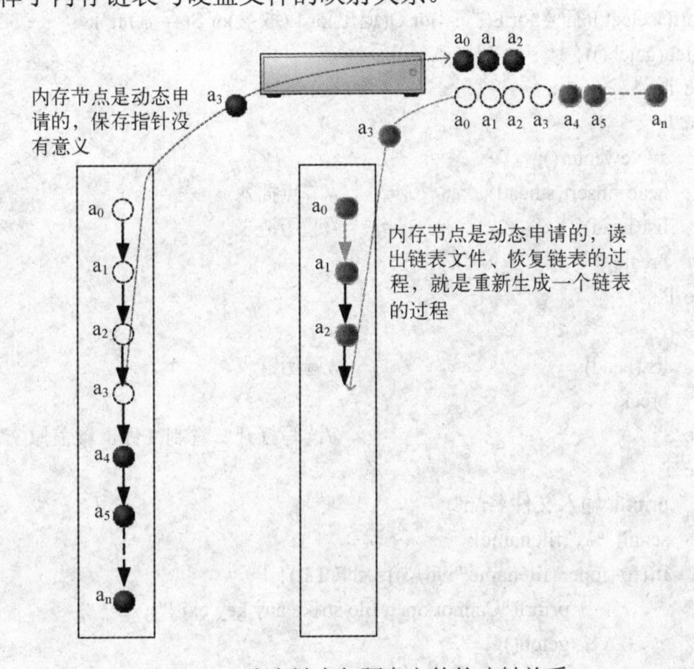

图 11-14　内存链表与硬盘文件的映射关系

程序 11.7 在程序 11.1 的基础上增加了链表存取函数 save()和 load()。

程序 11.7　存取链表

```
#include<stdio.h>
#include <malloc.h>
#include <stdlib.h>
#include<conio.h>
#include<iomanip>
struct stu {
        char ID[20];                    //学生学号
        char name[40];
        struct stu *next;               //指针域
        };
struct stu *insert(struct   stu *,struct   stu *);
struct stu *Newenter();
void list(struct stu *);
struct stu *load(FILE *);
```

```
void save(struct stu *,FILE *);
int main(void)
{
   struct      stu *head=NULL,*s;
   int i=0;
   FILE *fp;
   char filename[20];
   while(i= =0){
      printf("select:I(插入)or P(打印)or Q(退出)or L(取盘)or S(存盘)\n");
      switch(getch()){
      case 'i':
      case 'I':
            s=Newenter();
            head=insert(s,head);                 //节点插入
            list(head);                          //遍历链表
            break;
      case 'P':
      case 'p':
            list(head);                          //遍历链表
            break;
      case 'S':                                  //读写打开二进制文件，覆盖原文件
      case 's':
            printf("输入文件名:\n");
            scanf("%s",filename);
            if((fp=fopen(filename,"wb+"))= =NULL){
                     printf("Cannot open file strike any key exit!");
                     getch();
                     exit(-1);
                     }
            save(head,fp);                       //链表存盘
            fclose(fp);
            break;
      case 'L':                                  //读写打开二进制文件，尾部操作记录
      case 'l':
            printf("输入文件名:\n");
            scanf("%s",filename);
            if((fp=fopen(filename,"ab+"))= =NULL){
                     printf("Cannot open file strike any key exit!");
                     getch();
                     exit(-1);
                     }
            head=load(fp);                       //打开一个文件恢复链表
            fclose(fp);
            break;
      case 'q':
      case 'Q':
```

```
            i=1;
            break;
        }
    }
    return(0);
}
//------------打开一个文件恢复链表----------------------
struct stu *load(FILE *fp)
{
    struct stu *p,*head=NULL;
    p=(struct stu *)malloc(sizeof(stu));            //申请一个节点空间
    if(!p)exit(-1);
    fread(p,sizeof(struct stu),1,fp);               //预读一个文件记录
    while(!feof(fp)){                               //若不是结尾，则进入循环体插入所有链表节点
        head=insert(p,head);
        p=(struct stu *)malloc(sizeof(stu));
        if(!p)exit(-1);
        fread(p,sizeof(struct stu),1,fp);           //继续读文件
        }
    list(head);
    return(head);
}
//-------------链表存盘-------------------------
void save(struct stu *head,FILE *fp)
{
    struct stu *p;
    p=head;
    while(p){
    fwrite(p,sizeof(struct stu),1,fp);              //每次写入一个长度为 stu 字节数的记录
    p=p->next;
    }
}
//------------节点输入----------------------
struct stu *Newenter()
{
    struct stu *s;
    s=(struct stu *)malloc(sizeof(stu));            //向内存申请一个节点
    printf("输入学号：");
    scanf("%s",s->ID);                              //输入学号
    fflush(stdin);                                  //清空缓冲区
    printf("输入姓名：");
    scanf("%s",s->name);
    return(s);
}
//------------链表节点输出---------------------
void list(struct stu *head)
```

```
{
   int i=1;
   if(!head){printf("链空！ \n");};
   while(head){
      printf("序号%d   学号:%s    姓名:%s\n",i, head->ID,head->name);
      i++;
      head = head ->next;
      }
}
//-----------------简单非循环链表的插入程序------------
struct stu *insert(struct   stu *s,struct   stu *head)
{
   struct      stu *p,*q;
   if(!head){
         head=s;
         s->next=NULL;
         return (s);
         }
   p=head;
   q=p;
   while(p){
         q=p;
         p=p->next;
         }
   q->next=s;
   s->next=NULL;
   return(head);
}
```

函数 save()非常类似屏幕打印函数 list()，它们功能也完全一样，只是数据流向不同，函数 save()把数据流向了硬盘。

函数 load()还是小有一些技巧的。在进入循环体、循环读出文件记录之前，首先预读一条记录（文件打开成功，意味着其长度至少有一条记录），然后判断当前是否已经到达文件末尾（feof(fp)==NULL），以便正确地结束循环。这一点倒是像把一个新节点插入链表的操作方法。

图 11-15 显示了程序 11.7 的运行测试过程：

1）首先打开一个已经存在于当前路径（程序 11.7 的 C 工程文件夹）下的文件 lwz2014.dat（该文件要预先建立，否则 list 函数在运行中会显示链空）。

2）在链表中插入一个新节点：

学号：2014000008　姓名：king

3）输入“s”，选择存盘操作，输入文件名 lwz2014.dat，若操作成功，则意味着覆盖了该文件（当然，读者可以存储成一个新文件）。

4）在程序提示中输入命令“L”，选择读盘操作，输入文件名 lwz2014.dat，若操作成功，则恢复了保存在该文件中的链表。

图 11-15　程序 11.7 的运行测试过程

建议读者上机运行程序 11.7，并对其进行一点改进：

1）存盘操作时，如果文件已经存在，则给出提示信息：“文件已存在，继续将覆盖原文件，继续（Y/N）？”

2）为了节省存盘时间，是否可以在每次写操作时，从已存在的文件末尾开始，仅把新增加的那些链表节点写到文件中？

11.6　本章要点

1）C 语言把文件当作一个“流”，按字节进行处理。

2）C 语言中按编码方式，文件可以分为二进制文件和 ASCII 文件两种。

3）C 语言中用文件指针标识文件，当一个文件被打开时，可取得该文件指针。

4）文件在读写之前必须打开，读写结束后必须关闭。

5）文件可按只读、只写、读写、追加 4 种操作方式打开，同时还必须指定文件的类型是二进制文件还是 ASCII 文件。

6）文件可按字节、字符串、数据块为单位进行读写，文件也可以按指定的格式进行读写。

7）文件内部的位置指针可指示当前的读写位置，移动该指针可以对文件实现随机读写。

11.7　跟我学 C 练习题十一

1）链表文件。一个链表 $A=\{a_1,a_2,\cdots,a_n\}$ 结构如下：

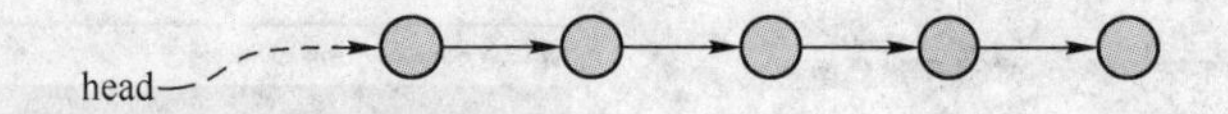

节点定义为：

```
struct node{
    char num[40];          //姓名
    char ID[14];           //学号
    struct node *next;
};
```

编程实现如下功能：

① input 函数输入节点。

② insert 函数按学号增序将节点插入到 A 中。

③ save 函数将当前链表保存至文件。

④ load 函数恢复保存至文件的链表。

⑤ 每次插入或从硬盘恢复链表后，list 函数显示当前链表。

2）编程实现把一个字符串写入一个文件，要求如下。

① CreateFile(char *filename)函数：

1°从键盘输入一个文件名（含路径）赋给 filename，并用它建立文件。

2°从键盘输入一个字符串（字符串长度<常量 M），保存至 filename 文件中。

3°返回 filename 文件名给主调函数。

② ReadFile（int i，…）函数（形参根据题意来定义）：

1°打开 fliename 文件。

2°根据形参 i 选择文件的第 i 条记录（由文件头开始），读出 filename 文件的记录 i 的内容（CreateFile 函数写入的字符串）并将该字符串返回给主函数。

③ 主函数输入参数 i，调用 CreateFile 函数获得文件名 filename，调用 ReadFile 函数并输出其返回的字符串。

3）编程实现把一个字符串写入一个文件，要求如下：

① 从键盘输入一个文件名并打开该文件。

② 从键盘输入一个字符串，写入到打开的文件后，再从该文件倒序读出。

4）编程实现每次从键盘输入一个字符串，并写到一个文件中，要求如下：

① 从键盘输入一个文件名并打开该文件。

② 把字符串写入到打开的文件中，如果该文件已经存在，则将当前字符串追加到文件的末尾。

③ 每次写操作之后，再从该文件读出全部记录数据。

附录

附录 A　运算符的优先级 

附录 A.1　优先级规则

C++和 C 语言有几十个运算符，运算符的优先级与结合律见表 A-1。注意，一元运算符“+、-、*”的优先级高于对应的二元运算符。

表 A-1

序号	优先级	运算符	结合律
1	从高到低排列	()　[]　->　.	从左至右
2		!　~　++　--　（类型）　sizeof　+　-　*　&	从右至左
3		*　/　%	从左至右
4		+　-	从左至右
5		<<　>>	从左至右
6		<　<=　>　>=	从左至右
7		==　!=	从左至右
8		&（位与）	从左至右
9		^（位异或）	从左至右
10		|（位或）	从左至右
11		&&	从左至右
12		||	从右至左
13		?:	从右至左
14		=　+=　-=　*=　/=　%=　&=　^=　|=　<<=　>>=	从左至右

附录 A.2　作者的心声

本书不建议各位读者死记硬背表 A-1。本书给读者的另一条建议是：最好抛开运算符的优先级，在一行代码中尽量用括弧表达编程的本意（确定表达式的操作顺序），避免使用默认的优先级。

例如：

```
if ((a|b) && (a&c));
```

请读者不要节省这些括弧，否则会让后人读程序时感到费劲。

上述建议包括不要滥用复合语句和令人费解的逗号表达式。读者一定会问，那么表 A-1 有什么用？请看程序 A.1。它在程序 11.1 中增加了学号检索函数 searches()，函数功能包括以下两点：

1）逐一比较非循环单链表中的所有节点，当找到与检索输入学号相符的节点时，返回指向该节点的指针（检索成功）。

2）走出循环体时若head非空，则返回head（检索成功），否则返回NULL（检索失败）。

程序A.1　优先级规则

```
#include<stdio.h>
#include <malloc.h>
#include <stdlib.h>
#include<conio.h>
#include<string.h>
struct stu {
      char ID[20];                                  //学生学号
      char name[40];
      struct stu *next;                             //指针域
      };
struct stu *insert(struct   stu *,struct   stu *);
struct stu *Newenter();
void list(struct stu *);
struct stu *searches(struct stu *,char *);
int main(void)
{
      struct stu *head=NULL,*s;
      int i=0;
      char IDkey[40];
      while(i==0){
        printf("select:I(Insert) or L(List) or S(Searches) or Q(Quit)\n");
        switch(getch()){
          case 'I':
                s=Newenter();
                head=insert(s,head);            //节点插入
                list(head);                     //遍历链表
                break;
          case 'L':
                list(head);                     //遍历链表
                break;
          case 'S':                             //输入学号，检索链表中是否存在
                printf("请输入检索的学号：\n");
                scanf("%s",IDkey);
                if(searches(head,IDkey))printf("检索成功！\n");
                else printf("检索失败！\n");
                break;
```

```
            case 'q':
                i=1;
                break;
            }
        }
    return(0);
}
//-------学号检索-----------
struct stu *searches(struct stu *head,char *ID)
{
    if(!head)return(NULL);
    while((strcmp(head->ID,ID)!=0)&& head )head =head->next;
    if(head)return(head);
    return(NULL);
}
//------------节点输入----------------------
struct stu *Newenter()
{
    struct stu *s;
    s=(struct stu *)malloc(sizeof(stu));//向内存申请一个节点
    printf("输入学号：");
    scanf("%s",s->ID);                        //输入学号
    fflush(stdin);                            //清空缓冲区
    printf("输入姓名：");
    scanf("%s",s->name);
    return(s);
}
//------------链表节点输出----------------------
void list(struct stu *head)
{
    int i=1;
    if(!head)exit(-1);
    while(head){
      printf("序号%d        学号:%s    姓名:%s\n",i, head->ID,head->name);
      i++;
      head = head ->next;
      }
}
//-----------------简单非循环链表的插入程序------------
struct stu *insert(struct    stu *s,struct    stu *head)
{
    struct stu *p,*q;
```

没找到匹配的节点，且 head 非空，继续循环

能发现哪里有 BUG 吗？

```
        if(!head){
                head=s;
                s->next=NULL;
                return (s);
                }
        p=head;
        q=p;
        while(p){
              q=p;
              p=p->next;
              }
        q->next=s;
        s->next=NULL;
        return(head);
}
```

读者可以试着运行程序 A.1：

1）输入一些节点建立链表。

2）输入已存在的节点学号，调用 searches 函数，运行显示检索功能正常。

那么，是否可以认为程序 A.1 没有问题呢？请继续测试：

选择检索功能，输入一个不存在的学号，按〈Enter〉键。操作系统随即提示，程序使用了空指针，如图 A-1 所示。

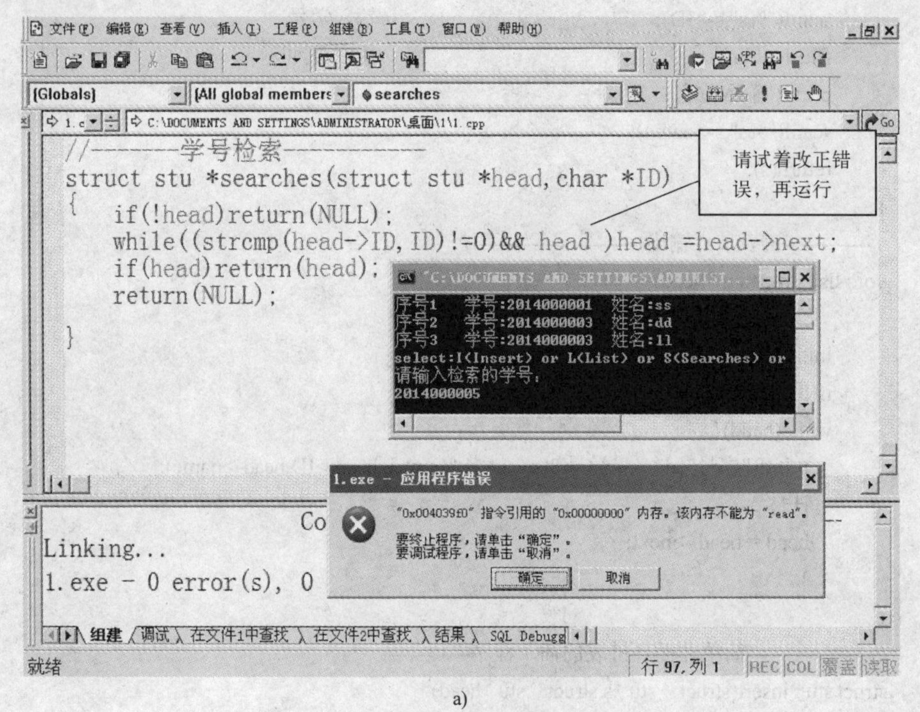

a)

图 A-1　程序 A.1 运行测试界面

a) VC 6.0 版运行界面

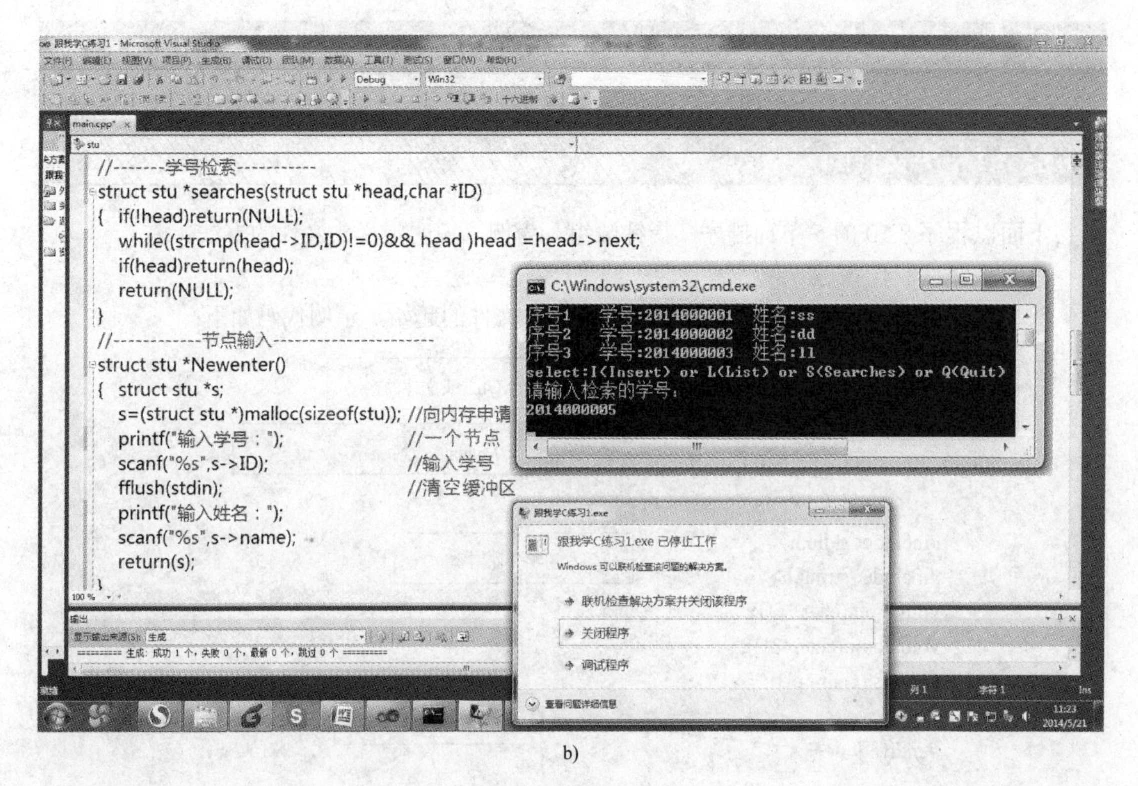

b)

图 A-1 程序 A.1 运行测试界面（续）

b) Visual Studio 2010 运行界面

while((strcmp(head->ID,ID)!=0)&& head 语句(head)没有执行？现在，请看表 A.1 的第 11 行，很清楚地说明了“&&”的优先级是从左至右的，也就是说：

```
while((strcmp(head->ID,ID)!=0) && head)
```

在执行过程中，先执行逻辑判断语句：

```
(strcmp(head->ID,ID)!=0)
```

然后，再与 head 逻辑值进行“与”操作，最后，再执行(head)的逻辑判断语句。这样，如果 head 的值是空地址（检索到链尾最后一个节点的指针域的指向），则对 head 做操作就是非法的，操作系统直接就终止了程序运行，并提示使用了空指针。这是链表末尾处理中常遇到的一个问题，错在优先级使用有误。改正后的语句如下：

```
while(head &&(strcmp(head->ID,ID)!=0))head =head->next;
```

本书不要求读者死记硬背，但要求读者有清晰的概念。

附录 B　制作头文件的方法

附录 B.1　头文件的宏格式

下面以程序 8.10 的 5 单词排序（指针数组）为例，说明定义头文件的方法。

（1）头文件制作参考

头文件是用宏定义实现的，它描述了自定义头文件的起始，示例代码如下：

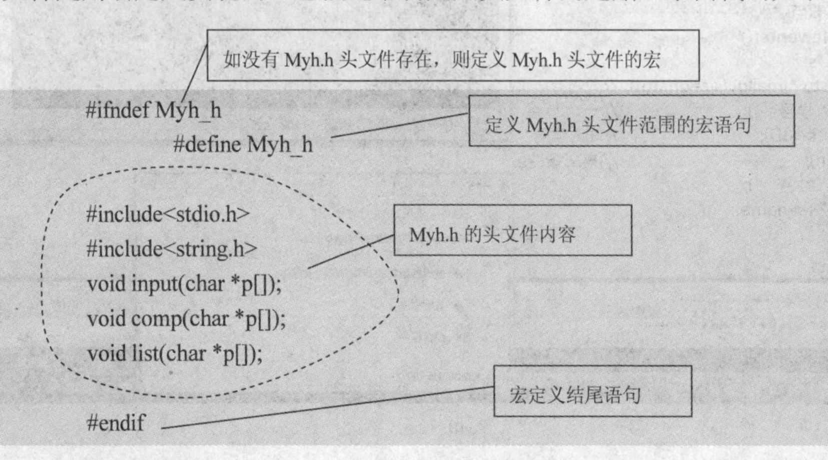

（2）头文件引用参考

头文件引用参考的示例代码见程序 B.1。

程序 B.1　头文件引用参考

```
#include "Myh.h"          引用头文件的方式稍有差异
void main(void)
{
    char word[5][20],*p[5];
    for(int i=0;i<5;i++)*(p+i)=word[i];        //*(p+i)是指针，指向第 i 个字符串
    input(p);
    comp(p);
    list(p);
}
//-----------输入函数-------------
void input(char *p[])
{
    for(int i=0;i<5;i++){
        printf("请输入单词\n");
        scanf("%s",*(p+i));
        }
}
//-------排序函数，字符串按 p[0]到 p[4]的顺序有序排列
```

```
void comp(char *p[5])
{
    char *sp[5];
    for(int j=0;j<5;j++){
        *(sp+j)=*(p+0);
        for(int i=1;i<5;i++)strcmpi(*(sp+j),*(p+i))>0?*(sp+j)=*(p+i):*(sp+j);
        for(int i=0;i<5;i++)strcmpi(*(sp+j),*(p+i)) = =0?*(p+i)="zzzzzzzzzzzzzz":*(p+i);
        }
    for(int j=0;j<5;j++)*(p+j)=*(sp+j);
}
//-----------输出函数-----------------
void list(char *sp[])
{
    for(int i=0;i<5;i++)printf("sp(%d)=%s\n",i,*(sp+i));
}
```

附录 B.2　在 Visual Studio 2010 平台上建立头文件

为程序 B.1 建立工程，并输入源文件（注意头文件的引用方式），如图 B-1 所示。

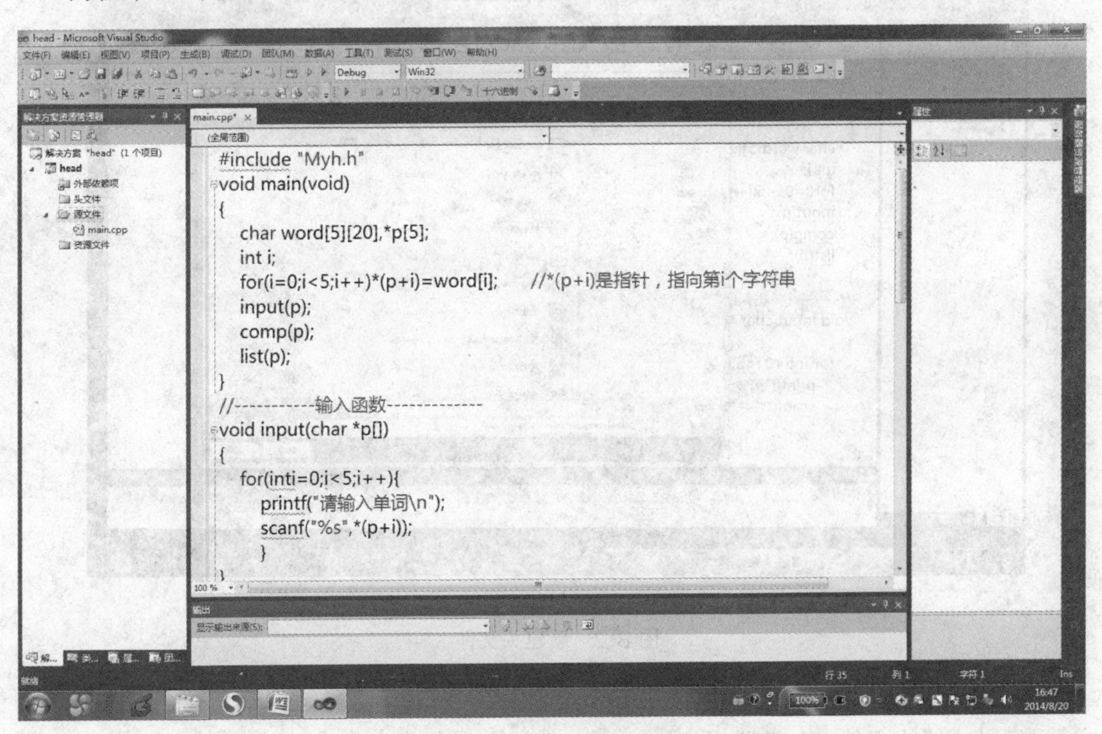

图 B-1　引用自己的头文件

建立头文件的具体步骤如下：

1）鼠标右键单击图 B-1 左侧上方、head 项目的“头文件”文件夹，在弹出的快捷菜单中选择“添加”→“新建项”选项（见图 B-2a），弹出“添加新项”对话框，如图 B-2b 所示。

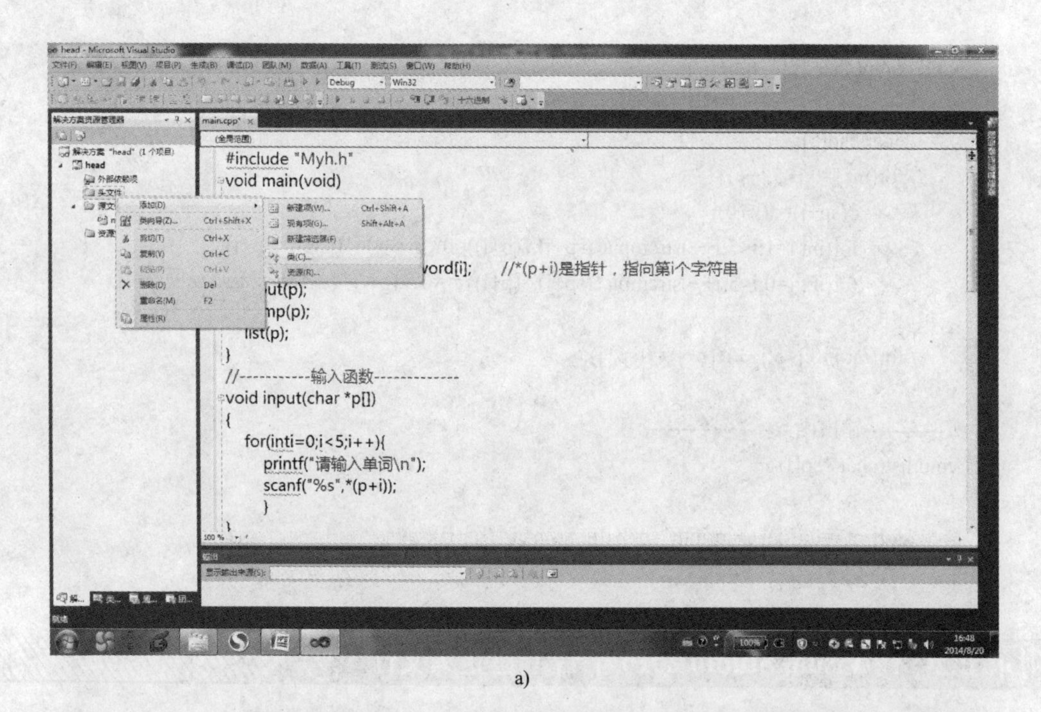

a)

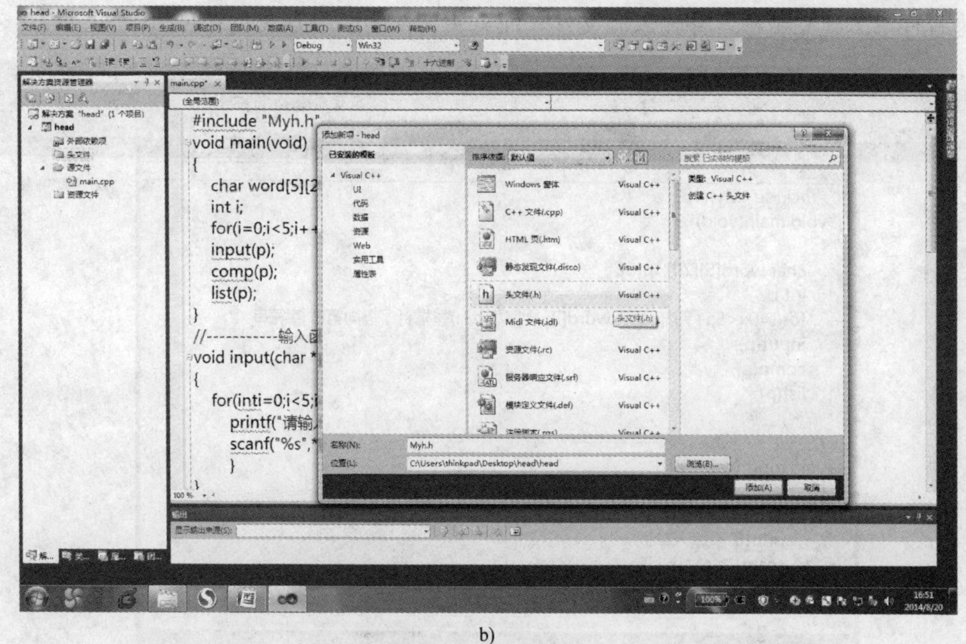

b)

图 B-2　新建头文件

a) 快捷菜单　b) “添加新项”对话框

2）单击“头文件（.h）”选项。

3）在“名称”文本框中输入头文件名。

4）单击“添加”按钮，编辑环境自动跳到头文件编辑界面，读者可以界面右侧编辑自己的头文件，如图 B-3 所示。

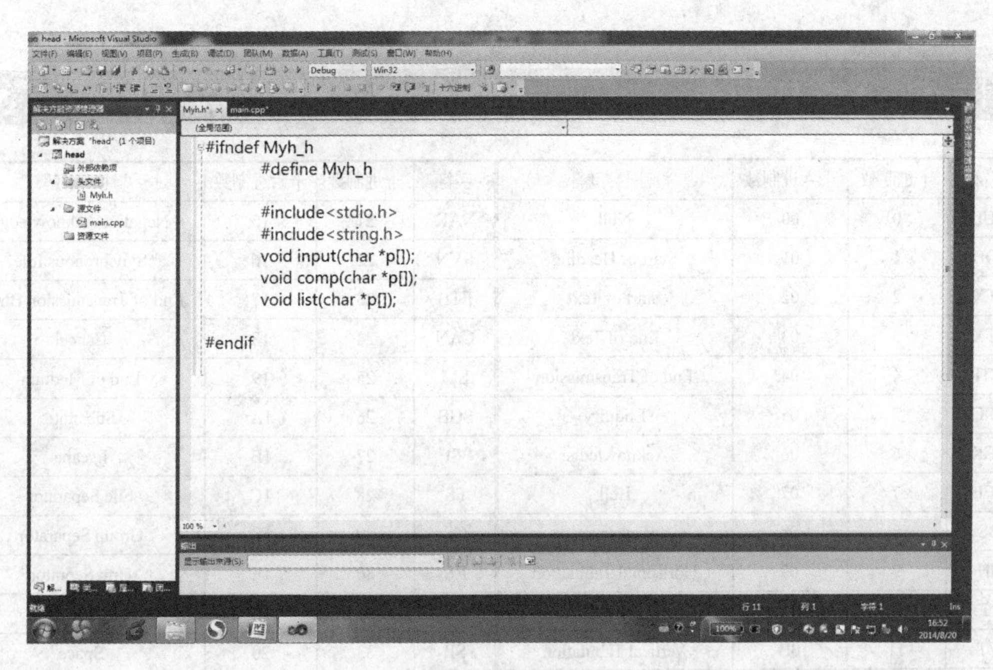

图 B-3　编辑头文件

输入头文件且检查无误后，读者可以双击“源文件”文件夹下的 main.cpp，切换到源程序编辑界面。

5）编译运行源程序，程序 B.1 的测试界面如图 B-4 所示。

建议读者按照本范例自己上机操作一遍。

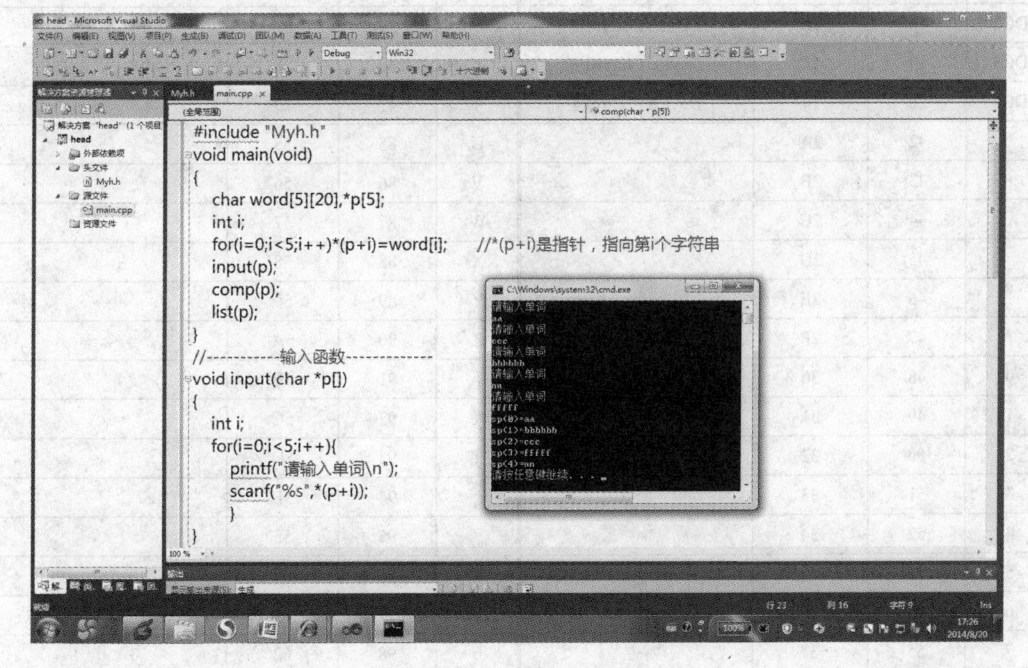

图 B-4　程序 B.1 测试界面

附录 C ASCII 码表

字符	十进制数	十六进制数	注　解	字符	十进制数	十六进制数	注　解
NUL	0	00	Null	NAK	21	15	Negative Acknowledge
SOH	1	01	Start of Heading	SYN	22	16	Synchronous Idle
STX	2	02	Start of Text	ETB	23	17	End of Transmission Block
ETX	3	03	End of Text	CAN	24	18	Cancel
EOT	4	04	End of Transmission	EM	25	19	End of Medium
ENQ	5	05	Enquiry	SUB	26	1A	Subsitute
ACK	6	06	Acknowledge	ESC	27	1B	Escape
BEL	7	07	Bell	FS	28	1C	File Separator
BS	8	08	Backspace	GS	29	1D	Group Separator
SH	9	09	Horisontal Tabulation	RS	30	1E	Unit Seprator
LF	10	0A	Line Fees	US	31	1F	
VT	11	0B	Vertical Tabulation	SP	32	20	Space
FF	12	0C	Form Feed	!	33	21	
CR	13	0D	Carriage Return	"	34	22	
SO	14	0E	Shift Out	#	35	23	
SI	15	0F	Shift In	$	36	24	
DEL	16	10	Data Link Escape	%	37	25	
DC1	17	11	Device Control 1	&	38	26	
DC2	18	12	Device Control 2	'	39	27	
DC3	19	13	Device Control 3	(	40	28	
DC4	20	14	Device Control 4	)	41	29	
*	42	2A		U	85	55	
+	43	2B		V	86	56	
,	44	2C		W	87	57	
_	45	2D		X	88	58	
.	46	2E		Y	89	59	
/	47	2F		Z	90	5A	
0	48	30		[	91	5B	
1	49	31		\	92	5C	
2	50	32		]	93	5D	
3	51	33		^	94	5E	
4	52	34		–	95	5F	
5	53	35		'	96	60	
6	54	36		a	97	61	
7	55	37		b	98	62	
8	56	38		c	99	63	
9	57	39		d	100	64	

（续）

字符	十进制数	十六进制数	注　解	字符	十进制数	十六进制数	注　解
:	58	3A		e	101	65	
;	59	3B		f	102	66	
<	60	3C		g	103	67	
=	61	3D		h	104	68	
>	62	3E		i	105	69	
?	63	3F		j	106	6A	
@	64	40		k	107	6B	
A	65	41		l	108	6C	
B	66	42		m	109	6D	
C	67	43		n	110	6E	
D	68	44		o	111	6F	
E	69	45		p	112	70	
F	70	46		q	113	71	
G	71	47		r	114	72	
H	72	48		s	115	73	
I	73	49		t	116	74	
J	74	4A		u	117	75	
K	75	4B		v	118	76	
L	76	4C		w	119	77	
M	77	4D		x	120	78	
N	78	4E		y	121	79	
O	79	4F		z	122	7A	
P	80	50		{	123	7B	
Q	81	51		|	124	7C	
R	82	52		}	125	7D	
S	83	53		~	126	7E	
T	84	54		DEL	127	7F	Delete

附录 D　变量命名

编写程序千万不要在程序中使用诸如 a、b、c 等一类极其容易混淆的变量名字，请读者记住以下两点：

1）不要用单个字母（或加上序号）给变量命名！

2）不要用汉语拼音给变量命名！

下面是笔者引用的、不知道出处的一段文字，借以告诉初学者变量命名的正确方法。

附录 D.1　变量命名的共性规则

本节论述的共性规则是被大多数程序员采纳的。

【规则 1】标识符应当直观且可以拼读，可望文知意，不必进行“解码”。

标识符最好采用英文单词或其组合，便于记忆和阅读，切忌使用汉语拼音来命名。程序中的英文单词一般不会太复杂，用词应当准确。例如，不要把 CurrentValue 写成 NowValue。

【规则 2】标识符的长度应当符合“min-length && max-information”原则。

几十年前，老 ANSI C 规定名字不能超过 6 个字符，现今的 C++和 C 语言不再有此限制。一般来说，长名字能更好地表达含义，所以函数名、变量名、类名长达十几个字符也不足为怪。那么名字是否越长越好？不然！例如，变量名 maxval 就比 maxValueUntilOverflow 好用。单字符的名字也是有用的，常见的如 i、j、k、m、n、x、y、z 等，它们通常可用作函数内的局部变量。

【规则 3】命名规则尽量与所采用的操作系统或开发工具的风格保持一致。

Windows 应用程序的标识符通常采用“大小写”混排的方式，如 AddChild，而 UNIX 应用程序的标识符通常采用“小写加下划线”的方式，如 add_child，别把这两类风格混在一起用。

【规则 4】程序中不要出现仅靠大小写区分的相似的标识符。例如：

```
int  x,  X;                //变量 x 与 X 容易混淆
void foo(int x);           //函数 foo()与 FOO()容易混淆
void FOO(float x);
```

【规则 5】程序中不要出现标识符完全相同的局部变量和全局变量，尽管两者的作用域不同且不会发生语法错误，但会使人误解。

【规则 6】变量的名字应当使用“名词”或“形容词＋名词”。例如：

```
float  value;
float  oldValue;
float  newValue;
```

【规则 7】全局函数的名字应当使用“动词”或“动词＋名词”（动宾词组）。类的成员函数应当只使用“动词”，被省略掉的名词就是对象本身。例如：

```
DrawBox();                 //全局函数
box->Draw();               //类的成员函数
```

【规则 8】用正确的反义词组命名具有互斥意义的变量或相反动作的函数等。例如：

```
int   minValue;
int   maxValue;
int   SetValue(…);
int   GetValue(…);
```

建议尽量避免名字中出现数字编号，如 Value1、Value2 等，除非逻辑上的确需要编号。

附录 D.2　简单的 Windows 应用程序命名规则

变量命名规范一般是遵循匈牙利命名法，要义是变量名=属性＋类型＋对象描述，其中

每一对象的名称都要求有明确含义，可以取对象名字全称或名字的一部分。匈牙利命名规则的副作用是变量名冗长，且不易懂。

对“匈牙利”命名规则做了合理的简化，下述命名规则简单易用，适用于 Windows 应用软件的开发。

【规则 9】类名和函数名用大写字母开头的单词组合而成。例如：

```
class Node;                     //类名
class LeafNode;                 //类名
void   Draw(void);              //函数名
void   SetValue(int value);     //函数名
```

【规则 10】变量和参数用小写字母开头的单词组合而成。例如：

```
BOOL flag;
int   drawMode;
```

【规则 11】常量全用大写的字母命名，用下划线分割单词。例如：

```
const int MAX = 100;
const int MAX_LENGTH = 100;
```

【规则 12】静态变量加前缀“s_”（表示 static）。例如：

```
void Init(…)
{
        static int s_initValue;   //静态变量
        …
}
```

【规则 13】如果不得已需要全局变量，则全局变量加前缀“g_”（表示 global）。例如：

```
int g_howManyPeople;        //全局变量
int g_howMuchMoney;         //全局变量
```

【规则 14】类的数据成员加前缀“m_”（表示 member），这样可以避免数据成员与成员函数的参数同名。例如：

```
void Object::SetValue(int width, int height)
{
        m_width = width;
        m_height = height;
}
```

【规则 15】为了防止某一软件库中的一些标识符和其他软件库中的标识符冲突，可以为各种标识符加上能反映软件性质的前缀。例如，三维图形标准 OpenGL 的所有库函数均以 gl 开头，所有常量（或宏定义）均以 GL 开头。

附录 E　DEBUG 入门

一般说来，学习 C 语言过半以后，随着编程难度的增加，读者应该逐步掌握 DEBUG 的使用方法，特别是在函数和链表的编程过程中，使用必要的调试手段能事半功倍。

附录 E.1　调试程序的步骤

图 E-1 所示的是用 DEBUG 调试程序的具体步骤。

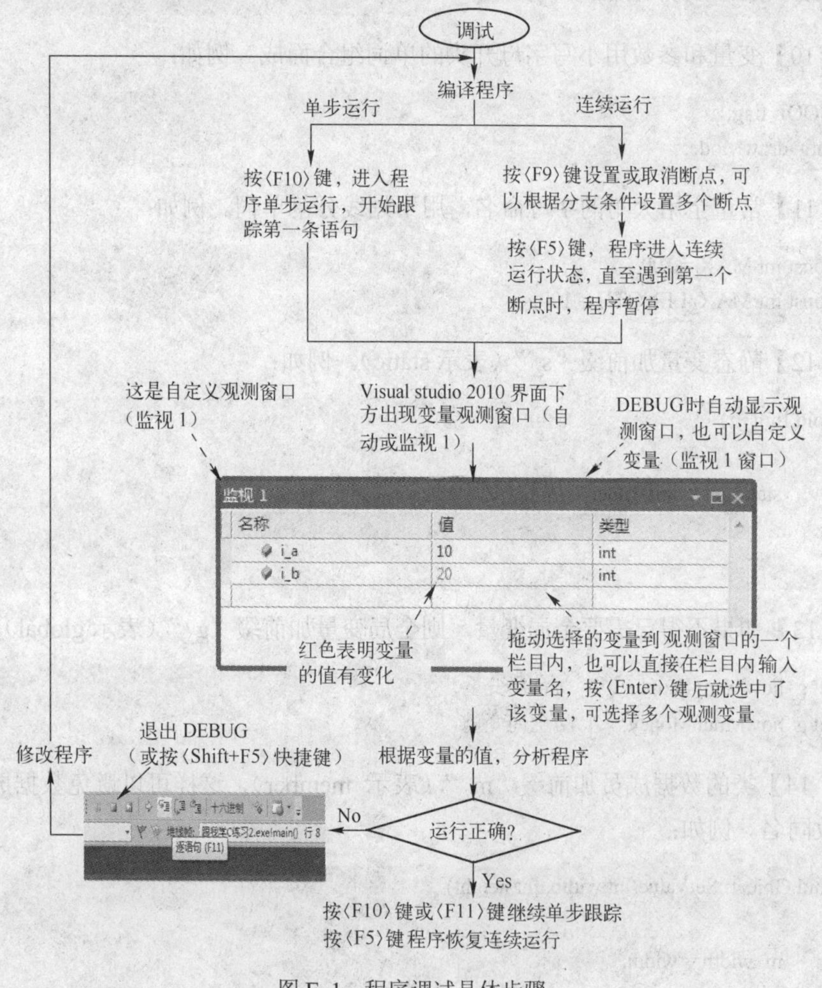

图 E-1　程序调试具体步骤

附录 E.2　调试程序工具

有关调试程序的工具有以下几点内容。

1）单步按〈F10〉键或〈F11〉键，逐行跟踪程序每条指令的执行情况，包括执行到哪里，各变量的当前值，从而逐步检验编写的程序是否运行正常，错在哪里。

2）断点（按〈F9〉键），分析程序结构，在运行的关键位置，放置一个暂停点，把所要观察的变量放到观测窗口，观察变量的当前值。

3）断点的作用和设置：

① 复杂的程序不太可能一条一条地执行语句。

② 程序连续执行的中途，在某一点，暂停在一条语句处（断点），给程序员提供分析数据的时间和空间窗口。

③ 断点的选择是根据程序结构的分析与判断进行设置的。

4）DEBUG 的单步快捷键如图 E-2 所示。

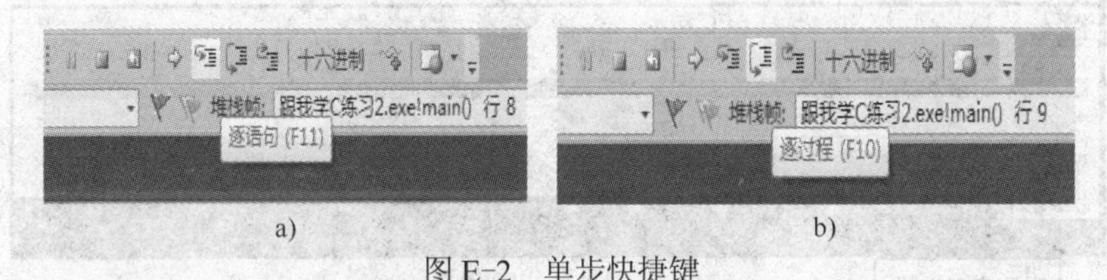

a) b)

图 E-2 单步快捷键

a) 〈F11〉键是进入函数内部跟踪程序语句 b) 〈F10〉键是以语句（函数）为一个执行单位

5）程序状态观测窗口如图 E-3 所示。

① 按〈F10〉键进入程序单步执行（或按〈F5〉键连续执行语句遇到断点时）。

② 集成调试窗口下方出现变量观测窗口（自动或监视 1）。

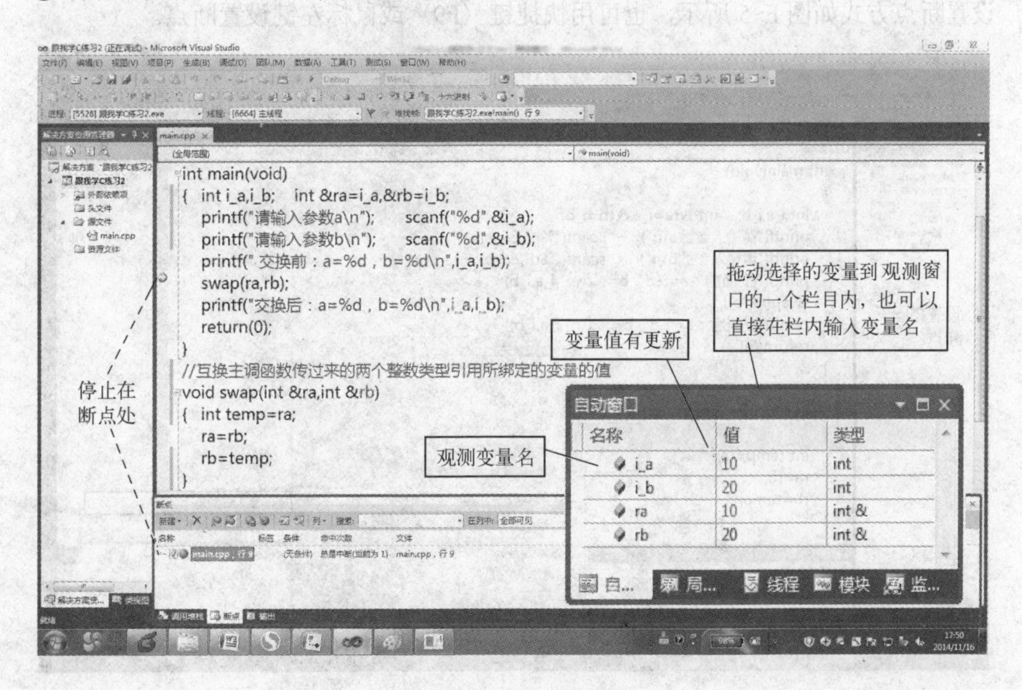

图 E-3 程序状态观测窗口

附录 E.3 DEBUG 工具栏

DEBUG 工具栏如图 E-4 所示。

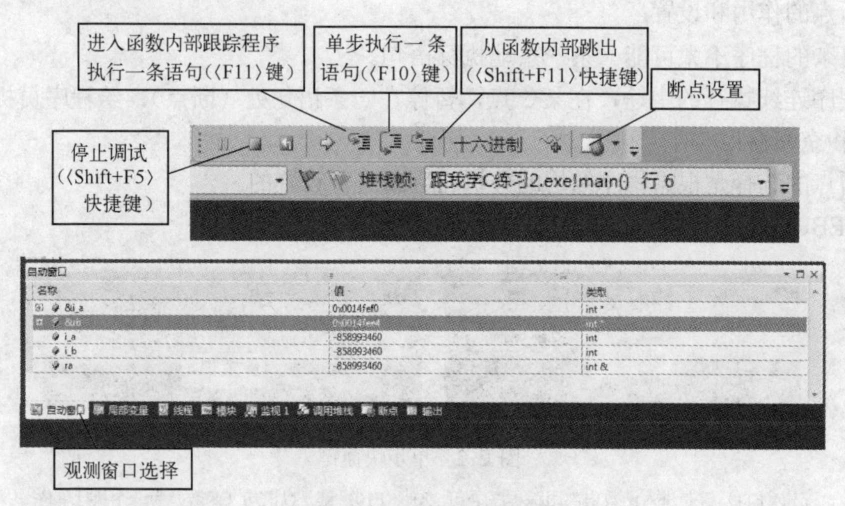

图 E-4　DEBUG 工具栏

附录 E.4 DEBUG 快捷键的使用说明 

设置断点方式如图 E-5 所示，也可用快捷键〈F9〉或鼠标左键设置断点。

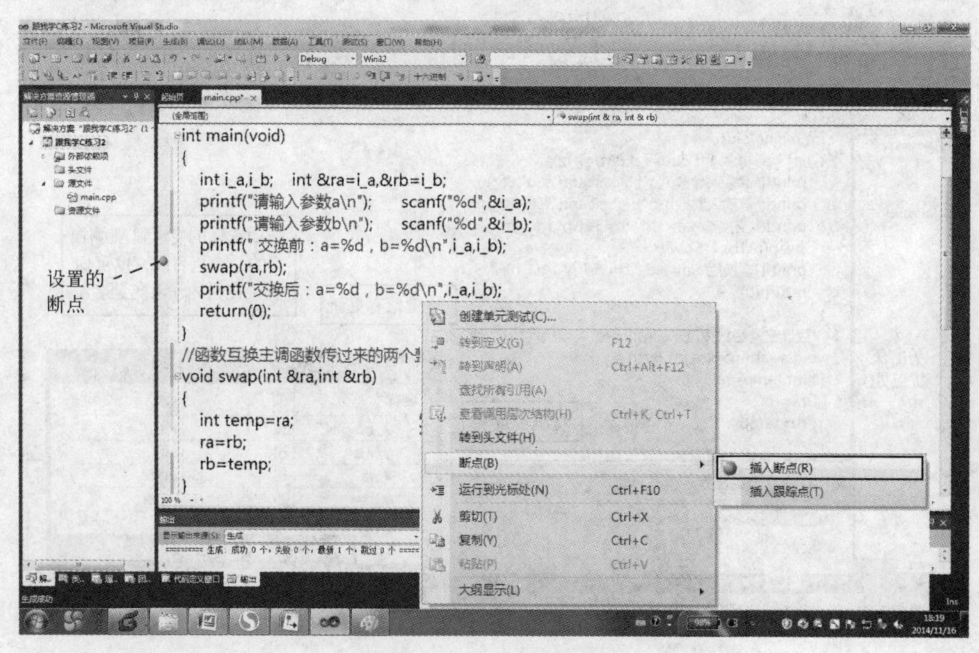

图 E-5　设置断点的方式

1．断点设置（〈F9〉键）

移动鼠标光标到预定程序行，按〈F9〉键（或单击鼠标左键）该程序行的头部出现断点标记。若想取消该断点，可以再次按〈F9〉键（或单击鼠标左键）。

2．连续运行（〈F5〉键）

按〈F5〉键后程序连续运行，直至遇到第一个断点处暂停。如果不再需要单步跟踪，可再次按〈F5〉键，程序脱离断点（或单步）恢复连续运行，直至遇到下一个断点处暂停。

3．单步运行（〈F10〉键）

每次按〈F10〉键，程序就执行一条语句或一个函数。

4．调试函数（〈F11〉键）

按〈F11〉键可以进入函数内部单步跟踪程序。进入函数内部后，应该按〈F11〉键跟踪每一条语句。

5．退出 DEBUG（〈Shift+F5〉组合键）

若想退出 DEBUG，则按〈Shift+F5〉组合键即可。

附录 E.5　调试心得

DEBUG 是标准的调试工具，但笔者还有一个方法教给初学者，它与断点功能类似，但简单易学，工具是如下语句组合的程序段：

```
printf();                       //输出变量的状态
getche()                        //断点，按任意键继续
```

实例见程序 E.1，运行界面如图 E-6 所示，而这个断点设置方法，读者一定能学会。

程序 E.1　简单易学的断点设置方法

```
#include<stdio.h>
#include<conio.h>
void swap(int &,int &);
int main(void)
{
    int i_a,i_b;
    int &ra=i_a,&rb=i_b;
    printf("请输入参数 a\n");
    scanf("%d",&i_a);
    printf("请输入参数 b\n");
    scanf("%d",&i_b);
    printf(" 交换前：a=%d，b=%d\n",i_a,i_b);
    swap(ra,rb);
    printf("交换后：a=%d，b=%d\n",i_a,i_b);
    return(0);
}
//-----------------------------------------------
//互换主调函数传过来的两个整数类型引用所绑定的变量的值
//-----------------------------------------------
void swap(int &ra,int &rb)
{
```

```
        int temp=ra;
        ra=rb;
        rb=temp;
          //-----------------设置断点-------
          printf("------swap 中：ra=%d，rb=%d\n",ra,rb);   //输出观测变量
          getche();                                        //断点，按任意键继续
}
```

```
    printf("交换后：a=%d，b=%d\n",i_a,i_b);
    return(0);
}
//---------------------------------------------
//互换主调函数传过来的两个整数类型引用所绑定
//---------------------------------------------
void swap(int &ra,int &rb)
{
    int temp=ra;
    ra=rb;
    rb=temp;
      //-----------------设置断点-------
      printf("------swap中：ra=%d，rb=%d\n",ra,rb);//输出观测变量
      getche();                                  //断点，按任意键继续
}
```

```
C:\Windows\system32\cmd.exe
请输入参数a
110
请输入参数b
220
 交换前：a=110，b=220
------swap中：ra=220，rb=110
```

图 E-6　程序 E.1 运行界面

附录 F　编程进阶 

程序设计步骤如图 F-1 所示，希望初学者据此建立良好的编程习惯。

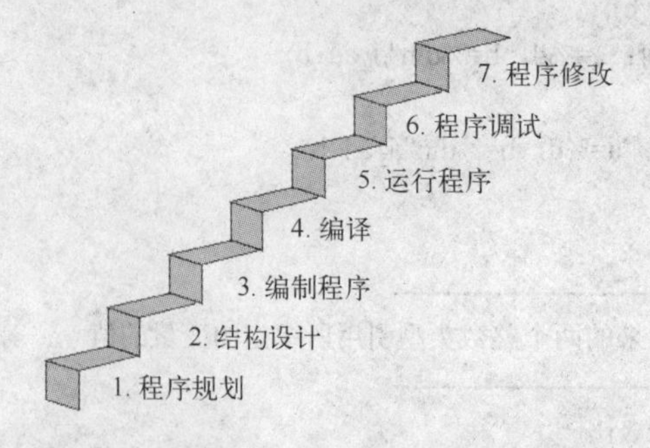

图 F-1　程序设计步骤

1．程序规划

根据任务，定义程序的输入/输出数据，规划人机交互界面的功能设计。简单的程序，可能就是用 scanf()和 printf()语句输入/输出信息。复杂的任务根据要求，可能涉及操作系统平台接口、窗口界面、数据的输入/输出格式设计等。

2．结构设计

程序规划是概念上的，现在就需要进行任务逻辑分解。简单的 C 程序设计就是模块设计，如何组织函数实现和参数传递等。复杂的多线程 C++程序需要确定开几个线程，确定线程通信机制等。

3．编制程序

逻辑结构确定后，就是各函数体的语句实现，需要注意的是，语句要简洁且注释清楚。同样的功能实现，优秀程序员编制出来程序结构清晰，语句简练。反之，就是杂乱无章的代码和臃肿的程序。虽然功能相同，但它们的效率不同，可读性不同，也就是维护成本不同。

4．编译

编制出来的程序很少有一次就能编译通过的，总会有一些语法上的错误，这是由于编程者对 C 语法的熟练程度不同，犯错误的概率也就不同。因此，要仔细地阅读编译报告，根据给定的错误代码迅速地判断出错语句所在的行，以及格式错误的原因。

5．运行程序

编译通过后得到的是可执行文件（即后缀是.exe 的文件），可以在操作系统平台上直接运行该文件，也可以在 C 语言的集成开发环境下运行程序。对于初学者来说，应选择在集成开发环境下运行，集成开发环境给编程者提供了调试工具，这为调试带来了极大的便利。

6．程序调试

程序一定会存在一些错误，它不是语法错误，所以编译程序无法发现，这属于算法方面的错误，俗称 BUG。因此，如何使用调试工具（DEBUG）解决错误就非常关键。DEBUG 提供了程序单步运行、设置程序运行暂停点（断点），以及观测指定变量的窗口等。任何一个程序设计人员都必须掌握程序动态调试方法。

记住，要尽可能地完善程序的测试集（测试的完备性是一门专业课程）。程序中的 BUG 是测试出来的，虽然不能穷尽所有的输入状态，但起码要选择多种有代表性的输入条件进行测试。

7．程序修改

良好的程序设计风格不仅结构清晰，而且有简单明了的注释。一个实际的应用程序会不断地增加功能或修正算法，即版本更新，注释可以让程序员快速回忆起设计细节，或让其他人能清楚地了解程序概貌，以便进行程序的修改与完善工作。